情報理論
Information Theory

エントロピーと符号化定理
Entropy and Coding Theorem

古市 茂
Furuichi Shigeru

日本評論社

はじめに

本書では「情報と数理」に関する話題の 1 つであり，これらの数学的基礎力を土台とした数理系分野として，エントロピーと符号化定理を主に取り上げた．またエントロピー周辺の情報理論に関する話題も提供している．情報理論の多くの教科書で取り扱いがないものでも取り上げた一方で，誤り訂正符号についてはあまり詳しく触れていない．あくまでも，符号化定理を目標として話題を取捨選択した．情報理論における三大定理のうちの 2 つを占める「情報源符号化定理」と「通信路符号化定理」については詳細に取り上げたつもりである．また三大定理の 1 つである「エントロピーの一意性定理」についても取り上げている．通常の情報理論において重要であるが，詳細な証明や計算が必要なために省略されてしまっている内容を主に取り上げたつもりである．

エントロピーとタイトルに名を打っているため熱力学的エントロピーや統計力学的エントロピーなどについても最初の方の章で少し触れている．最後の章では，量子力学的エントロピーと量子情報源符号化定理および量子通信路符号化定理について取り上げた．個人差もあるだろうが，一部の章 (例えば第 1 章から第 5 章) については，高校数学 (「数学 III」まで) をしっかりと学んだ学生でも部分的に読み進めることが可能である．一般的に前提としている数学的な知識は，大学教養レベルの「微分積分」,「線形代数」,「確率論」程度と考えている．また，これらの内容がいかに情報数理の分野で有意義に使われているかを学ぶと同時に，これらの分野の再学習もできるように配慮したつもりである．ただ，最終章の一部内容については付録にて必要となる数学的事項をまとめた．

情報理論の半期の講義として用いるならば第 3 章から第 7 章までで適宜選択してもらい，付録 A を追加したりすればちょうど良いと思われる．また,「数理情報科学概論」などといった教養科目に近い，数理情報的な少し広い範囲の講義では第 1 章から第 4 章くらいまでを対象とされると良いと思われる．一般的な情報理論の講義を 2, 3 年生で履修し終えた，4 年生の特論や大学院生の講義などでは，第 5 章，第 6 章，第 8 章，第 9 章などを扱うのも適当と思われる．なお，すべての問題の解答・解説も巻末に紹介した．

最後に，情報理論の教科書・参考書は多く出版されているが，出来上がった本書を改めて読んでみると3つの書籍『現代情報理論』[4],『現代シャノン理論』[103],『情報理論入門』[43] によって筆者がいかに多くを学んできたかが窺える．何かあると立ち返る書籍であったので，このうち [4], [43] が絶版になっているのは非常に残念である．もちろんこの3冊以外にも多くの良書が多数出版されており，これまでにも情報理論の理解に大変に助けられた．情報理論の授業を受けたことがなく，独学で学んだ筆者にとっての3本柱であるこの3冊の著者，および参考文献にあげた書籍の著者すべての方に改めて謝意を表したい．

2021年1月

古市 茂

目次

第 1 章

情報理論から広がる世界

1.1 情報理論を学ぶ意義

時の流れと科学技術の発展に伴って，情報化社会におけるキーワードも変遷していってる．20 年ほど前に IT 革命などと取り上げられ，現在では，ビッグデータや人工知能 (AI) と言ったところであろうか．2019 年 3 月に経済産業省がまとめた「数理資本主義の時代」[60] という報告書は非常に印象的であった．そのためか，2019 年 4 月 12 日付けの『読売新聞』朝刊で「AI 時代求む数学脳」という見出しで大きく取り上げられた．それらよると，AI 関連の仕事に従事すべき人材が不足しており，今後，数十万人規模での育成・確保が必要だという．この報告書でも記載されているように，新しい技術とともに使用するスキルは変わってくるが根本的には，さまざまな問題を一度，抽象的なモデルとして捉えてから考察する数理的思考能力が重要となってくる．たとえば，最新の AI 技術を搭載した機器を利用するのは万人にとって便利でありかつ平易である．しかし，AI 技術に限らず科学技術の発展はこの先も続いていく．その基礎を担う人材，つまり数理的思考力を鍛えた人材の育成が重要となってくるのである．そのためには，理工系大学の学部初年次で学ぶ「微分積分」,「線形代数」,「確率論」などの数学的基礎力とその応用が欠かせないとのことである．

これらの分野を基礎として，本書では情報科学分野の中でも特に理論的分野の 1 つである情報理論について主に学習する．特に，エントロピーと符号化定理に多くの紙面を割いているのが本書の特徴と言えよう．都合の良いことに，情報理論に必要な数学的な素養としては,「微分積分」,「線形代数」,「確率論」の一部で十分である．情報という目に見えるようで見えていない抽象的な概念を数理モデル化して，この学問がどのように展開していくかを緻密に学んでいくことが，上記の新聞記事で提言されていることに合致し，そのような数理的思考能力向上のための 1 つの題材としてきわめて適していると考える．ここでは，このようなアルゴリズムに従ってプログラムを作成すれば，こういったことやああいったことが実現できるという方法論を示すことだけでは終わらない．その根拠となっている定理の証明について丁寧に導出していく．地味であるがこのような数理的な展開を繰り返し訓練してくことこそが，数理的思考力の向上に欠かせないと考える．

これからの社会において数理的思考力が必要であり，その具体的な学問分野の 1 つとして情報理論が適当であることを述べてきたが，ここからは，情報理論自体の魅力というか，情報理論を学ぶ意義について述べていく．そのために，何気ない日常生活との関わりについて考えてみよう．

① 例えばコンビニなどで雑誌を立ち読みし，漫画週刊誌などの好きなタイトルを読んでしまったら [1)]，その雑誌は物理的には劣化しないが [2)]，読んでしまった人にとってはその雑誌の価値が下がる．つまり，購入意欲が減少する．

② スマートフォンにはさまざまな契約オプションがあって，例えば月額料金の安い 2GB のコースで契約していたとする．このとき，外出先で書類などを大量に送信する場合，制限を超えないように，なるべく圧縮して送りたい．

③ 航空券や宿泊施設などの予約の際に，2021 年 2 月 25 日 (木) などと，曜日を追記して知らせてもらうと安心感がある．

[1)] そうできないように紐などで縛ってあったりするが，コンビニに限らず，飲食店や医療機関，理容室などで読んでしまう場合などもあるだろう．

[2)] ここでは，手垢で少々汚れるというのは見過ごそう．

上記の ①〜③ と似たような日常生活における状況は数多くあるだろう．これらをもう少々，学問的に捉え直してみよう．

① 情報という概念を数量的に扱うにはどうしたら良いのだろうか．この疑問に答えるがごとく，1948 年に Shannon はエントロピーという概念を用いて見事に情報を数量化してみせた．そしてこの発見はその後の情報科学社会の発展に貢献してきた．逆に，情報量が満たすべきいくつかの公理からエントロピーは定数倍を除いて一意に定まり，これは「エントロピーの一意性定理」と呼ばれている．このことは，第 3 章で学習する．そして，雑誌を読む前よりも，読んだ後の方がより正確な情報 (上記の例では，読む前には漫画のストーリーの続きの予想しかできなかったが，読んでしまえば内容を全て知り得てしまう) を得たことになる．これは，通信路において入力の情報が雑音や損失などの影響を受けてどれだけ正確に出力側に受信されたかを表す量で，相互情報量と呼ばれ，下記 ③ の「通信路符号化定理」に関係している．なお，相互情報量は，5.1 節で学ぶことになる．

② パソコンなどを利用している場合には，ファイル圧縮されたものがメールに添付されて受信したりすることがある．Zip ファイルなどと呼ばれている．画像などでは jpeg，音声・音楽などでは mp3 などはよく知られている．つまり，情報量を圧縮して効率的に資源 (記憶装置) を利用するということである．圧縮にも種類がある．100 パーセント誤りなくもとに戻せるもの (可逆圧縮) とそうでないもの (非可逆圧縮) がある．文書などは，可逆圧縮でないと困ることは容易に理解できるだろう．しかし，人間の聴力で聞き分けられないほどの情報は捨てて圧縮してしまい，もとに戻せなくても良いだろう．実際に，mp3 などは非可逆圧縮である．実は，可逆圧縮の場合の圧縮限界は ① で一意に定まったエントロピーである．これは，「情報源符号化定理 (Shannon の第一符号化定理)」と呼ばれるものであり，4.2 節 (および 8.2 節) において学ぶことになる．

③ 日付だけでなく，曜日も併記することにより，その日にちに誤りがあっ

た場合に発見できる．これを，誤り検出という．例えば，書籍に使われている ISBN の 13 桁 (古い書籍では 10 桁のものもある) のうち最後の数字の 1 桁はチェックディジットと言われ，誤り検出のために付いている．② では，できる限り圧縮して無駄を省いたが，③ では逆に無駄な部分 (検査ビットなどという) を追加して誤りを検出，あるいは，訂正できる符号を構成しましょうという話である．そして，そのような符号が存在することを保証しているのが,「通信路符号化定理 (Shannon の第二符号化定理)」と呼ばれるものである．この定理の証明は第 6 章 (および 8.3 節) で行い，誤り検出・訂正に関する解説は第 7 章で行う．

上記において述べた，エントロピーの一意性定理，情報源符号化定理，通信路符号化定理の 3 つは，情報理論における重要な定理であるので可能な限り詳細に述べていく．

さて，これらの定理は我々の生活にどのような恩恵をもたらしているのであろうか？　情報の数量化 (エントロピーの一意性定理) は，それによって，情報理論という理論体系を生んだことに意義がある．次に，情報源符号化定理は，データ圧縮という工学的な貢献をしている．文書圧縮については，基本的である Shannon 符号，Fano 符号，Huffman 符号については 4.3 節において，また Zip 圧縮の基礎となっているユニバーサル圧縮 (LZ77, LZ78) については，4.4 節において解説する．jpeg などの画像の圧縮や mp3 圧縮などについては本書で一切述べることができないが，このように，実社会において，情報理論が役立っていることが見て取れる．

ところで，音声電話については，1800 年代半ばに発明され，1800 年代後半には実用化されていた．通信路符号化定理は，すでに実用化されているものを情報理論という理論体系の枠組みで矛盾なく構成されている．電線という物理的な媒体を通した通信であるので，雑音などの影響は避け難く，誤り検出・訂正という工学的な実用性のあるものへと応用されている．このような話題は符号理論という枠組みで，別途学ぶことが基本的であり，本書ではその入門的な内容として，線形符号と巡回符号のみを第 7 章で平易に解説している．巡回符号の学習の後，BCH 符号を学べば，2 次元バーコード (QR 符号) と学んでいけるであろう．誤り訂正符号については多くの研究および実用化がなされているが，本書では基本的な部分のみを扱う．少しだけ話が逸れるが，光ファイバー通信の実用化は 1970 年代にされていたがその理論が完成したのは 1990 年代であり，これに関しては量子通信符号化定理の証明として，9.4 節にて述べる．

以上に述べたように，情報の数量化から始まって情報理論という学問体系が整い，データ圧縮，誤り訂正符号等といった情報化社会にとって欠かすことのできない有用な技術を創出しているのが情報理論という分野であり，符号化定理はその根幹であり，それを数学的に学ぶことには多くの意義があると言えよう．

数理的な研究や教育を行っていると，学生あるいは社会から，それは何に役に立つのかといった質問をされることがときどきある．情報理論については上記で答えたつもりであるが，実はそれはほんのごくわずかであるというのが私見である．すなわち，データ圧縮や誤り訂正符号はたしかに社会の役に立っているが，このような理論体系を数学という道具を用いて，理解していく数理的思考能力を養うこと自体が人類の社会貢献という広い意味でより世の中の役に立っていくと信じている．さらに，これまでに知られていないことを独自に研究していくには，既存の数学的道具の組み合わせだけでは済まないこともあり，場合によっては，使いやすい数学的な道具 (補題や定理) を自ら発見し証明していくことが必要になるであろう．本書では，既知の事実の解説にすぎないが，これを土台に未知の結果を得ていく基本となり得ればと願っており，そのような試みがなされることが何よりも役に立っていると考える．こうした観点からも，本書を読み進めていくことにより将来，読者の方々が遭遇する未知の数理科学に対する対応力の一助となりえることがあれば幸いである．

音楽や絵画などの芸術が世の中になくても人は生きていけるだろうが，それではなんとも味気ない人生とならないであろうか．これらは心を豊かにしてくれるわけである．科学は芸術よりも技術に結びつきが強く，そう考える人も多いのは当然であり，科学技術の発展によって社会に多くの恩恵をもたらしてきた．一方で，数学や数理的な問題を純粋に追及することのみに喜びを感じることを否定してはいけない．すぐに役に立つものを求める世の中となって久しいが，すぐに役に立つことは，裏を返せば，何かの拍子に (社会変革が起きれば) すぐに不要なものとなりかねないことを注意しておくべきであろう．我が国でノーベル賞の受賞者が出ると毎回，受賞者の方が基礎学問の重要性を説いてくれているのが救いである．

1.2　熱力学・微分積分の復習

さて，本書でも多く取り上げるが，情報理論においてエントロピーは非常に重要な量である．第 2 章で述べているように，このエントロピーという概念は情報との結びつき以前に，古くは熱力学などの物理学の分野において登場している．次章で詳しくエントロピーについて述べていくが，ここでは大雑把に捉えてみよう．エントロピーを $\log W$ と定める．ここで，W は空集合でない何らかの集合の要素数，あるいは，定められたルールにおいて発生する場合の数と思ってみよう．対数の底は特に指定せず，そのときどきで考えることにする．例えば，1 度のコイン投げであれば，表と裏の 2 通りなので $W = 2$，対数の底を 2 としておけば，エントロピーは $\log_2 2 = 1$ となる．イカサマのない 2 つのサイコロを振る場合の数は 36 通りなので $\log 36$ となる．起こりうる場合の数が増加するとエントロピーも増加する．対数関数を通すのでもちろん比例ではない．エントロピーは，あいまいさ，不確実さと解釈されている．したがって，コイン 1 枚を投げるよりサイコロ 2 つを振るほうがあいまいさは大きいと解釈でき，自然である．

では，W を夫婦または恋人同士のかみ合わない会話 (すれ違う気持ち) の数としてみよう．ただし，$W \neq 0$ とする．一方からの最初の一言では，2 人の気持ちのあいまいさはないので $W = 1$ のときは，エントロピーは $\log 1 = 0$ である．ところが，話をするに連れて，お互いに整理し理解しあわないでいると，かみ合わない会話が増えていく．当然，相手への不信感も募っていくばかりでエントロピーは増大していく．そうならないためには，会話をかみ合わせる (お互い歩み寄って分かり合う) ことによって，事あるごとに，かみ合わない会話の数 W を減らしていかなければならない．自然科学においても，映画やドラマのように魔法のような一言で W が急に減少していくということは起こり得るのであろうか [3].

本書では，情報理論のなかでもエントロピーと符号化定理を重点的に学べるように記述している．歴史的な順序の関係もあり，第 2 章で熱力学的エントロピーの話題を取り上げるために，本節の残りにおいて簡単に高校物理の熱力学の復習と，(やはり) 第 2 章で用いる数学 (微分積分) の復習を簡単にしておこう．

日常生活で我々が使用している温度 t の単位 C° は摂氏温度であり，熱力学で使う絶対温度 T との間には $T = 273 + t\,[\mathrm{K}]$ という関係がある．この単位 K はケルビンと読む．1 g の物体を 1 K 上昇させるのに必要な熱量を比熱 c という．熱量 Q (単位は J (ジュールと読む)) は，質量 $m\,[\mathrm{g}]$，温度変化を ΔT とすると，$Q = mc\Delta T$ と書ける．また，注目している物体が 1 g とは限らないとき，その物体の温度を 1 K 上昇させるのに必要な熱量を熱容量といい，C で表すことが多い．つまり，$C = mc$ であり，$Q = C\Delta T$ と書ける．それでは，理想気体の状態方程式を復習しておこう．ある容器 (直方体) の体積を V とし，1 つの面 (断面積 S) からピストンなどで圧力 P で容器内の空気を隙間なく圧縮する．ただし，容器内の温度 T を一定に保つようにする．そのときに断面積と垂直に働く力 F は $F = PS$ である．圧縮後の体積，圧力がそれぞれ V', P' のとき，$PV = P'V' = \alpha\,(\alpha：定数)$ という関係が成立し，これを **Boyle の法則**という．つまり P と V は反比例の関係があるので，P–V 平面にグラフを描けば直角双曲線となる．

では，次に圧力 P を一定に保ち，容器内に熱源を入れておき，温度 T を上昇させていく．すると，圧力が一定なのでピストンなどを押している力 $F = PS$ も一定であり，気体は膨張するので体積は増加する．熱源で加熱後の体積と温度をそれぞれ V', T' とするとき $\dfrac{V}{T} = \dfrac{V'}{T'} = \alpha\,(\alpha：定数)$ という関係が成り立つ．つまり，圧力一定の下で，V, T は比例の関係がある．これを，**Charles の法則**という．この Boyle の法則と Charles の法則は 1 つの式 $\dfrac{PV}{T} = \dfrac{P'V'}{T'} = \alpha\,(\alpha：一定)$ でまとめられて **Boyle–Charles の法則**と呼ばれ，これが成り立つ

[3] W がかみ合わない会話の数としているので，魔法のような一言は W にカウントされず，不信感は増大する一方となる．

ような気体を**理想気体**という．$n\,[\mathrm{mol}]$ の理想気体に対して $\alpha = nR$ とおけば，気体の状態方程式 $PV = nRT$ が得られる．なお，$T = 273\,[\mathrm{K}]$, $P = 1.013 \times 10^5\,[\mathrm{Pa}] = 1$ 気圧のとき，$n = 1$ の理想気体の体積は $V = 2.24 \times 10^{-2}\,[\mathrm{cm}^2]$ と知られているので，このとき気体定数 R は $R = 8.31\,[\mathrm{J/mol \cdot K}]$ となる．

内部エネルギーについて述べるために，気体分子運動についても復習しておこう．1 辺の長さが L の立方体 (体積は $V = L^3$，各面の面積は $S = L^2$ である) の容器内に $n\,[\mathrm{mol}]$ の理想気体が閉じ込められており，気体分子 1 つの質量を $m\,[\mathrm{g}]$，速さを v とし，その x, y, z 方向の成分をそれぞれ v_x, v_y, v_z とする．x 軸方向の移動のみを考える．分子は v_x で面積 L^2 の壁に衝突して，v_x で跳ね返る．この壁の受ける力積を i_0 とすると，分子の運動量の変化に等しいので $i_0 = mv_x - m(-v_x) = 2mv_x$ である．分子の壁への衝突回数 ν は，速さと距離の関係から $\nu = \dfrac{v_x}{2L}$ であるので，単位時間に受ける壁の力積 i は，$i = i_0 \times \nu = 2mv_x \times \dfrac{v_x}{2L} = \dfrac{mv_x^2}{L}$ となる．Avogadro 数を N とすると，$n\,[\mathrm{mol}]$ の気体では nN 個の分子があるので，壁が分子から受ける平均の力 F は，単位時間に全分子から受ける力積に等しいので v_x の平均 $\overline{v_x}$ を用いて

$$F = nN\frac{m\overline{v_x^2}}{L}$$

となる．ここで，$v^2 = v_x^2 + v_y^2 + v_z^2$ が成り立つので，平均についても $\overline{v^2} = \overline{v_x^2} + \overline{v_y^2} + \overline{v_z^2}$ となる．また気体分子の運動は乱雑であり方向性がないので，$\overline{v_x^2} = \overline{v_y^2} = \overline{v_z^2}$ であるから，$\overline{v_x^2} = \dfrac{\overline{v^2}}{3}$ である．よって，$F = \dfrac{nNm\overline{v^2}}{3L}$ となり，このとき，圧力 P は $P = \dfrac{F}{S} = \dfrac{nNm\overline{v^2}}{3L^3}$ となり，$PV = \dfrac{nNm\overline{v^2}}{3}$ が得られる．一方，先に述べたように理想気体の状態方程式は $PV = nRT$ であったので，これらより $\dfrac{Nm\overline{v^2}}{3} = RT$ となり，これより気体分子の平均運動エネルギーは $\dfrac{m\overline{v^2}}{2} = \dfrac{3}{2}k_BT$ となる．ただし，$k_B := \dfrac{R}{N}$ は **Boltzmann 定数**と呼ばれる．以上より気体分子の運動エネルギーは温度に比例していることが分かる．**内部エネルギー** U は，物体を構成するすべての原子・分子の持つエネル

ギーであるので，理想気体の場合，位置エネルギーを無視して

$$U = nN \times \frac{1}{2}m\overline{v^2} = \frac{3}{2}nRT$$

となる．

熱エネルギーまで含めたエネルギー保存則が**熱力学第一法則**である．気体に熱を加えると温度は上昇し体積は膨張する．温度の上昇は，先に示したように気体分子の運動エネルギーに比例するので，内部エネルギーも増加する．そのとき，気体分子の熱運動は激しくなり，気体は外圧に逆らって膨張するから気体は仕事をすることになる．すなわち，気体に加えられた熱エネルギー Q は，気体の内部エネルギーの増加 $\varDelta U$ と外にする仕事 W に利用されるので，等式 $Q = \varDelta U + W$ が成り立つ．

理想気体 1 mol を 1 K 上昇させるのに必要な熱量をモル比熱という．定圧モル比熱，定積モル比熱をそれぞれ C_P, C_V とすると，熱量は定圧変化では $Q = nC_P\varDelta T$，定積変化では $Q = nC_V\varDelta T$，断熱変化では $Q = 0$ となる．温度の変化 $\varDelta T$ に従って，内部エネルギーの変化は $\varDelta U$ は $\varDelta U = \frac{3}{2}nR\varDelta T$ となる．体積 V が一定 $(\varDelta V = 0)$ の定積変化を考えると，そのとき，気体は仕事をしないので $W = P\varDelta V = 0$ であり，熱量は $Q = nC_V\varDelta T$ なので熱力学第一法則より，$\varDelta U = nC_V\varDelta T$ となるので，$C_V = \frac{3}{2}R$ が得られる．一方，定圧変化のときは，$Q = nC_P\varDelta T$，$\varDelta U = \frac{3}{2}nR\varDelta T$，$W = P\varDelta V$ なので熱力学第一法則と状態方程式から

$$nC_P\varDelta T = \frac{3}{2}nR\varDelta T + P\varDelta V = \frac{3}{2}nR\varDelta T + nR\varDelta T = \frac{5}{2}nR\varDelta T$$

なので，$C_P = \frac{5}{2}R$ が得られる．

最後に状態変化を P–V グラフとともに復習しておこう．

(i) $A \to B$ 間の変化は定積変化なので，$W = 0$，$Q = \varDelta U = nC_V\varDelta T$ となる．つまり，吸収した熱はすべて内部エネルギーの増加に使われる．

(ii) $C \to A$ 間の変化は定圧変化なので，上記で述べたように，$W = P\varDelta V$ などから $Q = nC_P\varDelta T$ となる．

(iii) $B \to C$ 間の変化は $\gamma = 1$ なので等温変化である．つまり $\Delta T = 0$ なので $\Delta U = 0$ である．ゆえに，$Q = W$ である．吸収した熱量はすべて外の仕事に使われる．

(iv) $\gamma > 1$ のとき，断熱変化と呼ばれる．そのとき，$Q = 0$ なので，$W = -\Delta U$ となり，外にした仕事の分だけ内部エネルギーが減少し，温度は下がる．

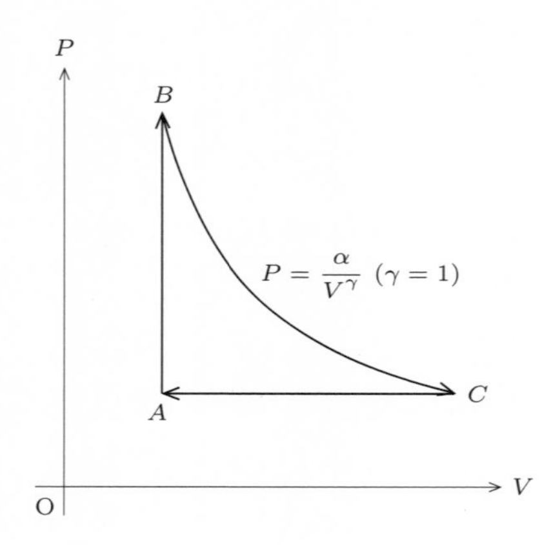

本章の最後に，次章で必要になる微分積分のいくつかの項目について簡単に復習しておく．例えば，指数関数 e^x を Maclaurin 展開すると

$$e^x = 1 + \frac{x}{1!} + \frac{x^2}{2!} + \cdots + \frac{x^n}{n!} + \cdots$$

のように，ベキ関数の無限級数が現れる．一般に，無限級数

$$a_0 + a_1 x + a_2 x^2 + \cdots + a_n x^n + \cdots =: \sum_{k=0}^{\infty} a_k x^k$$

を x の**ベキ級数** (整級数) と呼ぶ．ベキ級数についてはさまざまなことが知られているが本書で必要な部分のみを証明なしで紹介しておく．ベキ級数

$\sum_{k=0}^{\infty} a_k x^k$ に関して，極限値 $\lim_{n\to\infty} \left|\frac{a_n}{a_{n+1}}\right|$ が (有限・無限を問わず) 存在するならば，ベキ級数の収束半径 r は，$r = \lim_{n\to\infty} \left|\frac{a_n}{a_{n+1}}\right|$ となる．例えば，e^x を Maclaurin 展開したベキ級数の収束半径 r は $r = \lim_{n\to\infty}(n+1) = \infty$ である．なお，Cauchy–Hadamard の定理として $\frac{1}{r} = \lim_{n\to\infty} \sqrt[n]{|a_n|}$ が知られている．また，ベキ級数 $\sum_{k=0}^{\infty} a_k x^k$ はその収束域内の任意の閉区間で絶対収束かつ一様収束し，何回でも項別微分，項別積分可能であることも知られている．

ある制約条件下における多変数の極値を求める問題において，**Lagrange の未定係数法**は有用である．例えば 2 変数 x, y に関する条件 $g(x,y) = 0$ の下で，$f(x,y)$ の極値を求める問題では，**Lagrange の未定係数**として，1 変数 μ を追加した 3 変数の関数 $\varphi(x,y,\mu) := f(x,y) - \mu g(x,y)$ を考えて，連立方程式

$$\frac{\partial\varphi(x,y,\mu)}{\partial\mu} = 0, \qquad \frac{\partial\varphi(x,y,\mu)}{\partial x} = 0, \qquad \frac{\partial\varphi(x,y,\mu)}{\partial y} = 0$$

から極値を与える x, y の候補を探せば良い．簡単な例で理解を深めよう．

例 1.1 実数 x, y が $x^2 + y^2 = 1$ を満たすとき，$x + y$ の最大値・最小値を求めてみよう．円と直線なので，高校数学でも解けるが，Lagrange の未定係数法を用いる．まず，$\varphi(x,y,\mu) := x + y - \mu(x^2 + y^2 - 1)$ とおき，

$$\begin{aligned}
\frac{\partial\varphi(x,y,\mu)}{\partial\mu} &= x^2 + y^2 - 1 = 0, \\
\frac{\partial\varphi(x,y,\mu)}{\partial x} &= 1 - 2x\mu = 0, \\
\frac{\partial\varphi(x,y,\mu)}{\partial y} &= 1 - 2y\mu = 0
\end{aligned}$$

の最後の 2 式から $x = \frac{1}{2\mu}, y = \frac{1}{2\mu}$ なので，これらを一番最初の式に代入して，$\mu = \pm\frac{1}{\sqrt{2}}$ が得られる．$\mu = \frac{1}{\sqrt{2}}$ のとき，$x = y = \frac{\sqrt{2}}{2}$ で $x + y$ は最大

値 $\sqrt{2}$ を取り，$\mu = -\dfrac{1}{\sqrt{2}}$ のとき，$x = y = -\dfrac{\sqrt{2}}{2}$ で $x + y$ は最小値 $-\sqrt{2}$ を取ることが分かる．

問題 1　$p_1, p_2, p_3 > 0$ とする．**Lagrange の未定係数法**を用いて $f(p_1, p_2, p_3) = -p_1 \ln p_1 - p_2 \ln p_2 - p_3 \ln p_3$ を拘束条件 $p_1 + p_2 + p_3 = 1$ の下で最大にする p_1, p_2, p_3 を求めよ．ただし，$\ln x$ は e^x の逆関数で底が e の対数関数である．

最後に，区分求積法について簡単に復習しておく．これは高校の「数学 III」で扱われる内容である． 関数 $y = f(x)$ がある閉区間 $[a, b]$ で連続であるとき，定積分 $\displaystyle\int_a^b f(x)\,dx$ は次のように，和の極限値として求めることができる．これを定積分の**区分求積法**という．

$$\begin{aligned} &\int_a^b f(x)\,dx = \lim_{n\to\infty} \sum_{k=0}^{n-1} f(x_k)\Delta x = \lim_{n\to\infty} \sum_{k=1}^{n} f(x_k)\Delta x, \\ &\Delta x = \frac{b-a}{n}, \qquad x_k = a + k\Delta x. \end{aligned} \tag{1.1}$$

これより $x_0 = a$, $x_n = b$ となっていることが分かるが，下図は，上式の最初の等号をイメージしたものである．

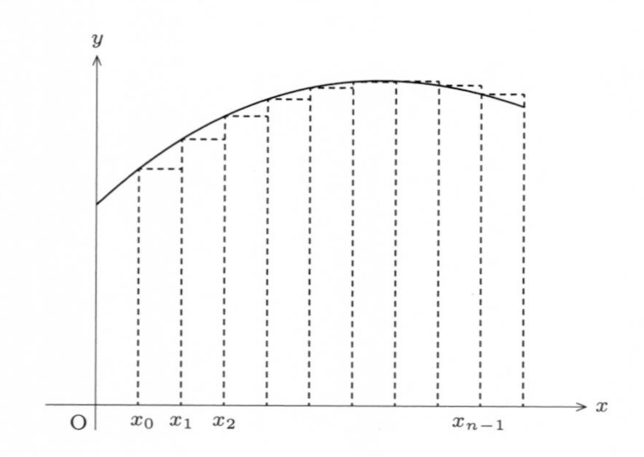

簡単のため (1.1) において，$a = 0$, $b = 1$, $\Delta x = \dfrac{1}{n}$ とすると，次のような

便利な公式が得られる：

$$\int_0^1 f(x)\,dx = \lim_{n\to\infty}\frac{1}{n}\sum_{k=0}^{n-1} f\left(\frac{k}{n}\right) = \lim_{n\to\infty}\frac{1}{n}\sum_{k=1}^{n} f\left(\frac{k}{n}\right). \tag{1.2}$$

例 1.2 極限 $L := \lim_{n\to\infty}\left(\frac{1}{n+1}+\frac{1}{n+2}+\cdots+\frac{1}{n+n}\right)$ を区分求積法を用いて，求めよう．ポイントは (1.2) の形に持っていくことであるので，

$$\begin{aligned} L &= \lim_{n\to\infty}\frac{1}{n}\left(\frac{1}{1+\frac{1}{n}}+\frac{1}{1+\frac{2}{n}}+\cdots+\frac{1}{1+\frac{n}{n}}\right) \\ &= \lim_{n\to\infty}\frac{1}{n}\sum_{k=1}^{n}\frac{1}{1+\frac{k}{n}} = \int_0^1 \frac{1}{1+x}\,dx = \ln 2 \end{aligned}$$

と求めることができる．

第2章 物理学における エントロピー

本書では主に情報エントロピーと符号化定理について述べていくが，歴史的にエントロピーは物理学の分野で登場し使われてきた．本章では，熱力学的エントロピーと統計力学的エントロピーを取り上げ，それらに関係する数学的なちょっとした話題について述べていくことにする．

2.1 熱力学的 (Clausius) エントロピー

まず，1865 年 [1] の Clausius[10] による熱力学的エントロピーの導入から始める．熱力学は巨視的 [2] な立場で熱現象を扱う学問である．内部エネルギー (物体あるいは物理系が内部に持つエネルギー) dU の変化を知ることが 1 つの目的である．体積，圧力，温度，熱量のように直接測れないときに，物体に与えた (系が吸収した) 熱量 $d'Q$ や系が外界にした仕事 $d'W$ が分かっているとき，熱量を含めたエネルギー保存則，すなわち，**熱力学第一法則**：

$$d'Q = dU + d'W$$

[1] 日本ではようやく慶應元年．

[2] 内部エネルギーは分子や原子などの微視的 (分子的，ミクロ的な，microscopic) 力学的エネルギーの総和であるが，このような微視的な観測に対して，我々の日常生活で使っている単位 cm, g といった物差しで物理系を観測するとき巨視的 (マクロ的，macroscopic) な現象 (観点) という．

が成り立つ．ここで，$d'Q$ や $d'W$ は**不完全微分**と呼ばれ，**完全微分** (通常の全微分) でないのでダッシュをつけてその微分を表している．(例えば，外界の圧力を p，系の体積変化を dV とすると，$d'W = pdV$ である．) 各平衡状態に対して一意にその値が決まる物理量を**状態量**と呼ぶが，状態量は初期状態と終状態だけで決まることが知られている．ところが仕事 W や熱量 Q はそうではない．例えば，何らかの仕事をしたとき，初期状態から終状態まで，さまざまな過程――途中で無駄なことをしたり，さぼってしまったり――が存在する．これらの物理量は各過程中における移動量として意味を持つものであり，したがって，これらは状態量とは言えず，それぞれが持っている値が存在しないので，差分を考えることは不自然である．ゆえに，その極限操作となる通常の微分を考えることも不自然である．そのために，これらの物理量に対しては，不完全微分の形で区別することがある．ただし，これらが状態量と確定できる状況においては，この不完全微分を完全微分 (通常の全微分) として扱う．このあたりの詳細については，[90] を参照していただきたい．とはいえ，本書は物理学書ではないので，後の例などでは，直観的な理解のしやすさを考慮して，差分の記号 Δ を使ったり，不完全微分との区別をせずに記載している．

例 2.1 W, Q をそれぞれ状態 1 から状態 2 へ移すときに与えられた仕事と熱量とする．U_1, U_2 は内部エネルギーである．このとき，$-W$ が外界にした仕事なので，

$$U_2 - U_1 = W + Q \tag{2.1}$$

である．内部エネルギーのように物体の巨視的状態で決定される量を状態量という．

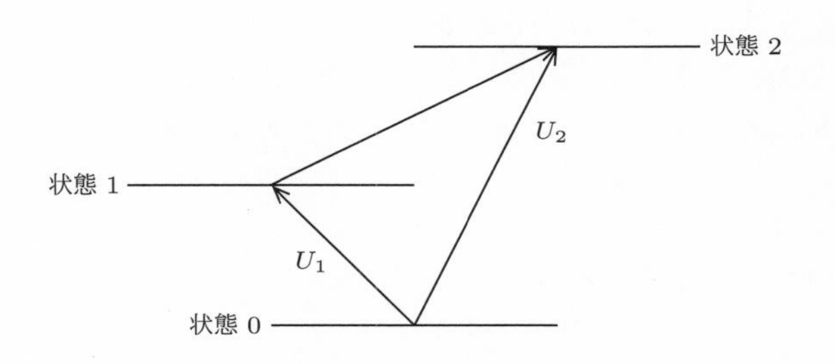

例えば，個体の内部エネルギーを U_1 から U_2 に変化させるのに，熱を加えずに摩擦による仕事 W のみでこの変化を起こすことが可能であるし，逆に，仕事を与えず熱量 Q のみを与えてこの変化を起こすことも可能である．このように，初めと終わりの状態を決めても物体に加える熱量と仕事の量は別々には決まらない．式 (2.1) において，$Q = 0 \to U_2 - U_1 = W$ であり $W = 0 \to U_2 - U_1 = Q$ となる場合もあり得る．したがって，Q や W は状態量とは限らない．

系が一様でその各部での圧力が p，温度が T で異なる値を取らないとき (つまり巨視的な観測が可能な場合)，系の状態方程式として例えば $n\,\mathrm{mol}$[3] の理想気体は良く知られているように $pV = nRT$ (R：定数) が成り立つ．このような熱平衡状態 (巨視的に見て静止している状態) において系をある状態 a から他の状態 b へ変化させ，その後，b から a へ戻すという変化を外界へ何も影響を残さずに行える場合，変化 $a \to b$ を可逆変化という．Clausius は**熱力学第二法則** (Clausius の原理)，つまり,「高温の物体から低温の物体へ熱を移す過程は不可逆である」から，状態がもとに戻る 1 サイクルの間に，熱源の温度を T とすると，次の **Clausius の不等式**を示した：

$$\oint \frac{d'Q}{T} \leq 0.$$

積分 $\oint$ は物体がある状態から変化してまたもとの状態に戻るまでの 1 サイクルの積分を意味する [4]．また，可逆変化のとき等号が成立し，そのとき，$\dfrac{d'Q}{T}$ は完全微分 (全微分) となる．これを dS と書き(すなわち, $dS = \dfrac{dQ}{T}$)，S を**熱力学的 (Clausius) エントロピー**と呼ぶ．

今，ある系が状態 a から他の状態 b へと可逆的に移る場合 (C_1) と不可逆的に移る場合 (C_2) を考える．このとき，C_1 の逆向きの path (道) である $-C_1$ と C_2 を合わせると 1 つの不可逆なサイクルができるから，Clausius の不等式より

---

[3] 約 6.02×10^{23} (Avogadro 数) 個の分子数をまとめて 1 mol という．

[4] 例えば第 1 章における状態変化の P–V 図では，$\oint_{A\to B\to C\to A} P\,dV$ というように使う．

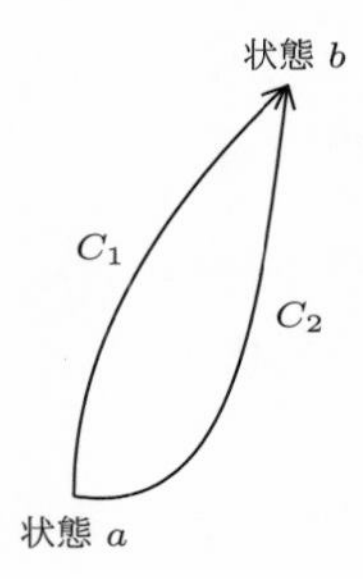

$$\int_{-C_1} \frac{d'Q}{T} + \int_{C_2} \frac{d'Q}{T} = \oint_{-C_1+C_2} \frac{d'Q}{T} < 0 \tag{2.2}$$

一方で，a から C_1 と通って b に行き，$-C_1$ で a に戻ってくるサイクルは可逆なので

$$\int_{-C_1} \frac{d'Q}{T} + \int_{C_1} \frac{d'Q}{T} = 0 \tag{2.3}$$

であるから，これら 2 式より

$$\int_{C_2} \frac{d'Q}{T} < -\int_{-C_1} \frac{d'Q}{T} = \int_{C_1} \frac{d'Q}{T} = \int_{C_1} dS = S(b) - S(a) \tag{2.4}$$

(2.4) の最初の不等号は (2.2) により，次の等号は (2.3) により，その次の等号は可逆変化 (そのとき，$d'Q$ は全微分となり，$dS = \dfrac{dQ}{T}$ であった) による．以上より下記の考察が可能である．

(1) 不等式 (2.4) よりただちに，不可逆過程においては熱源のエントロピー増加により系のエントロピー増分のほうが大きい．
(2) さらに，断熱不可逆過程の場合には $d'Q = 0$ なので，不等式 (2.4) は $S(b) - S(a) > 0$ となり，外界からのエントロピーの出入りはないが，系の内部でエントロピーは増大していることが分かる．(エントロピー生成)

上記の事柄と，Clausius の不等式が熱力学第 2 法則から導かれるという事実から，エントロピーが増大する方向が，自然現象の変化の方向，いわゆる時間の向きを示していると考えることもできる.

次にもう少し具体的な例で理解を深めよう.

例 2.2 初期状態での部分系 A の温度を T_H, 部分系 B の温度を T_L とする. A から B に熱量 ΔQ が移動し, 終状態では系 A も系 B も温度 T_M になったとする.

Clausius の熱力学的エントロピー S は熱量と温度で決まる. ある温度 T, 熱量 ΔQ を与えると, 系のエントロピーは

$$\Delta S = \frac{\Delta Q}{T}$$

だけ増える.

(1) エントロピーの加法性を仮定すると,

$$\begin{aligned}\Delta S_{\text{total}} = \Delta S_{A+B} = \Delta S_A + \Delta S_B &= -\frac{\Delta Q}{T_H} + \frac{\Delta Q}{T_L} \\ &= \frac{(T_H - T_L)\Delta Q}{T_H T_L} > 0\end{aligned}$$

より, 全系のエントロピーは増大する (**熱力学第二法則**).

(2) $R = 1$ と簡潔にし状態方程式で, $T = \dfrac{Q}{n}$ とおくと, $pV = Q$ である. このとき, 温度 T は粒子 1 個当たりの平均的な熱エネルギーを意味する. そして, $\Delta S = \dfrac{\Delta Q}{T} = \dfrac{\Delta T}{T} n$ から, $dS = n \times \dfrac{dT}{T}$ となり, これを積分すると,

$$\begin{aligned}\Delta S_{(T_1 \to T_2)} = S(T_2) - S(T_1) &= \int_{T_1}^{T_2} dS \\ &= n \int_{T_1}^{T_2} \frac{1}{T} \, dT = n \ln \frac{T_2}{T_1}.\end{aligned}$$

これにより, $S_T = n \ln T$ と書くことがある.

さらに詳細な例について考えてみよう.

例 2.3 部分系 A, B は同じ物質で構成されており物質のモル比は系 A:系

$B=\alpha:\beta$ とする．系 A, B の初期温度をそれぞれ T_H, T_L として最終的な (熱平衡状態での) 温度 T_M は，

$$T_M = \frac{\alpha T_H + \beta T_L}{\alpha + \beta}$$

であり，全過程を通じて総計 ΔQ の熱量が系 A から系 B に移動するものと仮定する．ΔQ の値は $\Delta Q = \alpha(T_H - T_M) = \beta(T_M - T_L)$ である．これを n 当分して (後に極限 $n \to \infty$ を取る) 各ステップで系 A は $\dfrac{\Delta Q}{n}$ の熱量を失って温度は $\dfrac{T_H - T_M}{n}$ 低下し，系 B は同じ熱量を得て，温度は $\dfrac{T_M - T_L}{n}$ 上昇する．系 A は熱を失うのでエントロピーが減少するから，負の符号を用いて，第 1 ステップのエントロピーは，

$$-\Delta S_{A_1} = \frac{-\Delta Q/n}{T_H}$$

となり，そのときの温度が，$T_H - \dfrac{T_H - T_M}{n}$ に低下することに注意すると第 2 ステップのエントロピーの変化は

$$-\Delta S_{A_2} = \frac{-\Delta Q/n}{T_H - (T_H - T_M)/n}$$

となる．このようにして，第 1 ステップから第 n ステップまでの変化の合計は

$$\begin{aligned}-\Delta S_A &= -\Delta S_{A_1} - \Delta S_{A_2} - \cdots - \Delta S_{A_n} \\ &= \sum_{k=0}^{n-1} \frac{-\Delta Q}{T_H - k(T_H - T_M)/n} \cdot \frac{1}{n}.\end{aligned}$$

極限 $n \to \infty$ として区分求積法により

$$\begin{aligned}-\Delta S_A &= \lim_{n\to\infty} \sum_{k=0}^{n-1} \frac{-\Delta Q}{T_H - \dfrac{k}{n}(T_H - T_M)} \cdot \frac{1}{n} \\ &= \int_0^1 \frac{-\Delta Q}{T_H - (T_H - T_M)x} dx = \frac{\Delta Q}{T_H - T_M}\left[\ln\left|\frac{T_H}{T_H - T_M} - x\right|\right]_0^1\end{aligned}$$

$$= \frac{\Delta Q}{T_H - T_M} \ln \frac{T_M}{T_H}.$$

ここで，$\Delta Q = \alpha(T_H - T_M) > 0$, $T_M < T_H$ なので，$-\Delta S_A < 0$ が確認できる．同様にして，

$$\Delta S_B = \cdots = \frac{\Delta Q}{T_M - T_L} \ln \frac{T_M}{T_L} > 0$$

を得る．

問題 2　上記で $-\Delta S_A < 0$ を示したのと同様に，$\Delta S_B > 0$ を示せ．

ここで，加法性を仮定すると，

$$\Delta S_{(A+B)} = -\Delta S_A + \Delta S_B = \frac{\Delta Q}{T_H - T_M} \ln \frac{T_M}{T_H} + \frac{\Delta Q}{T_M - T_L} \ln \frac{T_M}{T_L}$$

を得る．そこで次に，全系のエントロピーの増加，つまり $\Delta S_{(A+B)} > 0$ を示すことが目標となる．簡単な式変形により

$$\begin{aligned}
&\Delta S_{(A+B)} \\
&\quad = \frac{\Delta Q}{(T_H - T_M)(T_M - T_L)} \left\{ (T_M - T_L) \ln \frac{T_M}{T_H} + (T_H - T_M) \ln \frac{T_M}{T_L} \right\} \\
&\quad = \cdots = \frac{\Delta Q}{(T_H - T_M)(T_M - T_L)} \ln \frac{{T_H}^{T_L} {T_L}^{T_M} {T_M}^{T_H}}{{T_H}^{T_M} {T_M}^{T_L} {T_L}^{T_H}}
\end{aligned}$$

となるので，$\Delta S_{(A+B)} > 0$ は，$\dfrac{{T_H}^{T_L} {T_L}^{T_M} {T_M}^{T_H}}{{T_H}^{T_M} {T_M}^{T_L} {T_L}^{T_H}} > 1$ と同値である．そこで，これは，次の数学の不等式の問題に帰着され，下記の命題 2.4 から $\Delta S_{(A+B)} > 0$ が示される．

一般に次の不等式が成立する．さまざまな証明法が考えられる [81] が，著者によるものを紹介しておく．

命題 2.4　$x > y > z > 0$ のとき

$$x^z y^x z^y > x^y y^z z^x$$

が成り立つ.

証明 まず,次のように同値変形しておく.

$$x^z y^x z^y > x^y y^z z^x \iff y^{x-y+y-z} > x^{y-z} z^{x-y}$$
$$\iff \left(\frac{y}{z}\right)^{x-y} > \left(\frac{x}{y}\right)^{y-z} \tag{2.5}$$

次に,(2.5) の最後の不等式で,$\dfrac{y}{z} =: t > 1$,$\dfrac{x}{y} =: s > 1$ とおくと,(2.5) は次と同値である.

$$s^{1/t} t^s > st \qquad (s, t > 1) \tag{2.6}$$

さらに,$st = u$ とおくと,(2.6) は次と同値である.

$$t^{u-1} > u^{t-1} \iff \frac{u-1}{\ln u} > \frac{t-1}{\ln t} \qquad (u > t > 1) \tag{2.7}$$

対数平均の表現関数 $\dfrac{t-1}{\ln t}$ は単調増加なので (2.7) の 2 番目の不等式が成立し,結局,所望の不等式が成り立つことが証明される. □

問題 3 (1) $t > 0$ に対して $f(t) := \dfrac{t-1}{\ln t}$ で定義された関数 $f(t)$ が $t > 0$ で単調増加であることを示せ.

(2) $t > 0$ に対して,次を示せ.

$$\frac{t+1}{2} \geq \frac{t-1}{\ln t} \geq t^{1/2} \geq \frac{2t}{t+1}.$$

また,対数平均以外の表現関数 $\dfrac{t+1}{2}$, $t^{1/2}$, $\dfrac{2t}{t+1}$ の $t > 0$ での単調増加性についても確認せよ.

注 2.1 問題 3 (2) の不等式において,$t = \dfrac{a}{b}$ とおいて,その両辺に b を掛けると次が得られる.(確認せよ.)

$$\frac{a+b}{2} \geq \frac{a-b}{\ln a - \ln b} \geq \sqrt{ab} \geq \frac{2ab}{a+b} \qquad (a, b > 0).$$

これらは，左からそれぞれ，**算術平均**，**対数平均** ($a = b$ のときは a と定める)，**幾何平均**，**調和平均**と呼ばれる．これらの表現関数が問題 3 (2) の不等式に与えられている．なお，$v \in [0, 1]$ として，重み付きの平均にも次の大小関係があるが，重み付き対数平均については，記述が複雑となる．興味のある方は，拙文 [32] とその引用文献を参照されたい．

$$\begin{aligned}(1-v)a + vb &\geq a^{1-v}b^{v} \\ &\geq \left\{(1-v)a^{-1} + vb^{-1}\right\}^{-1} \qquad (a, b > 0,\ v \in [0, 1]). \qquad (2.8)\end{aligned}$$

また，対数平均は熱交換器などの熱エネルギーの効率化のための計算指標として，対数平均温度差 (lmtd) として熱交換器など伝熱の分野で用いられる．すなわち，高温側流体入口温度と低温側流体出口温度との差を ΔT_1，高温側流体出口温度と低温側流体入口温度を ΔT_2 とするとき，$\Delta T = \dfrac{\Delta T_1 - \Delta T_2}{\ln \Delta T_1 - \ln \Delta T_2}$ である．

問題 4　不等式 (2.8) を証明せよ．

(2.7) の 1 番目の不等式を用いると，次の一般的な不等式を示すことができる．(H. Ohtsuka[81] による．)

定理 2.5　n を 3 以上の自然数とする．$x_1 > x_2 > x_3 > \cdots > x_n > 0$ に対して，次の不等式が成り立つ．

$$\prod_{i=1}^{n} x_i^{x_{i-1}} > \prod_{i=1}^{n} x_i^{x_{i+1}}$$

ただし，$x_0 = x_n, x_{n+1} = x_1$ と規約する．

証明　$x_i = a_i x_n$ $(1 \leq i \leq n)$ とする．ここで，$a_1 > a_2 > a_3 > \cdots > a_n = 1$ に注意すると，

$$\begin{aligned}\prod_{i=1}^{n} x_i^{x_{i-1}-x_{i+1}} &= x_1^{x_0-x_2} x_n^{x_{n-1}-x_{n+1}} \prod_{i=2}^{n-1} x_i^{x_{i-1}-x_{i+1}} \\ &= x_1^{x_n-x_2} x_n^{x_{n-1}-x_1} \prod_{i=2}^{n-1} x_i^{x_{i-1}-x_{i+1}}\end{aligned}$$

$$
\begin{aligned}
&= (a_1 x_n)^{x_n - a_2 x_n} x_n^{a_{n-1} x_n - a_1 x_n} \prod_{i=2}^{n-1} (a_i x_n)^{a_{i-1} x_n - a_{i+1} x_n} \\
&= \left(a_1^{1-a_2} \prod_{i=1}^{n-1} a_i^{a_{i-1} - a_{i+1}} \right)^{x_n} \\
&= \left(a_1^{1-a_2} \prod_{i=2}^{n-1} a_i^{a_{i-1} - 1} a_i^{1 - a_{i+1}} \right)^{x_n} \\
&= \left(\prod_{i=1}^{n-2} a_{i+1}^{a_i - 1} a_i^{1 - a_{i+1}} \right)^{x_n} = \left(\prod_{i=1}^{n-2} \frac{a_{i+1}^{a_i - 1}}{a_i^{a_{i+1} - 1}} \right)^{x_n} > 1
\end{aligned}
$$

最後の不等式は，(2.7) の 1 番目の不等式による． □

定理 2.5 を含め，本節の後半の例については，[81] を参照した．また，全体的に，[106], [98] も参照した．なお，命題 2.4 を特別な場合として含む定理 2.5 は，50 年以上も前に，[64] にて読者への問題として出題されたものと同じである．

2.2 統計力学的 (Boltzmann) エントロピー

熱力学では主に巨視的な立場で物理現象を観察してきたが，次なる興味としては，微視的な立場から物理現象を考察することになる．あらゆる物質のもととなる分子，原子，電子などの振る舞いや性質について学ぶことになる．そういった精密な研究は量子論に譲って，微視的な性質をそれらの要素数がきわめて大きいことを利用し，さらに確率統計の道具を借りて，物質 (あるいは物理系の) 巨視的な状態を記述する学問が統計力学である．イメージとしては，(ここでは扱わないが力学および) 熱力学が巨視的な立場から物理現象を記述するのに対して，微視的な世界を記述する物理分野が量子力学となるが，その中間といってはいい加減な言い方になると思うが，微視的なものの集まりを統計的に扱って，巨視的な形で記述するのが統計力学である．そこでも Boltzmann エントロピーという概念が用いられる．

ここでは，同じ種類の物質が多数存在するものとして，その粒子の数を N とする．N_j 個の粒子はそれぞれエネルギー E_j $(j = 1, 2, \cdots, m)$ を有しているとする．そのとき，全粒子数

$$N = \sum_{j=1}^{m} N_j \tag{2.9}$$

と全エネルギー

$$E = \sum_{j=1}^{m} E_j N_j \tag{2.10}$$

を一定に保って，分配することを考える．

このとき，各 N_j 個の粒子をそれぞれ，体積が V_j の空間の中に置く方法は，$V_1^{N_1} \cdot \cdots \cdot V_m^{N_m}$ である．ただし，$V_1 + \cdots + V_m = V$ とし，各粒子の大きさは無視できるほど小さいものとする．さらに，N 個の粒子をそれぞれ，$N_1, \cdots, N_m$ 個の組に分ける場合の数は

$$W(N_1, N_2, \cdots, N_m) = \frac{N!}{N_1! N_2! \cdots N_m!} \tag{2.11}$$

である．よって，拘束条件 (2.9), (2.10) の下で，N 個の粒子を $N_1, \cdots, N_m$ 個の組に分けて，体積が $V_1, \cdots, V_m$ の空間に分配する方法の仕方は

$$\hat{W}(N_1, N_2, \cdots, N_m) = \frac{N!}{N_1! N_2! \cdots N_m!} V_1^{N_1} \cdot \cdots \cdot V_m^{N_m}$$

である．ここで，多項定理

$$(x_1 + \cdots + x_m)^n = \sum_{\substack{\{n_1, \cdots, n_m\}, \\ n_1 + \cdots + n_m = n}} \frac{n!}{n_1! n_2! \cdots n_m!} x_1^{n_1} \cdot \cdots \cdot x_m^{n_m}$$

より

$$\sum_{\substack{\{N_1, \cdots, N_m\}, \\ N_1 + \cdots + N_m = N}} \hat{W}(N_1, N_2, \cdots, N_m) = (V_1 + \cdots + V_m)^N = V^N$$

である．よって，各空間に N_j 個の粒子が分布する確率は

$$\tilde{W}(N_1, N_2, \cdots, N_m) = \frac{N!}{N_1! N_2! \cdots N_m!} g_1^{N_1} \cdot \cdots \cdot g_m^{N_m}, \qquad g_j := \frac{V_j}{V}$$

であり，当然，

$$\sum_{\substack{\{N_1,\cdots,N_m\},\\ N_1+\cdots+N_m=N}} \tilde{W}(N_1,N_2,\cdots,N_m)=1$$

である．ここでの目標は，$N \gg 1$，$N_j \gg 1$ としたときに，(2.11) の最大値を求めることである．そのためにいくつかの数学的な準備を要する．

補題 2.6　(Wallis の公式)　定積分

$$S_n := \int_0^{\pi/2} \sin^n x dx$$

に対して，

$$\sqrt{\pi} = \lim_{n\to\infty} 2\sqrt{n}S_{2n+1} = \lim_{n\to\infty} \frac{2^{2n}(n!)^2}{\sqrt{n}(2n)!}$$

が成り立つ．

証明　すぐに $S_0 = \dfrac{\pi}{2}$, $S_1 = 1$ がでる．また，$n \geq 2$ に対しては，部分積分により漸化式

$$S_n = \int_0^{\pi/2} \sin x \cdot \sin^{n-1} x dx = \frac{n-1}{n} S_{n-2} \tag{2.12}$$

が得られる．よってこれを用いて，偶奇で分けて，次を得る．

$$S_{2n} = \frac{2n-1}{2n} \cdot \frac{2n-3}{2n-2} \cdots \frac{1}{2} \cdot \frac{\pi}{2} \tag{2.13}$$

$$S_{2n+1} = \frac{2n}{2n+1} \cdot \frac{2n-2}{2n-1} \cdots \frac{2}{3} \cdot 1 = \frac{(n!)^2 2^{2n}}{(2n+1)!} \tag{2.14}$$

よって，

$$\sqrt{n}S_{2n+1}\sqrt{\frac{S_{2n}}{S_{2n+1}}} = \sqrt{nS_{2n}S_{2n+1}} = \sqrt{\frac{\pi}{4+\dfrac{2}{n}}}$$

と下の (2.16) によって，

$$\sqrt{\pi} = \lim_{n\to\infty} 2\sqrt{n}S_{2n+1} = \lim_{n\to\infty} \frac{2\sqrt{n}}{2n+1}\frac{(n!)^2 2^{2n}}{(2n)!} = \lim_{n\to\infty} \frac{2^{2n}(n!)^2}{\sqrt{n}(2n)!}. \qquad \square$$

問題 5　$n \geq 2$ に対して，漸化式 (2.12) が成り立つことを示せ．

注 2.2　(2.13) および (2.14) から，

$$\frac{\pi}{2}\frac{S_{2n+1}}{S_{2n}} = \frac{2\cdot 2}{1\cdot 3}\cdot\frac{4\cdot 4}{3\cdot 5}\cdots\frac{2n\cdot 2n}{(2n-1)\cdot(2n+1)} \tag{2.15}$$

がすぐにわかる．さらに，$0 < x < \dfrac{\pi}{2}$ のとき，$0 < \sin x < 1$ なので，

$$0 < \sin^{2n+1} x < \sin^{2n} x < \sin^{2n-1} x < 1$$

だから，

$$0 < S_{2n+1} < S_{2n} < S_{2n-1} < \frac{\pi}{2}$$

となり，

$$1 < \frac{S_{2n}}{S_{2n+1}} < \frac{S_{2n-1}}{S_{2n+1}} = \frac{2n+1}{2n} \to 1 \quad (n \to \infty)$$

から，はさみうちの原理によって

$$\lim_{n\to\infty} \frac{S_{2n+1}}{S_{2n}} = 1 \tag{2.16}$$

が得られる．これと等式 (2.15) より

$$\frac{\pi}{2} = \prod_{n=1}^{\infty} \frac{(2n)(2n)}{(2n-1)(2n+1)}$$

も Wallis の公式と呼ばれることがある．

問題 6　等式 (2.15) の成立を確認せよ．

補題 2.7 (Stirling の公式)

$$n! = \sqrt{2\pi n}\, n^n e^{-n} e^{\theta_n} \qquad \left(0 < \theta_n < \frac{1}{12n}\right).$$

証明 $\delta_n := \alpha_1 - \beta_1 + \alpha_2 - \beta_2 + \cdots + \alpha_{n-1} - \beta_{n-1}$ とおくと (下図参照),

$$\ln 2 + \ln 3 + \cdots \ln(n-1) + \frac{1}{2}\ln n + \delta_n = \int_1^n \ln x\, dx = n\ln n - n + 1.$$

したがって,

$$\ln(n!) = \left(n + \frac{1}{2}\right)\ln n - n + 1 - \delta_n.$$

下図からも分かるように ($\ln x$ が上に凸なので),

$$\alpha_1 > \beta_1 > \alpha_2 > \beta_2 > \cdots > \alpha_n > \beta_n > \cdots$$

なので, δ_n は収束する. そこで, $\delta := \lim_{n\to\infty} \delta_n$, $\theta_n = \delta - \delta_n$, $\alpha = e^{1-\delta}$ とおけば,

$$n! = e^{1-\delta_n} n^{n+1/2} e^{-n} = e^{1-\delta} e^{\theta_n} n^{n+1/2} e^{-n} = \alpha n^{n+1/2} e^{-n} e^{\theta_n} \qquad (2.17)$$

ここで, $\theta_n \geq 0$ で $\lim_{n\to\infty} \theta_n = 0$ である.

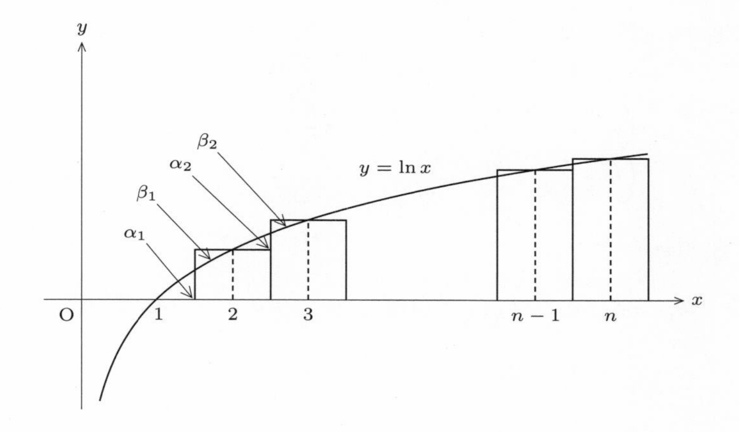

よって，補題 2.6 で得られた等式の右辺の $n!$ と $(2n)!$ に (2.17) を代入すれば，次のようになる．

$$\sqrt{\pi} = \lim_{n\to\infty} \frac{2^{2n}\alpha^2 n^{2n+1} e^{-2n} e^{2\theta_n}}{\sqrt{n}\alpha(2n)^{2n+1/2} e^{-2n} e^{\theta_{2n}}} = \lim_{n\to\infty} \frac{\alpha e^{2\theta_n}}{\sqrt{2} e^{\theta_{2n}}} = \frac{\alpha}{\sqrt{2}}.$$

よって $\alpha = \sqrt{2\pi}$ で，これを (2.17) に代入すれば，

$$n! = \sqrt{2\pi} n^{n+1/2} e^{-n} e^{\theta_n}$$

が得られる．最後に，$0 < \theta_n < \dfrac{1}{12n}$ を示す．

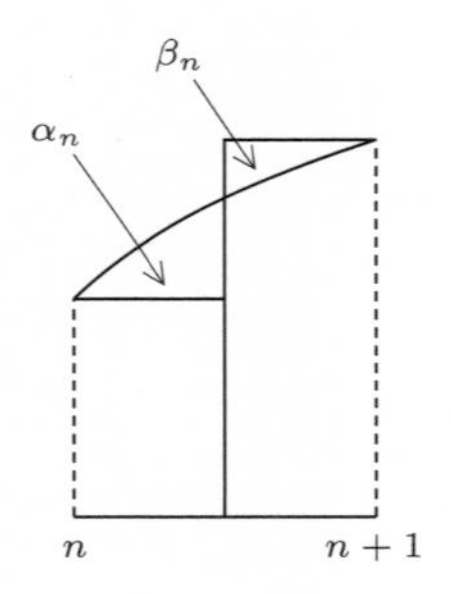

上の図から明らかなように

$$\begin{aligned}\alpha_n - \beta_n &= \int_n^{n+1/2} \ln x\,dx - \frac{1}{2}\ln n - \left(\frac{1}{2}\ln(n+1) - \int_{n+1/2}^{n+1} \ln x\,dx\right) \\ &= \left(n+\frac{1}{2}\right)\ln\left(1+\frac{1}{n}\right) - 1 < \frac{1}{12n(n+1)}.\end{aligned} \tag{2.18}$$

θ_n の定義から

$$\theta_n = \delta - \delta_n = \theta_{n+1} + (\delta_{n+1} - \delta_n) = \theta_{n+1} + (\alpha_n - \beta_n)$$

であり，$\lim_{n\to\infty} \theta_n = 0$ と (2.18) から

$$\theta_n - \theta_{n+1} = \alpha_n - \beta_n$$

$$\theta_{n+1} - \theta_{n+2} = \alpha_{n+1} - \beta_{n+1}$$

$$\vdots$$

$$\theta_N - \theta_{N+1} = \alpha_N - \beta_N$$

となって，

$$\theta_n = \theta_{N+1} + \sum_{k=n}^{N} (\alpha_k - \beta_k) < \theta_{N+1} + \sum_{k=n}^{N} \frac{1}{12}\left(\frac{1}{k} - \frac{1}{k+1}\right)$$

この両辺の極限 $\lim_{N\to\infty}$ を取れば，$\theta_n < \dfrac{1}{12n}$ が得られる．また，θ_n の定義から $\theta_n > 0$ は自明なので，$0 < \theta_n < \dfrac{1}{12n}$ が示される． □

注 2.3 自然数 n に対して [5]，不等式 (2.18) を示す [6]．

(a) まず，よく知られた幾何級数を思い出そう．(収束半径は 1．証明は簡単なので各自確認すること．)

$$\frac{1}{1-x} = 1 + x + x^2 + \cdots + x^n + \cdots .$$

---

5) 実際，正の実数でも成立する．

6) 各自の問題としようとしたが，割と大変だったので，この注で証明することにした．高木の著書 [97] が参考になった．関連する話題を付録 B の最後にて触れる．実は [5] にあるように，

$$\frac{1}{12}\left(\frac{1}{n} - \frac{1}{n+1}\right) - \frac{1}{360}\left(\frac{1}{n^3} - \frac{1}{(n+1)^3}\right) \leq \left(n + \frac{1}{2}\right)\ln\left(1 + \frac{1}{n}\right) - 1$$

が成り立っており，これにより，$\dfrac{1}{12n} - \dfrac{1}{360n^3} < \theta_n < \dfrac{1}{12n}$ が示せて，これを繰り返していくと，

$$\theta_n = \frac{1}{12n} - \frac{1}{360n^3} + \frac{1}{1260n^5} - \frac{1}{1680n^7} + \cdots$$

まで導ける．なお，n^{1-2k} の係数は $\dfrac{B_{2k}}{2k(2k-1)}$ であり，B_{2k} はベルヌーイ数である．ベルヌーイ数は漸化式 $B_0 = 1$，$B_n = -\dfrac{1}{n+1}\sum_{l=0}^{n-1} {}_{n+1}\mathrm{C}_l\, B_l$ で求まることが知られている．

ベキ級数 (整級数) はその収束域内で一様収束するので，項別積分可能であるから，この両辺を 0 から x (ただし，$|x|<1$) まで積分すると，

$$-\ln(1-x) = x + \frac{x^2}{2} + \frac{x^3}{3} + \cdots + \frac{x^n}{n} + \cdots,$$

x を $-x$ に変えて，

$$\ln(1+x) = x - \frac{x^2}{2} + \frac{x^3}{3} - \cdots + (-1)^{n-1}\frac{x^n}{n} + \cdots,$$

これらを加えると

$$\frac{1}{2}\ln\frac{1+x}{1-x} = x + \frac{x^3}{3} + \frac{x^5}{5} + \cdots + \frac{x^{2n+1}}{2n+1} + \cdots. \tag{2.19}$$

この級数の収束半径も 1 である．ここで，(2.19) において，$x = \dfrac{1}{2n+1}$，$n \in \mathbb{N}$ とおくと，

$$\frac{1}{2}\ln\left(1+\frac{1}{n}\right) = \frac{1}{2n+1} + \frac{1}{3(2n+1)^3} + \frac{1}{5(2n+1)^5} + \cdots$$

なので，両辺に $2n+1$ を掛けて 1 を引けば

$$\begin{aligned}\left(n+\frac{1}{2}\right)\ln\left(1+\frac{1}{n}\right) - 1 &= \frac{1}{3(2n+1)^2} + \frac{1}{5(2n+1)^4} + \cdots \\ &< \frac{1}{3(2n+1)^2}\left(1 + \frac{1}{(2n+1)^2} + \cdots\right) \\ &= \frac{1}{3(2n+1)^2}\cdot\frac{1}{1-\dfrac{1}{(2n+1)^2}} = \frac{1}{12n(n+1)}.\end{aligned}$$

(b) 不等式 (2.18) の別証明を与えておこう．不等式 (2.18) において，$x = \dfrac{1}{n}$ とおき，整理すると，$0 < x \leq 1$ において，

$$6(x+1)(x+2)\ln(x+1) < x^3 + 12x(x+1)$$

を示せばよい．そこで，

$$f(x) = x^3 + 12x(x+1) - 6(x+1)(x+2)\ln(x+1)$$

とおくと,

$$
\begin{aligned}
f'(x) &= 3x(x+6) - 6(2x+3)\ln(x+1), \\
f''(x) &= \frac{6x(x+2)}{x+1} - 12\ln(x+1), \\
f^{(3)}(x) &= \frac{6x^2}{(x+1)^2} > 0
\end{aligned}
$$

より $f''(x) > f''(0) = 0$. よって, $f'(x) > f'(0) = 0$ となり $f(x) > f(0) = 0$ が示される [7]. □

では, Stirling の公式を用いて, $\ln W(N_1, \cdots, N_m)$ を計算してみよう.

$$
\ln N! = N\ln N - N + \frac{1}{2}\ln(2\pi N) + O(N^{-1})
$$

なので, $N \gg 1$, $N_j \gg 1$ であったので [8],

$$
\begin{aligned}
\ln W(N_1, N_2, \cdots, N_m) &= N\ln N - N + \frac{1}{2}\ln(2\pi N) + O(N^{-1}) \\
&\quad - \sum_{j=1}^{m} N_j \ln N_j + (N_1 + N_2 + \cdots + N_m) \\
&\quad - \frac{1}{2}\left(\ln(2\pi N_1) + \ln(2\pi N_2) + \cdots + \ln(2\pi N_m)\right) \\
&\quad - \left(O(N_1^{-1}) + O(N_2^{-1}) + \cdots + O(N_m^{-1})\right) \\
&= N\ln N - N\sum_{j=1}^{m} w_j \ln w_j N + O(N^{-1}) \\
&= -N\sum_{j=1}^{m} w_j \ln w_j + O(N^{-1})
\end{aligned}
$$

ただし, $w_j = \dfrac{N_j}{N}$ とおいた. このとき, 拘束条件 (2.9), (2.10) はそれぞれ, 次のように書き換えられる:

---

[7] 実際, $f(x) > 0$ が全ての $x > 0$ に対して示された. なお, $x + 1 =: t$ とおき, $t > 1$ に対して $\dfrac{t-1}{\ln t} > \dfrac{2t}{t+1}$ が成り立つ (問題 3 (2)) ことから $f''(x) > 0$ を示すことができる.

[8] このとき, $|\ln 2\pi(N_1 + \cdots + N_m) - (\ln 2\pi N_1 + \cdots + \ln 2\pi N_m)| < O(N^{-1})$ と考えてよい.

$$\sum_{j=1}^{m} w_j = 1, \qquad \sum_{j=1}^{m} w_j E_j = \frac{E}{N}. \tag{2.20}$$

式 (2.11) を直接求めることはできないが，そのオーダーは最大値を計算することによって見積もることができる．そこで，$w_j > 0$ $(j = 1, \cdots, m)$ および拘束条件 (2.20) の下で

$$H(w_1, w_2, \cdots, w_m) = -\sum_{j=1}^{m} w_j \ln w_j$$

を最大にする分布 $\{w_1, w_2, \cdots, w_m\}$ とそのときの最大値 $H_{\max}$ を求めよう．
(エントロピー最大化原理)

そのために，c, d を **Lagrange の未定係数**として，関数

$$\begin{aligned} &f(w_1, w_2, \cdots, w_m; c, d) \\ &\quad = H(w_1, w_2, \cdots, w_m) + c\left(\sum_{j=1}^{m} w_j - 1\right) + d\left(\sum_{j=1}^{m} w_j E_j - \frac{E}{N}\right) \end{aligned}$$

を定義する．ここで，関数 f は上に凸なので，H の最大値は次の式が成り立つときに存在する．

$$\frac{\partial f}{\partial w_j} = -\ln w_j - 1 + c + d \cdot E_j = 0$$

これを w_j について解くと $\widehat{w_j} = Ce^{dE_j}$，ただし $C = e^{c-1} > 0$ と d は拘束条件 (2.20) によって定まる定数である．C は (2.20) の最初の式から $C = \dfrac{1}{\sum_{j=1}^{m} e^{dE_j}}$ と求まる [9]．よって，$\widehat{w_j} = \dfrac{e^{dE_j}}{\sum_{j=1}^{m} e^{dE_j}}$, d は (2.20) の 2 番目の式を満たす定数となる．$d < 0$ でなければならないことは自明である．この分布を**カノニカル分布** (正準分布，Gibbs 分布，Boltzmann 分布) などという．

こうして $W(N_1, N_2, \cdots, N_m)$ の最大値を $W_{\max}$ とおくと，上で得られたカノニカル分布 $\widehat{w_j}$ を用いて

[9] この分母は分配関数などと呼ばれる．

$$\ln W_{\max} = -N \sum_{j=1}^{m} \widehat{w_j} \ln \widehat{w_j}$$

と表される．これより定義される

$$S_N = k_B \ln W_{\max} = -k_B N \sum_{j=1}^{m} \widehat{w_j} \ln \widehat{w_j}$$

が系全体の**統計力学的 (Boltzmann) エントロピー**である．k_B は **Boltzmann 定数**で，この統計力学的エントロピーが熱力学エントロピーと一致するように決められる．

問題 7　f が $(w_1, w_2, \cdots, w_m)$ に関して上に凸な関数であることを示せ．

理解を深めるために大雑把な Stirling の公式 $n! \simeq n^n e^{-n}$ を用いた次の例を取りあげる．

例 2.8　$W = \dfrac{N!}{N_1! \cdots N_m!}$, $N = \sum_{j=1}^{m} N_j$, $\sum_{j=1}^{m} N_j E_j = E$ とする．温度 T に対して，$d = -\dfrac{1}{k_B T} < 0$ とおき，$N_j = \dfrac{N}{Z} \exp\left(-\dfrac{E_j}{k_B T}\right)$, $Z = \dfrac{1}{C} = \sum_{j=1}^{m} \exp\left(-\dfrac{E_j}{k_B T}\right)$ とする [10]．$k_B \simeq 1.38 \times 10^{-23} J/K$ を Boltzmann 定数という．このとき，大雑把な Stirling の公式 $\ln N! \simeq N \ln N - N$ より

$$\begin{aligned}
\ln W &= N \ln N - \sum_{j=1}^{m} N_j \ln N_j \\
&= N \ln N - \frac{N}{Z} \sum_{j=1}^{m} \exp\left(-\frac{E_j}{k_B T}\right) \ln \frac{N}{Z} \exp\left(-\frac{E_j}{k_B T}\right) \\
&= N \ln N - N \ln \frac{N}{Z} + \frac{N}{Z} \cdot \frac{1}{k_B T} \sum_{j=1}^{m} E_j \exp\left(-\frac{E_j}{k_B T}\right) \\
&= N \ln Z + \frac{N}{Z} \cdot \frac{1}{k_B T} \sum_{j=1}^{m} E_j \exp\left(-\frac{E_j}{k_B T}\right)
\end{aligned}$$

---

[10] d や C はこの例では不要であるが，先の Boltzmann エントロピーの導出の際に用いた記号なので，例で具体的な記述を与えて理解の促進を図っているつもりである．特に d は以下では登場しないので，以下での d はすべて微分記号であることに注意しよう．

$$= N \ln Z + \frac{E}{k_B T}.$$

したがって，Z, E は T の関数なので，

$$\begin{aligned}\frac{d}{dT}(k_B \ln W) &= \frac{k_B N}{Z}\frac{dZ}{dT} - \frac{E}{T^2} + \frac{1}{T}\frac{dE}{dT} \\ &= \frac{k_B N}{Z} \cdot \frac{\sum_{j=1}^{m} E_j \exp\left(-\frac{E_j}{k_B T}\right)}{k_B T^2} - \frac{E}{T^2} + \frac{1}{T}\frac{dE}{dT} \\ &= \frac{\sum_{j=1}^{m} N_j E_j}{T^2} - \frac{E}{T^2} + \frac{1}{T}\frac{dE}{dT} = \frac{1}{T}\frac{dE}{dT}\end{aligned}$$

系の体積は一定とみなして，定積比熱を C_V とすると，$\frac{dE}{dT} = C_V$ であり，また $d'Q = C_V dT$ であることから

$$d(k_B \ln W) = \frac{1}{T} C_V dT = \frac{d'Q}{T} = dS$$

となり

$$S = k_B \ln W$$

が導き出される．こうして熱力学的エントロピー S は Boltzmann の熱力学的重率 W によって定めることが可能となる．Pauli の命名により $S = k_B \ln W$ は Boltzmann エントロピーと呼ばれる．

本節では主に，[5] を参考にし，2.1 節同様に [98], [106] もところどころ，参照した．また，Stirling の公式の導出のヒントとして [97] を参照した．

第3章 情報 (Shannon) エントロピー

それでは，いよいよ 1948 年に C. E. Shannon[1)] [91] によって定式化された情報エントロピーについて述べていこう．情報理論の三大定理 (エントロピーの一意性定理，情報源符号化定理，通信路符号化定理) の証明を与えることが本書の目的である．情報理論についてはさまざまな書籍が出版されている．世界的には，T. M. Cover と J. A. Thomas の本 [12] が有名であり標準的である．ここにはさまざまな話題が総覧的に取り上げられているが，それでも，近年の発展にともないすべてをカバーすることは困難である．本章を書くにあたっては和書 [49], [43], [5], [106], [53] を参考にした．関数方程式からの特徴付けについては，例えば，[1], [15], [55] が参考になる．

3.1 自己情報量とエントロピー

一般に，情報とは「状態や物事に関する不確実性を減少させる知識や報告」を意味するが，情報理論 (情報科学) では,「情報」を数量的に扱う必要がある．では，情報理論 (情報科学) で言うところの情報という言葉の定義 (意味) は何なのか？ と問われて，即座に (一言で) 返答できる人はそういないし，なかなか難しい．同じような困難は物理学でもいくつもあって，例えば，力とは何か？ 温度とは何か？ など数え上げればきりがない．極端なことを言うと，時

---

1) Claude Elwood Shannon, 1916 年 4 月 30 日 – 2001 年 2 月 24 日.

間とは何か？ 距離とは何か？ とまで考えてしまうと，物理学の勉強など何もできなくなってしまう．しかし，時間とは何を答えられなくても，時計さえあれば誰でも時間をはかることができるし，メジャーさえあれば誰でも距離をはかることができる.「誰にでも手に入る道具で，ある量について同じ測定ができれば，それはそれなりに普遍的な概念の数量化とみなして良い」と思える．したがって，情報とは何かという哲学的な問題は避け，ここでは，むしろ情報という概念の数量化として情報量という数量について考えてみる．それによって,「情報」を科学的に取り扱うことが可能になる.

集合 $A=\{a_1,\cdots,a_n\}$ の要素数を $|A|=n\geq 1$ とする．n 個の要素のどれもが均等に生起する，つまり，一様分布 $\left\{\dfrac{1}{n},\cdots,\dfrac{1}{n}\right\}$ に従って生起する事象を予測する際に生じる**不確かさ**を n の関数とみて，$f(n)$ で表す．ここで情報源について，触れておく．確率論では事象系

$$A=\begin{pmatrix} a_1 & a_2 & \cdots & a_n \\ p_1 & p_2 & \cdots & p_n \end{pmatrix} \qquad \left(p_i := \Pr\left(A=a_i\right)\geq 0,\ \sum_{i=1}^{n} p_i = 1\right) \tag{3.1}$$

を**完全事象系**と呼ぶ．一方，情報理論ではこの A を**情報源**と呼ぶ．情報源 (完全事象系) A の各要素 a_i $(i=1,\cdots,n)$ は確率論における事象のことであり，ここでは，各事象 a_i の生起確率が $\dfrac{1}{n}$, つまり $\Pr(A=a_i)=p_i=\dfrac{1}{n}$ ということである.

当然，下記の単調性が成り立つ.

$$n_1 \geq n_2 \Longrightarrow f(n_1)\geq f(n_2) \tag{3.2}$$

ここで，$|B|=m$ なるもう 1 つの完全事象系 $B=\{b_1,\cdots,b_m\}$ を考える．さらに**結合事象系** $A\times B=\{(a_i,b_j):a_i\in A,\ b_j\in B\}$ を考える．当然，$|A\times B|=mn$ である．例えば，$A=\{\spadesuit,\clubsuit,\heartsuit,\diamondsuit\}$, $B=\{1,2,\cdots,13\}$ とすると，$A\times B$ は 52 枚のトランプのカードの集合となる．ここで，A と B が独立であることに注意しよう．つまり，A から $\diamondsuit$ を選んだとしても B から選ばれる数字に偏りはなく，どれも同等の確率で 13 通りある．数学的な厳密な定義ではないが分かりやすく言えば，A と B が独立とは，A の試

行の結果が B の試行に影響を及ぼさないということである[2]．では，結合事象系 $A \times B$ の不確定さは，A でトランプの種類が確定したのち (その時点での事象系 A に関する不確定さは 0 となる)，B に関する不確定さのみが残されることになる．すなわち，次の関係式 (加法性という) が成立していることが分かる．

$$f(nm) = f(n) + f(m) \tag{3.3}$$

情報量の特徴付けの最初の一歩として，一様分布のときに限定して，不確定さを測る量を，単調性 (3.2) と加法性 (3.3) から導こう．

命題 3.1 (3.2), (3.3) $\Longrightarrow f(n) = c\log_2 n$ ($n \geq 1$, c : 正定数).

証明 まず，(3.3) で $m = n$ とすると，$f(n^2) = 2f(n)$ となり，$f(n^3) = f(n^2) + f(n) = 3f(n)$，以下，繰り返し，$f(n^k) = kf(n)$ が得られる．いま，$n > 1$ で，k を任意に与えられた自然数とし，l を不等式 $2^l \leq n^k < 2^{l+1}$ で定まる正の整数とすると，両辺の対数 $\log_2$ を取って[3]

$$0 < l \leq k\log n < l + 1$$

となる．また，(3.2) より f は単調増加関数なので，$f(2^l) \leq f(n^k) < f(2^{l+1})$ となり，$f(2) = c$ とおくと，$f(n^k) = kf(n)$ などから $c = f(2) > f(1) = 0$ に注意して

$$0 < lc \leq kf(n) < (l+1)c$$

が成り立つ． よって，これらの不等式から

---

[2] 世の中には独立でない場合が多くある．カオスにおけるバタフライ効果などは，極端な例であるが，たとえば，事象系 A をある日の正午時点における翌日の東京の気象状況とし，事象系 B をその日の夕方 18:00 時点での同じく翌日の東京の気象状況とすれば，B の結果を知ったのちに A の予測をすると予報の精度が増すのは容易に理解できるであろう．このような場合は A と B は独立でない．日常生活においては，何らかの影響が次の行為に関わってくることが多いため独立な結合事象系は少ないと思われる．

[3] 以下，特に断りがない場合は，log の底は 2 を用いる．ネイピア数 e が底のときは ln を用いる．

$$c\left(\frac{l}{l+1}\right) < \frac{f(n)}{\log n} < c\left(\frac{l+1}{l}\right)$$

となり，l は任意の自然数なので，$l \to \infty$ として，$f(n) = c\log n$ を得る．なお，$n = 1$ のとき，$f(1) = 0$ であるが，$f(n) = c\log n$ に含まれる．　□

命題 3.1 で与えられた不確定さを表す量が，Boltzmann エントロピーに形式上，似ていることが見て取れるであろう．また，この量を **Hartley エントロピー** [40] ということもある．Shannon の論文 [91] の 20 年前である．

では，次に一様分布に限定しない場合について**自己情報量**の特徴付けについて少し述べておくことにする．上記で学んだように，不確かさを表す量は $f(n) = -c\log\frac{1}{n}$ で与えられた．ここで，確率を意識するために，log のなかの n を $\frac{1}{n}$ と変形させている．一様分布ではないので，上記と大きく異なるのは，生起確率が一定ではないという点である．さて，生起確率が異なるので，それらを仮に $p_i = \Pr(A = a_i)$, $p_j = \Pr(A = a_j)$ とする．確率変数 (事象系) A が a_i や a_j を取る確率をそれぞれ p_i や p_j としただけである．情報理論において基本となる考え方について述べておく．生起確率の小さい (もしくは大きい) 事象が生起するときの「ニュースの価値 (そのニュースを受け取った側の驚き) ＝予測のしにくさ＝不確定さ」は大きい (もしくは小さい) と考えるのはきわめて自然である．そこで，生起確率と不確定さを表す量の間には次のような単調減少性が成立すると仮定する．先ほどと同様に，不確定さを表す関数を f としよう．f は生起確率によって定まる関数である．つまり，$f: [0,1] \longrightarrow \mathbb{R}$．このとき，次を仮定する：

$$p_i > p_j \Longrightarrow f(p_i) < f(p_j). \tag{3.4}$$

すなわち，予測し得ない小さな生起確率の事象ほど大きな不確定さ (情報量) を持つと考える．逆に言えば，日頃より生起しやすく，予測が平易な事象にはニュース性の価値が低いとして情報量が低いと考えるのである．

次の仮定は，一様分布の際の仮定と同様で，2 つの事象が独立のときには，加法性が成立するというものである．事象 a_i と事象 a_j が独立である (すなわち，$a_i \perp\!\!\!\perp a_j$) ことは，確率の式で定義されていて $p_{i,j} = p_i p_j$ であった．ここで，$p_{i,j} = \Pr(A = a_i, A = a_j)$ は同時確率である．

$$p_{i,j} = p_i p_j \ (a_i \perp\!\!\!\perp a_j) \implies f(p_i p_j) = f(p_i) + f(p_j). \tag{3.5}$$

最後に，完全に数学的要請であるが次を仮定する．

$$f(p_i) : p_i \text{で微分可能な関数}. \tag{3.6}$$

このとき，次が成り立つ．

命題 3.2 (3.4), (3.5), (3.6) $\implies$ $f(p) = -c \log p \ (c > 0)$.

証明 (3.5) を $f(pq) = f(p) + f(q)$ と対数型の Cauchy の基本関数方程式に書き直しておく．ここで，p, q は確率分布なので $0 < p, q \leq 1$ とする [4]．(3.6) より $f(p)$ は微分可能なので，この両辺を q で微分して $pf'(pq) = f'(q)$．ここで $q = 1$ と置くと，$pf'(p) = f'(1) =: c'$．よって，$f(p) = c' \ln p + c''$．ただし，c'' は積分定数である．$p = 1$ のとき不確定さは 0，つまり $f(1) = 0$ なので $c'' = 0$ となる．また，(3.4) より f は p に関して単調減少なので，$c' < 0$．したがって，$c' = -\dfrac{c}{\ln 2}$ $(c > 0)$ とおけば，$f(p) = -c \log p$ が得られる．□

対数の底を 2 とし情報量の単位を**ビット (binary digit)** と呼んでいる．$c = 1$ として得られた**自己情報量** $f(p_i) = -\log p_i$ は，各事象 a_i $(i = 1, 2, \cdots, n)$ に対する情報量であり，我々がしばしば知りたいのは，事象系全体の情報量である．先のトランプの例でいえば，♡ の A が持っている情報量 (不確定さ) を知るよりも，トランプ全体 (事象系) での情報量 (不確定さ) を知ることの方が有用となることが多い．そのため，**情報 (Shannon) エントロピー** [5] を自己情報量の平均として次のように定義する．ただし，以降，確率分布 $\boldsymbol{p} = \{p_1, p_2, \cdots, p_n\}$ といえば，$p_j \geq 0$ $(j = 1, 2, \cdots, n)$，$\sum_{j=1}^{n} p_j = 1$ であるものとし，その全体を n 次元ユークリッド空間 $\mathbb{R}^n$ の部分集合

---

[4] $p = 0$ や $q = 0$ の特別な場合は後に説明するように，$0 \ln 0 \equiv 0$ という規約でクリアーになる．

[5] しばしば，自己情報量との区別を強調するために**平均情報量**と呼ばれることがある．

$$\Delta_n := \left\{ \boldsymbol{p} = \{p_1, p_2, \cdots, p_n\} \in \mathbb{R}^n : \sum_{j=1}^{n} p_j = 1,\ p_j \geq 0\ (j = 1, 2, \cdots, n) \right\}$$

で表す．Δ_n はしばしば n **次元単体**と呼ばれ，次の性質を有する．

(i) Δ_n は $\mathbb{R}^n$ の有界凸閉部分集合である．

(ii) $A = (a_{ij})$ を $n \times n$ の二重確率遷移行列 (すなわち，$\sum_{i=1}^{n} a_{ij} = \sum_{j=1}^{n} a_{ij} = 1$, $a_{ij} \geq 0$) とすると，

$$\boldsymbol{p} \in \Delta_n \Longrightarrow A\boldsymbol{p} \in \Delta_n.$$

(i) は明らかであろう．(ii) は，$\boldsymbol{p} \in \Delta_n$ に対して，

$$A\boldsymbol{p} = \left(\sum_{j=1}^{n} a_{1j} p_j, \sum_{j=1}^{n} a_{2j} p_j, \cdots, \sum_{j=1}^{n} a_{nj} p_j \right)$$

だから，すべての $i = 1, 2, \cdots, n$ に対して，

$$\sum_{i=1}^{n} \sum_{j=1}^{n} a_{ij} p_j = \sum_{j=1}^{n} \sum_{i=1}^{n} a_{ij} p_j = \sum_{j=1}^{n} p_j \sum_{i=1}^{n} a_{ij} = \sum_{j=1}^{n} p_j = 1.$$

ただし，3 つ目の等号で $\sum_{i=1}^{n} a_{ij} = 1$ を用いた [6)]．ゆえに，$A\boldsymbol{p} \in \Delta_n$.

定義 3.3　$\boldsymbol{p} \in \Delta_n$ に対して，Shannon エントロピーを次で定義する．

$$H(\boldsymbol{p}) := \sum_{j=1}^{n} p_j f(p_j) = -\sum_{j=1}^{n} p_j \log p_j. \quad [ビット] \tag{3.7}$$

ただし，$0 \log 0 \equiv 0$ と規約する [7)]．

[6)] 一般に $A = (a_{ij})$ に対して，$\sum_{j=1}^{n} a_{ij} = 1$, $a_{ij} \geq 0$ なる行列 A を確率遷移行列という．ここでは条件 $\sum_{i=1}^{n} a_{ij} = 1$ のみの使用であるが，二重確率遷移行列は，確率遷移行列に条件 $\sum_{i=1}^{n} a_{ij} = 1$ を付加したものであるため，主張の仮定において A を二重確率遷移行列としている．

[7)] この約束は情報理論において標準的である．$\log x$ が $x > 0$ でのみ定義されるため，$\lim_{x \downarrow 0} x \log x = 0$ は証明できても，$\lim_{x \uparrow 0} x \log x$ が不明なためである．($\log x$ が $x \leq 0$ で定義されていない．)

注 3.1 Shannon エントロピーの表記法であるが，ここでは，確率分布上で定義された形 $H(\boldsymbol{p})$ で記述した [8] が，$H(A)$ と情報源 A に対して定義された形式で書くことが情報理論においては多い [9]．本書でも，しばしばその記法を用いて両用する．特に，後の条件付きエントロピーの導入から相互情報量の定義を解説する際にはこちらの記法が便利である．

3.2 エントロピーの性質と公理的特徴付け

本書では，離散確率分布に対して定義されたエントロピーを主に扱う．連続系の微分エントロピー [12], [25] やより一般に確率測度に対して定義された測度論的エントロピーについては，[106], [54] などを参照されたい．ただし，微分エントロピーについては，5.3 節で少しだけ触れる．まずは，Shannon エントロピーのいくつかの基本的な性質を示す．

命題 3.4 Shannon エントロピー $H(\boldsymbol{p})$ は以下の性質を有する．

(i) **連続性**：$H(\boldsymbol{p})$ は p_j について連続である．

(ii) **非負性**：$H(\boldsymbol{p}) \geq 0$.

(iii) **最大性**：$H(\boldsymbol{p}) \leq \log n$. 等号成立は $p_j = \dfrac{1}{n}$ $(j = 1, 2, \cdots, n)$.

(iv) **加法性**：$p_1 + p_2 > 0$ のとき，

$$H(p_1, p_2, p_3) = H(p_1 + p_2, p_3) + (p_1 + p_2)\, H\left(\frac{p_1}{p_1 + p_2}, \frac{p_2}{p_1 + p_2}\right).$$

(v) **正規性**：$H\left(\dfrac{1}{2}, \dfrac{1}{2}\right) = 1$.

(vi) **決定性**：$H(1, 0) = H(0, 1) = 0$.

(vii) **対称性**：$H(p_{\pi(1)}, p_{\pi(2)}, \cdots, p_{\pi(n)}) = H(p_1, p_2, \cdots, p_n)$. ただし，$\pi$ は置換である．

---

8) 数学的には，これが自然である．

9) 情報理論においては，確率分布 $\boldsymbol{p}$ が情報源 A によって決定されているので，このようにすることが標準的である．

(viii) **凹性**：$\boldsymbol{p}, \boldsymbol{q} \in \Delta_n$ と $v \in [0,1]$ に対して

$$H((1-v)\boldsymbol{p} + v\boldsymbol{q}) \geq (1-v)H(\boldsymbol{p}) + vH(\boldsymbol{q}).$$

証明　(i) $-x \log x$ が $x > 0$ において連続関数であるから明らか.

(ii) Shannon エントロピーの定義より自明.

(iii) 下記の補題 3.5 で $q_j = \dfrac{1}{n}$ $(j = 1, 2, \cdots, n)$ と置けばよい.

(iv) 右辺を計算し左辺に等しいことを示せばよい.

(v) 簡単な計算により確かめられる.

(vi) Shannon エントロピーの定義より自明.

(vii) 有限和の取る順序を変えても和の値は不変である.

(viii) $h(x) := -x \log x$ が凹関数であることを利用する．これは，$h''(x) = -\dfrac{1}{x \ln 2} < 0$ により示せる．よって，各 $j = 1, 2, \cdots, n$ に対して，

$$h\left((1-v)p_j + vq_j\right) \geq (1-v)h(p_j) + vh(q_j).$$

したがって，$(1-v)\boldsymbol{p} + v\boldsymbol{q}$ が確率分布になっていることに注意して，この両辺の和を取ると，

$$\sum_{j=1}^{n} h\left((1-v)p_j + vq_j\right) \geq (1-v)\sum_{j=1}^{n} h(p_j) + v\sum_{j=1}^{n} h(q_j). \qquad \square$$

命題 3.4 (v) の正規性 $H\left(\dfrac{1}{2}, \dfrac{1}{2}\right) = 1$ は，等確率な排反事象系の情報量を 1 ビットとすることを意味し，これが情報社会で用いられている単位ビットなのである.

問題 8　命題 3.4 (iv) の証明を与えよ.

補題 3.5　(Shannon の補助定理)　$\boldsymbol{p}, \boldsymbol{q} \in \Delta_n$ に対して，次の不等式が成り立つ：

$$H(\boldsymbol{p}) = -\sum_{j=1}^{n} p_j \log p_j \leq -\sum_{j=1}^{n} p_j \log q_j. \tag{3.8}$$

等号成立は $q_j = p_j$ $(j = 1, 2, \cdots, n)$ のときに限る.

証明　不等式

$$\ln x \le x - 1 \qquad (x > 0) \tag{3.9}$$

を用いて，

$$\begin{aligned} H(\boldsymbol{p}) - \left(-\sum_{j=1}^{n} p_j \log q_j\right) &= \sum_{j=1}^{n} p_j \log \frac{q_j}{p_j} \le \frac{1}{\ln 2} \sum_{j=1}^{n} p_j \left(\frac{q_j}{p_j} - 1\right) \\ &= \frac{1}{\ln 2} \sum_{j=1}^{n} (q_j - p_j) = 0. \end{aligned}$$

不等式 (3.9) の等号成立条件は $x = 1$ なので，(3.8) の等号成立条件が従う．

□

問題 9　不等式 (3.9) を証明せよ．

注 3.2　命題 3.4 (iv) の加法性は分枝性とも呼ばれ，後に導く Shannon エントロピーの一意性定理で重要な役割を演じる．下図に，(iv) の加法性の左辺と右辺の情報量に関する分解図を示す．左辺は Step1 のみでの 3 本の枝分かれであり，そのときの情報量としては，$H(p_1, p_2, p_3)$ である．右辺は Step1 の時点で，2 本の枝分かれで情報量 $H(p_1 + p_2, p_3)$ をもち，a_3 はここで確定し終了する．a_{12} がさらに 2 本に枝分かれするのでその分の不確定さが加算される．a_{12} に至るまでの確率 $p_1 + p_2$ を，ここから 2 本に枝分かれする際に生じ

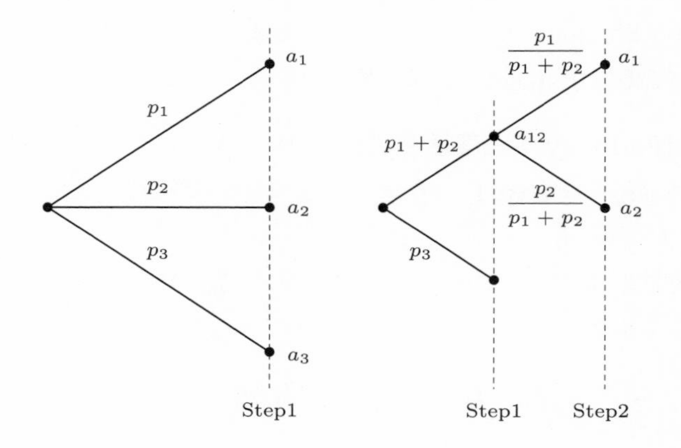

るの不確定さ (情報量) $H\left(\frac{p_1}{p_1+p_2}, \frac{p_2}{p_1+p_2}\right)$ に乗じた分だけ加算すれば，両辺の不確定さが一致する．

それでは，Shannon エントロピーの一意性定理を述べよう．そのために，2 つの公理系を用意する．

公理 3.1　(Shannon–Khinchin の公理系 [62])

(SK1) $H(\cdot)$ は Δ_n 上の連続関数であり，かつその上で最大値を取る：

$$\max\{H(\boldsymbol{p}) : \boldsymbol{p} \in \Delta_n\} = H\left(\frac{1}{n}, \cdots, \frac{1}{n}\right) > 0.$$

(SK2) 拡張性 $H(p_1, p_2, \cdots, p_n, 0) = H(p_1, p_2, \cdots, p_n)$ を持つ．

(SK3) $p_k = \sum_{j=1}^{m_k} q_{kj} > 0$ $(m_k \geq 2,\ k = 1, 2, \cdots, n)$ とするとき，次の加法性を有する：

$$\begin{aligned} &H(q_{11}, \cdots, q_{1m_1}, \cdots, q_{n1}, \cdots, q_{nm_n}) \\ &\quad = H(p_1, \cdots, p_n) + \sum_{k=1}^{n} p_k H\left(\frac{q_{k1}}{p_k}, \cdots, \frac{q_{km_k}}{p_k}\right). \end{aligned}$$

上記 (SK3) の加法性は，命題 3.4 (iv) の自然な拡張であることが確認できるであろう．下記の Faddeev の公理系はよりシンプルな公理系である．特に，(F3) と (SK3) の加法性を比較してみるとそれが確認できる．なお，Faddeev の公理系から Shannon エントロピーの導出は，[101] による．一意性定理に関しては，文献 [54], [63], [17] が参考になる．

公理 3.2　(Faddeev の公理系 [16])

(F1) 関数 $f(p) := H(p, 1-p)$ は $0 \leq p \leq 1$ 上で連続かつ少なくとも 1 点 p_0 で $f(p_0) > 0$.

(F2) 対称性を持つ．つまり，$(p_1, \cdots, p_n) \in \Delta_n$ の任意の置換 $(p'_1, \cdots, p'_n)$ に対して不変：

$$H(p_1, \cdots, p_n) = H(p'_1, \cdots, p'_n).$$

(F3) $p_n = q + r,\ q \geq 0,\ r > 0$ のとき,

$$H(p_1, \cdots, p_{n-1}, q, r) = H(p_1, \cdots, p_n) + p_n H\left(\frac{q}{p_n}, \frac{r}{p_n}\right).$$

定理 3.6 (Shannon エントロピーの一意性定理 (公理的特徴付)) 次の同値関係が成り立つ.

$$H(\boldsymbol{p}) = -\lambda \sum_{j=1}^{n} p_j \log p_j \text{ となる定数}\lambda\text{が存在する}$$
$$\iff \text{公理 3.1} \iff \text{公理 3.2.}$$

この定理により Shannon–Khinchin の公理系あるいは Faddeev の公理系によって Shannon エントロピーは定数 λ 倍を除いて, 一意に定まることが保証される.

証明 $H(\boldsymbol{p}) = -\lambda \sum_{j=1}^{n} p_j \log p_j \implies$ 公理 3.1 $\implies$ 公理 3.2 $\implies H(\boldsymbol{p}) = -\lambda \sum_{j=1}^{n} p_j \log p_j$ の 3 ステップの手順で示していく.

(Step1) (SK1) は命題 3.4 (i), (iii) ですでに示している. (SK2) は規約 $0 \log 0 \equiv 0$ により自明である. (SK3) はただの計算であるが一応示しておく [10].

$$\begin{aligned}
\frac{1}{\lambda}(\text{右辺}) &= -p_1 \log p_1 - p_2 \log p_2 - \cdots - p_n \log p_n \\
&\quad - q_{11} \log \frac{q_{11}}{p_1} - \cdots - q_{1m_1} \log \frac{q_{1m_1}}{p_1} \\
&\quad - q_{21} \log \frac{q_{21}}{p_2} - \cdots - q_{2m_2} \log \frac{q_{2m_2}}{p_2} \\
&\quad - \cdots - q_{n1} \log \frac{q_{n1}}{p_n} - \cdots - q_{nm_n} \log \frac{q_{nm_n}}{p_n} \\
&= -p_1 \log p_1 + (q_{11} + \cdots + q_{1m_1}) \log p_1 - q_{11} \log q_{11} \\
&\quad - \cdots - q_{1m_1} \log q_{1m1} - p_2 \log p_2
\end{aligned}$$

---

[10] 後に登場する同時エントロピーがエントロピーと条件付きエントロピーの和で表されることが示されており, その証明と同様で平易である.

$$
\begin{aligned}
&+ (q_{21} + \cdots + q_{2m_2}) \log p_2 \\
&- q_{21} \log q_{21} - \cdots - q_{2m_2} \log q_{2m2} - \cdots - \\
&- p_n \log p_n + (q_{n1} + \cdots + q_{nm_n}) \log p_n - q_{n1} \log q_{n1} \\
&- \cdots - q_{nm_n} \log q_{nm_n} \\
=& -q_{11} \log q_{11} - \cdots - q_{1m_1} \log q_{1m1} \\
&- \cdots - q_{n1} \log q_{n1} - \cdots - q_{nm_n} \log q_{nm_n} \\
=& \frac{1}{\lambda} (\text{左辺})
\end{aligned}
$$

(Step2)　(SK1) $\Longrightarrow$ (F1) の連続性は自明であり，最大値を取る点を p_0 とすれば [11]，$f(p_0) > 0$ も明らか.

次に，(SK1), (SK2), (SK3) $\Longrightarrow$ (F2) を示す．最初に p_k がすべて正の有理数と仮定する．すなわち，$p_k = \dfrac{l_k}{m}$ で l_k, m は整数で $1 \leq l_k \leq m$ と表されているとする．これに $q_{kj} = \dfrac{1}{m}$ $(j = 1, \cdots, m_k; k = 1, \cdots, n)$ として (SK3) を用いると，

$$
\begin{aligned}
H(p_1, \cdots, p_n) &= H\left(\frac{l_1}{m}, \cdots, \frac{l_n}{m}\right) \\
&= H\Bigl(\underbrace{\frac{1}{m}, \cdots, \frac{1}{m}}_{l_1}, \cdots, \underbrace{\frac{1}{m}, \cdots, \frac{1}{m}}_{l_n}\Bigr) - \sum_{k=1}^{n} p_k H\Bigl(\underbrace{\frac{1}{l_k}, \cdots, \frac{1}{l_k}}_{l_k}\Bigr).
\end{aligned}
$$

この右辺の第 1 項の各要素は同一の $\dfrac{1}{m}$ であるから変数の分け方は順列 $(l_1, \cdots, l_n)$ に無関係である．また，第 2 項の和も有限和でその取り方の順序は無関係であるから $(p_1, \cdots, p_n)$ の置換 $(p'_1, \cdots, p'_n)$ に対して，$p'_k = \dfrac{l'_k}{m}$ とおくと，以下の等式の最初の等号が成立し

$$
H(p_1, \cdots, p_n)
$$

---

11) 実際，$p_0 = \dfrac{1}{2}$ である.

$$= H\Bigl(\underbrace{\frac{1}{m},\cdots,\frac{1}{m}}_{l'_1},\cdots,\underbrace{\frac{1}{m},\cdots,\frac{1}{m}}_{l'_n}\Bigr) - \sum_{k=1}^{n} p'_k H\Bigl(\underbrace{\frac{1}{l'_k},\cdots,\frac{1}{l'_k}}_{l'_k}\Bigr)$$

$$= H\left(\frac{l'_1}{m},\cdots,\frac{l'_n}{m}\right) = H(p'_1,\cdots,p'_n)$$

が得られる．p_k が有理数でないときは，p_k を有理数で近似して，(SK1) の連続性を使えば (F2) が示せる [12)].

次に，(SK1), (SK2), (SK3) $\Longrightarrow$ (F3) を示す．(SK2), (SK3) といま示した (F2) を用いて

$$\begin{aligned} H\left(\frac{1}{2},\frac{1}{2}\right) &= H\left(\frac{1}{2},\frac{1}{2},0,0\right) = H\left(\frac{1}{2},0,\frac{1}{2},0\right) \\ &= H\left(\frac{1}{2},\frac{1}{2}\right) + \frac{1}{2}H(1,0) + \frac{1}{2}H(1,0). \end{aligned}$$

よって，$H(1,0)=0$. これと (SK2), (SK3), (F2) を用いて (F3) を得る：

$$\begin{aligned} H(p_1,\cdots,p_{n-1},q,r) &= H(p_1,0,p_2,0,\cdots,p_{n-1},0,q,r) \\ &= H(p_1,\cdots,p_n) + \sum_{k=1}^{n-1} p_k H(1,0) \\ &\quad + p_n H\left(\frac{q}{p_n},\frac{r}{p_n}\right) \\ &= H(p_1,\cdots,p_n) + p_n H\left(\frac{q}{p_n},\frac{r}{p_n}\right) \end{aligned}$$

(Step3)　(F2), (F3) より，任意の $p,q \geq 0$, $r > 0$ $(p+q+r=1)$ に対して

$$\begin{aligned} H(p,q,r) &= H(p,q+r) + (q+r)H\left(\frac{q}{q+r},\frac{r}{q+r}\right) \\ &= H(q,p+r) + (p+r)H\left(\frac{p}{p+r},\frac{r}{p+r}\right). \end{aligned}$$

---

12) 実数に収束する有理数の点列が存在することから，任意の実数は有理数によって精度良く近似できるという手法は，しばしば用いられる．

ゆえに，$f(p) = H(p, 1-p)$ から，

$$f(p) + (1-p) f\left(\frac{q}{1-p}\right) = f(q) + (1-q) f\left(\frac{p}{1-q}\right) \qquad (3.10)$$

(3.10) は任意の $0 \leq p < 1,\ 0 \leq q < 1$ で定義されているので，$q > 0$ ととり，$p = 0$ とすると，$f(0) = H(0, 1) = 0$ を得る．また，(3.10) の両辺を 0 から $1 - p$ まで q で積分すると，

$$(1-p) f(p) + (1-p)^2 \int_0^1 f(t)\, dt = \int_0^{1-p} f(t)\, dt + p^2 \int_p^1 t^{-3} f(t)\, dt \qquad (3.11)$$

となる．$f(p)$ は閉区間 $[0, 1]$ で連続なので，(3.11) の左辺第 1 項を除いて各項は開区間 $(0, 1)$ で微分可能である．したがって，等式 (3.11) により，$f(p)$ も開区間 $(0, 1)$ で微分可能である．よって，(3.11) の両辺を p で微分すると

$$\begin{aligned}(1-p) f'(p) - f(p) - 2(1-p) \int_0^1 f(t)\, dt \\ = -f(1-p) + 2p \int_p^1 t^{-3} f(t)\, dt - \frac{f(p)}{p}.\end{aligned}$$

ここで，$f(p) = f(1-p)$ より

$$(1-p) f'(p) = 2(1-p) \int_0^1 f(t)\, dt + 2p \int_p^1 t^{-3} f(t)\, dt - \frac{f(p)}{p} \qquad (3.12)$$

を得る．上述した理由と同様に，$f'(p)$ も開区間 $(0, 1)$ で微分可能であるので，(3.12) の両辺を p で微分し，(3.12) を用いて整理すると

$$f''(p) = \frac{-2}{p(1-p)} \int_0^1 f(t)\, dt \qquad (0 < p < 1) \qquad (3.13)$$

(3.13) の両辺を p で 2 度，不定積分すると，

$$f(p) = c_1 p + c_2 - \lambda \{ p \log p + (1-p) \log(1-p) \}. \qquad (3.14)$$

ただし，c_1, c_2 は積分定数で，$\lambda = \dfrac{2}{\log e} \displaystyle\int_0^1 f(t)\,dt$ とおいた．$f(p) = f(1-p)$ より $c_1 = 0$ である．また，(3.14) の両辺は $0 \leq p \leq 1$ で成立しているので，$f(0) = 0$ より $c_2 = 0$ である．以上より，任意の $p_1, p_2 \geq 0$, $p_1 + p_2 = 1$ に対して，

$$H(p_1, p_2) = -\lambda\left(p_1 \log p_1 + p_2 \log p_2\right).$$

が成立する．よって，$n = 2$ で示せたので，ここから帰納法により一般の場合を証明する．すなわち，任意の $\boldsymbol{p} \in \Delta_n$ に対して，

$$H(p_1, p_2 \cdots, p_n) = -\lambda \sum_{j=1}^{n} p_j \log p_j$$

が成り立つと仮定する．このとき，任意の $\boldsymbol{q} = (q_1, q_2, \cdots, q_n, q_{n+1}) \in \Delta_{n+1}$ (ここで，$q_{n+1} > 0$ としても一般性を失わない．なぜなら，もし $q_{n+1} = 0$ なら，(F2) により，ほかの $q_k > 0$ のものと q_{n+1} を入れ替えておけばよいからである) に対して，次が成り立つことを示す．

$$H(q_1, q_2 \cdots, q_n, q_{n+1}) = -\lambda \sum_{j=1}^{n+1} q_j \log q_j$$

これは，(F3) を用いて下記のごとく，容易に示せる．

$$\begin{aligned}
&H(q_1, q_2, \cdots, q_n, q_{n+1}) \\
&\quad = H(q_1, q_2, \cdots, q_{n-1}, q_n + q_{n+1}) \\
&\qquad + (q_n + q_{n+1}) H\left(\frac{q_n}{q_n + q_{n+1}}, \frac{q_{n+1}}{q_n + q_{n+1}}\right) \\
&\quad = -\lambda \sum_{j=1}^{n-1} q_j \log q_j - \lambda(q_n + q_{n+1}) \log(q_n + q_{n+1}) \\
&\qquad - \lambda\left(q_n \log \frac{q_n}{q_n + q_{n+1}} + q_{n+1} \log \frac{q_{n+1}}{q_n + q_{n+1}}\right) \\
&\quad = -\lambda \sum_{j=1}^{n+1} q_j \log q_j. \qquad (3.15)
\end{aligned}$$

□

問題 10　(i) $f(0) = H(0,1) = 0$ を確認せよ.

(ii) (3.10) から (3.11) の導出過程を示せ.

(iii) (3.11) から (3.12) の変形を確認せよ.

(iv) (3.12) から (3.13) の導出過程を示せ.

(v) (3.13) から (3.14) の変形を確認せよ.

(vi) $c_1 = c_2 = 0$ を確認せよ.

(vii) (3.15) の計算過程を確認せよ.

(viii) 命題 3.4 (v) の正規性 $H\left(\frac{1}{2}, \frac{1}{2}\right) = 1$ を仮定しておけば，$\lambda = 1$ が決定できる．証明中のどこの式で，この仮定を用いれば良いか．該当する数式を書き出し，それを用いて $\lambda = 1$ を示せ.

$x > 0$ に対して関数 $-x \ln x$ はその形からしばしば，エントロピー関数と呼ばれることがある．この関数の特徴付けもしておこう.

命題 3.7　微分可能な関数 $f : (0,1] \longrightarrow [0,\infty)$ が，関数方程式

$$f(xy) = xf(y) + yf(x) \qquad (0 < x, y \leq 1) \tag{3.16}$$

を満たすとき，関数 f は定数 $c > 0$ を用いて $f(x) = -cx \ln x$ と表される.

証明　(3.16) において，$y = 1$ とすると，$x > 0$ なので，$f(1) = 0$ を得る．(3.16) の両辺を y で微分し，その後 $y = 1$ とし，$c = -f'(1)$ とおき整理すると

$$xf'(x) - f(x) = -cx$$

これは，次と同値

$$x^2(x^{-1}f(x))' = -cx \iff (x^{-1}f(x))' = -\frac{c}{x}.$$

両辺を x で不定積分し整理すると

$$f(x) = -cx \ln x + dx.$$

ただし d は積分定数．ここで，$f(1)=0$ より $d=0$．よって，$f(x)=-cx\ln x$．関数 f はその定義から非負関数であり，$x\in(0,1]$ なので，$c>0$ でなければならない． □

注 3.3 $x,y>0$ なので (3.16) の両辺を xy で割ると，$g(xy)=g(x)+g(y)$ (ただし $g(x)=\dfrac{f(x)}{x}$ とおいた) という対数型の **Cauchy の基本関数方程式**に帰着される．$g(x)=c_1\ln x$ という解を持つことが知られている．さらに，$x=e^u$，$y=e^v$，$h(u)=g(e^u)$ とおくと，$h(u+v)=h(u)+h(v)$ は和型の Cauchy の基本関数方程式に帰着される．これは $h(x)=c_2x$ という解を持つことが知られている．Cauchy の方程式は微分可能性などの条件がなくても良い．このあたりのことについては，[55] が詳しい．

注 3.4 パラメータ拡張されたエントロピーの公理的特徴付けや関数方程式による特徴付けにしては，拙文 [23], [26], [28] やそこにおける文献 (たとえば [42], [95]) などを参照されたい．

本節の最後に，前章で与えた Boltzmann エントロピー $k_B\ln W$ と Shannon エントロピー $H(\boldsymbol{p})$ の関係を見ておく．N 個の粒子からなる系を m 個の部分系に分配する方法，すなわち，全体系の取る状態の総数は，$W_N=\dfrac{N!}{N_1!\cdots N_m!}$ であった．ここで，$p_k=\dfrac{N_k}{N}$ とおくと，$\boldsymbol{p}=(p_1,\cdots,p_m)\in\Delta_m$ であり，補題 2.7 に従うと，

$$\left|\frac{1}{N}\ln W_N-S_N(\boldsymbol{p})\right|=O\Big(\frac{1}{N}\ln N\Big) \tag{3.17}$$

が分かる．ただし，$S_N(\boldsymbol{p})=-\sum\limits_{k=1}^{m}p_k\ln p_k$ である．したがって，$N\gg1$ のときは，1 粒子当たりの Boltzmann エントロピーは Shannon エントロピーと近似的に一致することが分かる．

(3.17) を示しておこう．補題 2.7 を

$$\ln N!=\frac{1}{2}\ln 2\pi N+N\ln N-N+\frac{\theta_N}{12N}\qquad(0\le\theta_N<1)$$

として利用する．また，$N_1 + \cdots + N_m = N$ に注意して，

$$\begin{aligned}
\frac{1}{N}\ln W_N &= \frac{1}{N}\ln\frac{N!}{N_1!\cdots N_m!} = \frac{1}{N}(\ln N! - \ln N_1! - \cdots - \ln N_m!) \\
&= \frac{1}{2N}\ln\frac{2\pi N}{(2\pi)^m N_1\cdots N_m} \\
&\quad + \frac{1}{N}\left\{(N_1 + \cdots + N_m) - N + \frac{1}{12}\left(\frac{\theta_N}{N} - \frac{\theta_{N_1}}{N_1} - \cdots - \frac{\theta_{N_m}}{N_m}\right)\right\} \\
&\quad - \frac{N_1}{N}\ln N_1 - \cdots - \frac{N_m}{N}\ln N_m + \ln N \\
&= \frac{1}{2N}\ln\frac{2\pi N}{(2\pi)^m N_1\cdots N_m} + \frac{1}{12N}\left(\frac{\theta_N}{N} - \frac{\theta_{N_1}}{N_1} - \cdots - \frac{\theta_{N_m}}{N_m}\right) \\
&\quad - \frac{N_1}{N}\ln N_1 - \cdots - \frac{N_m}{N}\ln N_m + \frac{N_1 + \cdots + N_m}{N}\ln N \\
&= O\Big(\frac{1}{N}\ln N\Big) - \frac{N_1}{N}\ln\frac{N_1}{N} - \cdots - \frac{N_m}{N}\ln\frac{N_m}{N} \\
&= O\Big(\frac{1}{N}\ln N\Big) + S_N(\boldsymbol{p}).
\end{aligned}$$

これにより，(3.17) が示された．

本章の内容，特にエントロピーの一意性定理は文献 [105] に詳細に書かれている．

第4章 情報源符号化

本章では，可変長符号に対する情報源符号化定理の証明を与えつつ，Shannon 符号，Fano 符号，Huffman 符号について学ぶ．符号長が固定されているものを固定長符号，そうでないものを可変長符号というが，固定長符号に対する情報源符号化定理は，典型系列の性質を用いて行う．その手法は可変長の場合に比べて導出は面倒だが，豊潤な数理を含む．また，その概念は，I. Csiszár と J. Köner [13] によるものであり，本章で述べるには膨大すぎるので，本書では第 8 章において取り扱う．この考え方が，通信路符号化定理やさらには，第 9 章で取り扱う量子系における典型的部分空間を経て量子通信路符号化定理の証明 [88], [47], [76] にまで発展する重要な概念である．本章では，可変長符号に対する情報源符号化定理を導出する．本章の最後には，生起確率によらないユニバーサル情報源に対する符号化として LZ77 符号および LZ78 符号を紹介する．

4.1 符号化の基本

第 3 章と同様，情報源 (完全事象系) を

$$A = \begin{pmatrix} a_1 & a_2 & \cdots & a_n \\ p_1 & p_2 & \cdots & p_n \end{pmatrix} \tag{4.1}$$

などと書く．逆にこのように書いたら，$p_j := \Pr(A = a_j) \geq 0 \ (j = 1, 2, \cdots, n)$ で $\sum_{j=1}^{n} p_j = 1$ を意味することに注意する．

以下，簡単のため，情報源は定常無記憶情報源として進める．例えば，バイナリ系列が数多く並んでおり，途中に，複数の同じ部分系列 010101 が存在する場合，どの時刻においてもそれらの生起する結合確率が等しいとき，つまり時間に依存しない情報源を定常情報源という．もう少し正確に述べておこう．a_i を時刻 i で生成された記号 (文字，アルファベットともいう) とする (バイナリ系列の場合 a_i は，0 または 1 などと考えればよい)．仮に k 個の系列を考えたとき，結合確率に関して等号，つまり任意の

$$(a_i, \cdots, a_{i+k-1}) = (a_j, \cdots, a_{j+k-1})$$

に対して

$$\Pr(a_i, \cdots, a_{i+k-1}) = \Pr(a_j, \cdots, a_{j+k-1})$$

が任意の i, j, k で成り立つとき，情報源 A を**定常情報源**という．これは，長さ k の系列の始まりの時刻 i,j がいつであっても，またその長さ k がいくつであっても，系列自体が同じ長さのものであれば，その結合確率は等しいということを意味している．無記憶性はより分かりやすくて，時刻 i における記号 a_i，時刻 j における記号 a_j について，

$$\Pr(a_i, a_j) = \Pr(a_i) \Pr(a_j)$$

が任意の i, j で成立するとき**無記憶** (これは確率論で言う独立性にほかならない) であるという．**定常無記憶情報源**はしばしば **i.i.d.** (independently and identically distributed) と略記される．一方，記憶を有する情報源を **Markov 情報源**という．例えば，時刻 i における記号を a_i とする．単純 Markov 情報源では 1 つ前に生起した記号 a_{i-1} の記憶を有する (それのみが現在の記号 a_i の生起に影響を与える) と考える．k 重 Markov 情報源では，k 個前までの記憶を有しており，k 個前までの結果 $(a_{i-k}, \cdots, a_{i-1})$ が現在の記号の生起に影響を与える．本書では記憶を持つ情報源については，簡潔に付録 A にまとめる程度とした．

ここで，**平均符号長**は

$$\overline{L} := \sum_{j=1}^{n} p_j l_j \tag{4.2}$$

で定義される．ただし，l_j は各符号語 a_j の符号長である．少し説明を加える．我々が文章やメールなど相手に伝えたいものをコンピュータやスマートフォンで作成するが，それらは，各機器において，機械が理解できるバイナリコード (符号) に変換され，保存されている．したがって，通常，各 a_j は，“0” または “1”の系列になる．その長さが l_j である．例えば，26 文字のアルファベットとスペースキーの 27 種類の文字のみで，相手にメールを送ることを考えよう．27 種類を誤りなく “0”,“1”の系列で置き換えるとき，(簡単のため固定長符号としよう) 果たして何ビット必要か？ $2^4 = 16, 2^5 = 32$ なので 4 ビットでは足りずに 5 ビット必要である．可変長符号であれば，上手に符号を作らなければならない (瞬時復号可能かつ一意復号可能符号でなければならない) がそれができたとして，$2 + 4 + 8 + 16 > 27$ より 4 ビットで事足りるかもしれない．英字のアルファベット大文字小文字，数字の 0 から 9 やアットマークなどの記号などは半角文字で入力可能である．半角は 1 バイト = 8 ビットであるので，$2^8 = 256$ 種類まで対応可能ということである．全角は 2 バイト = 16 ビットなので $2^{16} = 65536$ 種類まで対応可能である．現在国内で使われている常用漢字がせいぜい 3000 字程度 [1] であることを考えるとこちらもかなり余裕があるように思える．

情報源符号化では，符号語の持つべき条件として，**一意復号可能**かつ**瞬時復号可能**な符号を扱う符号語を復号化する際に，一通りに復号化ができなければ実用性がないものとなってしまう．したがって，一意復号可能という性質は必須であることは自然と理解できるであろう．たとえば，$a_1 \to 0$, $a_2 \to 1$, $a_3 \to 01$, $a_4 \to 10$ と符号語を割り当てたとする．たしかに，a_1, a_2, a_3, a_4 のすべてのそれぞれ異なる符号語を割り当てているので，一見，一意復号可能な符号に思える．しかし，例えば，101 という系列を復号化する際に，この符

---

[1] 中国の『中華字海』(1994 年) に収載されたのは約 8 万 5 千字だそうだが，高々有限であることに変わりはない．

号では a_2a_3 あるいは a_4a_2 や $a_2a_1a_2$ などと複数の復号化の可能性が出てしまい，一意には復号できないことが分かる．

瞬時復号可能性については，符号化されたバイナリ系列を左から右に機械が読み取るのをイメージしてみよう．その際に，一歩先まで，読み込んで，一歩後戻りして，復号化が完了するようでは，大量の系列を扱うので，その積み重ねにより復号化に時間が掛かってしまう．それでは，実用性に欠くというものである．例えば，$a_1 \to 0$，$a_2 \to 01$，$a_3 \to 011$，$a_4 \to 0111$ と符号語を割り当てたとする．これは一意復号可能な符号である．しかし，瞬時復号可能な符号ではない．実際，01011 という系列を復号化する際に，最初 (左端) の 0 を見ただけで，この 0 は a_1 だと判断できない．次の 1 を見ても，その瞬間にこれは 01 で a_2 とは判断できない．3 つ目の 0 を見て，010 という符号語がないので，これは，最初の 2 つ 01 で a_2 と判断される．その判断のために，3 ビット目まで読み込んでいるために，瞬時復号可能な符号とは言えないのである．今回の例のように 4 つの記号 a_1, a_2, a_3, a_4 に対する符号語の割り当てで，一意復号可能かつ瞬時復号可能な符号の例を 3 つ挙げておく．

まずは，固定長符号で，各記号を 2 ビットずつで表す．したがって，2 ビットごとに復号化を行えば良いので瞬時復号可能である．なおかつ，2 ビットで $0, 1$ の 2 種類の記号を用いれば，4 種類の記号を重複なく表せる．したがって，一意復号可能符号となる．具体的には，$a_1 \to 00$，$a_2 \to 01$，$a_3 \to 10$，$a_4 \to 11$ などと符号語を割り当てればよい．

次に，コンマ符号といって，0 にコンマの役割を担ってもらい，0 を見たらそこまでが元の記号に対応した系列であることを暗に知らせている符号である．具体的には，$a_1 \to 0$，$a_2 \to 10$，$a_3 \to 110$，$a_4 \to 1110$ と符号語を割り当てれば良い．

最後に，今のコンマ符号で，$a_4 \to 1110$ としたところを $a_4 \to 111$ としても，一意復号可能かつ瞬時復号可能な符号となる．このような符号をコンパクト符号という．

符号化に求められる条件として，一意復号可能および瞬時復号可能は必須であり，第 3 の条件として無駄のないもの，つまり平均符号長最小のものが要求される．後に紹介する Huffman 符号は，平均符号長を最小にする符号なので，

コンパクト符号 (最適符号) などと呼ばれている．

このように，瞬時復号可能であるか否かを判断するのは意外に難しいが，簡単な方法がある．それは，符号語の 2 分木を描いて判断するものである．もし 1 つでも符号語が，2 分木の葉ではない場所 (節) に割り当てられていれば，それは，瞬時復号可能ではない．すべての符号語が 2 分木の葉に割り当てられていれば瞬時復号可能な符号である．例えば，$a_1 \to 0$，$a_2 \to 01$，$a_3 \to 011$，$a_4 \to 0111$ と $a_1 \to 0$，$a_2 \to 10$，$a_3 \to 110$，$a_4 \to 111$ (コンパクト符号) の 2 分木を描いてみよう．左の図から，a_1, a_2, a_3 が葉ではない節に符号語が割り当てられているので，これは瞬時復号可能な符号ではないと判断し，一方，右の図ではすべての a_i が葉のみに割り当てられているので，これは，瞬時復号可能な符号であると判断できるのである．

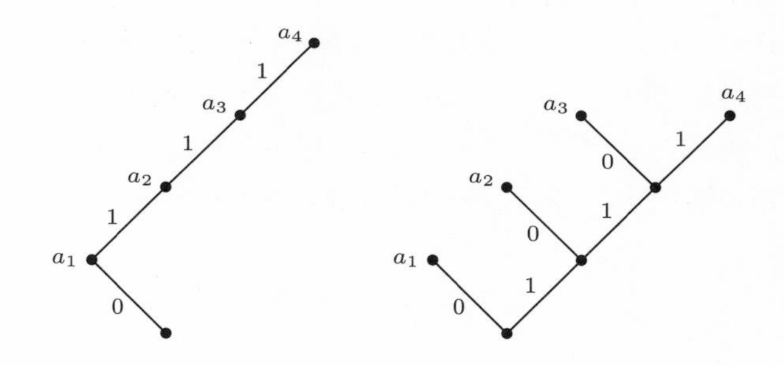

次に，一意復号可能か否かの判断に役に立つ **Kraft の不等式**を紹介する．しかし，後で説明するようにこれは万全ではない．2 元符号の場合を考える．情報記号 a_i $(i = 1, 2, \cdots, n)$ の符号長を l_i とするとき，

$$2^{-l_1} + 2^{-l_2} + \cdots + 2^{-l_n} \leq 1 \tag{4.3}$$

を Kraft の不等式という．このとき，「一意復号可能な符号ならば Kraft の不等式を満たす」ことが知られている．与えられた符号が一意復号可能か否かを判断する際に，この対偶が役に立つ．すなわち，「Kraft の不等式を満たさなければ一意復号可能な符号ではない」というものである．例えば，先ほどの例 $a_1 \to 0$，$a_2 \to 1$，$a_3 \to 01$，$a_4 \to 10$ では，$l_1 = l_2 = 1$，$l_3 = l_4 =$

2 なので，$2^{-1}+2^{-1}+2^{-2}+2^{-2}=1.5>1$ となり Kraft の不等式を満たさない．ゆえに，これは，一意復号可能な符号ではないと判断できるのである．ところが，先ほど述べたように，これは万全ではない．つまり，例えば，$a_1 \to 0$，$a_2 \to 10$，$a_3 \to 100$，$a_4 \to 100$ では，Kraft の不等式を満たすが，明らかに一意復号可能な符号ではない．Kraft の不等式は与えられた符号が一意復号可能な符号でないことを見つけ，それらを排除するのに役立つのである．もう一点，役立つのは，今の例で，符号長が $l_1=1$，$l_2=2$，$l_3=l_4=3$ であった．「このような符号長を持つ符号語をこちらで工夫して構成することが可能である」ということである．今の場合の符号長で言えば，$a_1 \to 0$，$a_2 \to 10$，$a_3 \to 100$，$a_4 \to 100$ という符号を考えるのでなく，例えば，先の例である $a_1 \to 0$，$a_2 \to 10$，$a_3 \to 110$，$a_4 \to 111$ (コンパクト符号) を考えればこれは，たしかに一意復号可能な符号となっているのである．

さて，100 パーセント完全に復号化される符号 (**可逆符号**[2]) であれば，平均符号長が短ければ短いほど，無駄 (冗長性という) がなく，情報理論では良いとされる．ゆえに，$\overline{L}$ が最小の符号を最適符号と呼ぶのである．情報理論における符号語の割り当ての基本的な考え方は，以下である．

---

[2] そうでない符号は不可逆符号と呼ばれる．不可逆符号も意味がないわけではない．例えば，画像圧縮方式の jpeg や音楽圧縮方式の mp3 など，人間の視力や聴力に影響のない情報をバッサリ捨ててしまって大幅な無駄のカットを行うなどしている．ただし，20kHz 以上の音は通常の人間には聴き取れないが，ここ最近では音の持つ空気感が損なわれると考え，ハイレゾリューションという宣伝的な言葉とともに，CD を超える情報量 (約 6.5 倍程度) の音源がネットを通して売買されるようになっている．もっとも，再生機器などもアップサンプリング機能を上げて，周波数の上限・下限の拡張だけでなく，アナログ音源 (生音源) に近づけるためにサンプリング数などを多くしている．同様なことが，4K, 8K テレビの映像にも言える．視覚の方が聴覚よりも圧倒的に分かりやすいので，民放など実際に 4K 映像を送信していなくても，4K テレビで 2K 映像のアップサンプリングをされたものを視聴しているだけで，一瞬で違いが分かってしまう．聴力に関してはこれほど明確にならないが，分かる人にはわかるのであろうから，ハイレゾ商売が成立しているのであろう．

情報源符号化の基本

∘ 生起確率の大きい記号：短い符号語.
∘ 生起確率の小さい記号：長い符号語.
$\Longrightarrow \overline{L}$ の最小化.
∘ 理想：$l_j = -\log p_j$ (自己情報量).
∘ 現実：$l_j = \lceil -\log p_j \rceil$ (ただし，$\lceil x \rceil$ は x 以上の最小整数).

4.2 符号化アルゴリズムと情報源符号化定理

定常無記憶情報源 A が (4.1) で与えられたとき，Shannon 符号のアルゴリズムは下記のように表現される.

Shannon 符号のアルゴリズム

(S1) 与えられた情報源の記号を生起確率の大きい順に並べる.
(S2) 累積確率 $Q_k := \sum_{j=1}^{k-1} p_j$ を求め，2 進数展開する.
(S3) $-\log p_j \leq l_j < -\log p_j + 1$ を満たす桁数 l_j を求める [3].
(S4) 各 a_j の符号語を小数点以下 l_j の 2 進数で与える.

例 4.1 計算方法の例を示しておく. 例えば，累積確率が $Q_k = 0.7 = (0.1\dot{0}11\dot{0})_2$ (この 2 進数展開を計算する必要がある) で，生起確率が $p_j = 0.08$ のとき，$-\log 0.08 = \log \frac{100}{8} = \frac{\log_{10} 100 - \log_{10} 8}{\log_{10} 2} \simeq \frac{2 - 3 \times 0.301}{0.301} \simeq 3.64$ なので，$l_j = 4$ となり，記号 a_j の符号語を 1011 と割り当てる.

問題 11 0.8 および 0.9 の 2 進数展開を計算せよ. $-\log_2 0.07 \simeq 3.84$ を示せる範囲で示せ. (Shannon 符号のアルゴリズムから，$\lceil -\log_2 0.07 \rceil = 4$ を示せば十分である.)

次に紹介する Fano 符号は，しばしば，Shannon–Fano 符号としてひとまと

[3] この不等式は $l_j = \lceil -\log p_j \rceil$ から導出される.

まりで書かれている場合が多いが根本的にアルゴリズムが異なるので，ここでは分けて紹介する．生成される符号語が多くの場合で同じものになるから，まとめて紹介されているものと思われる．Shannon 符号のアルゴリズムに比べて格段に計算量が少なく済みそうである．

Fano 符号のアルゴリズム

(F1) 与えられた情報源の記号を生起確率の大きい順に並べる．((S1) と同じ．)

(F2) 確率の和がほぼ同じになるように記号のグループを 2 つに分ける．

(F3) その各グループをさらに同様にして 2 つのグループに分けていき，分割できなければ終了．

(F4) 分割を木表現し根から左の枝に 0，右の枝に 1 を割り当てていく．根から木の葉に至るまでの 0 と 1 の並びを符号語とする．

例 4.2　情報源

$$A = \begin{pmatrix} a_1 & a_2 & a_3 & a_4 & a_5 & a_6 \\ 0.08 & 0.15 & 0.38 & 0.17 & 0.12 & 0.10 \end{pmatrix}$$

に対して，Fano 符号のアルゴリズムを適用すると下図が得られる．これにより各記号 a_j に対する符号が容易に定まる．

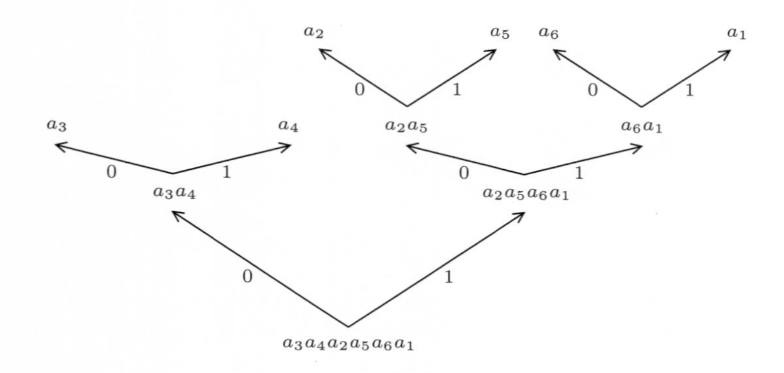

前ページ下の図から Fano 符号の割り当ては,

$$a_3 \to 00,\ a_4 \to 01,\ a_2 \to 100,\ a_5 \to 101,\ a_6 \to 110,\ a_1 \to 111$$

となる. また, このときの平均符号長 L_F は

$$L_F = (0.38+0.17)\times 2 + (0.15+0.12+0.10+0.08)\times 3 = 2.45 \qquad (4.4)$$

である.

問題 12 次の情報源の符号語を Shannon 符号および Fano 符号で与えよ.

$$A = \begin{pmatrix} a_1 & a_2 & a_3 & a_4 & a_5 & a_6 & a_7 \\ \frac{1}{4} & \frac{1}{4} & \frac{1}{8} & \frac{1}{8} & \frac{1}{8} & \frac{1}{16} & \frac{1}{16} \end{pmatrix},$$

$$A' = \begin{pmatrix} a_1 & a_2 & a_3 & a_4 \\ 0.5 & 0.25 & 0.15 & 0.1 \end{pmatrix}.$$

巻末の解答に付随してプログラムを記載した. アルゴリズムからは Shannon 符号の方が手計算は面倒そうであるが, プログラムを書くのは容易い. Shannon 符号の利点は, その構成法から次の可変長符号に対する情報源符号化定理が直ちに導出できる点にあると言って良い.

定理 4.3 情報源符号化定理 (Shannon の第一符号化定理) 定常無記憶情報源 A に対して, 次式を満たす一意復号可能な符号語が存在する [4]:

$$H(A) \le \overline{L} < H(A) + 1. \qquad (4.5)$$

$H(A)$ の値が小さいとき右辺の 1 は無視できない. そこで, より実用的な k 次拡大情報源 $A^k = \underbrace{A \times A \times \cdots \times A}_{k}$ を考える. $x \in \mathbb{R}$, $y \in \mathbb{R}$ と取れば $(x, y) \in \mathbb{R}^2$ となり, 2 次元座標の集合 (2 次元ユークリッド空間) となる. ここで, $\mathbb{R}^2 = \mathbb{R} \times \mathbb{R}$ は直積集合である. 長さ k の入力系列に対する単位記号あたりの出力符号語の平均符号長を

---

[4] 注 3.1 で述べたように, ここでは, 記法 $H(\boldsymbol{p})$ ではなく, $H(A)$ を用いている.

$$\overline{L^{(k)}} := \frac{1}{k} \sum_{a_{i_1},\cdots,a_{i_k} \in A^k} \Pr\left(a_{i_1},\cdots,a_{i_k}\right) l\left(a_{i_1},\cdots,a_{i_k}\right)$$

とする．定常無記憶情報源 A に対しては，$H(A^k) = kH(A)$ が知られている．

問題 13 定常無記憶情報源 A に対して $H(A^k) = kH(A)$ が成り立つことを示せ．

ゆえに次の系が成り立つ．

系 4.4 定常無記憶情報源 A に対して，次式を満たす一意復号可能な符号語が存在する：

$$H(A) \leq \overline{L^{(k)}} < H(A) + \frac{1}{k}.$$

定理 4.3 の証明 Shannon 符号のアルゴリズムで用いた不等式：

$$-\log p_j \leq l_j < -\log p_j + 1$$

の両辺に，$p_j \geq 0$ を掛けて，$j = 1, \cdots, n$ に関して和を取ればよい． □

定理 4.3 における (4.5) の最初の不等式は，Kraft の不等式 (4.3) と Shannon の補助定理 (補題 3.5) を用いて示すこともできることを注意しておこう．

定理 4.3 および系 4.4 は次を示している．

(i) 平均符号長は決してエントロピーより小さくできない．つまり，Shannon エントロピーが圧縮限界を与えている．

(ii) 記号系列 k が大きいほど上界がタイトになり，平均符号長がエントロピーに漸近する．すなわち，圧縮率 (平均符号長) がエントロピーに近づく．しかし，その場合には復号遅延などの実用上の問題がある．

実は Shannon よりも 20 年近く前に，von Neumann[5] によって，量子力学

[5] John von Neumann，1903 年 12 月 28 日 - 1957 年 2 月 8 日．11 歳のときに 1 つ年上の Eugene Wigner (ノーベル物理学賞受賞者) に群論を教えたという [79] から，いかに天才であったかを窺い知ることができる．こういった記事を読むと自分自身の存在意義を疑うことになるが，できることをやっていくしかないと前を向くことにしている．

的 (von Neumann) エントロピーが密度作用素 (密度行列) に対して定式化されていた．このエントロピーはスカラー行列 (可換な行列) を特別な場合として含んでおり，その場合が Shannon エントロピーであった．すなわち，より数学的に一般的なエントロピーが 20 年位前にすでに登場していたわけである．しかし，Shannon の偉大さはエントロピーと情報を結び付けた点にあるといえよう．定理 4.3 はまさにそれを語っており，さらに，第 6 章で取り扱う通信路符号化定理などでは通信理論，符号理論の礎を築いていたのである．なお，量子力学的 (von Neumann) エントロピーは本書の第 9 章で登場する．

Shannon–Fano 符号で記号数が大きければ平均符号長がエントロピーに漸近するが，実際には有限の記号を扱う．また，拡大情報源のサイズの膨大化により復号遅延の問題もある．そこで，有限な記号数においても最適となる Huffman 符号を学ぶ意義がある．では，Huffman 符号のアルゴリズムについて述べよう．

Huffman 符号のアルゴリズム

(H1) 与えられた情報源の記号を生起確率の大きい順に並べる．((S1) と同じ．)

(H2) 生起確率の最も小さい 2 つの記号を統合して 1 つのグループとする．(この操作を，**縮退**と呼ぶ．1 度の縮退で，要素が 1 つ少なくなる．) このグループの生起確率は 2 つの生起確率の和とする．

(H3) 全体が 1 つのグループになるまで，(H1) と (H2) を繰り返す．

(H4) この結果の木を描き，根から左の枝に 0 を右の枝に 1 を割り当てていく．根から木の葉に至るまでの 0 と 1 の並びを符号語とする．

Fano 符号では，全体を均等になるように 2 分割していき，最終的に葉に 1 つの記号が割り当てられるまで行った．Huffman 符号では，この逆に当たることを行う．すなわち，最初にすべての記号がバラバラに葉にあると想定して，そこから，縮退 (生起確率の小さい 2 つの記号を統合する) を行い，最終的に，全体の要素が根に集まるようにする．次の例を読みながら理解を深めよう．

例 4.5　次の情報源 A を Huffman 符号を用いて符号化せよ．

$$A = \begin{pmatrix} a_1 & a_2 & a_3 & a_4 & a_5 & a_6 \\ 0.08 & 0.15 & 0.38 & 0.17 & 0.12 & 0.10 \end{pmatrix}.$$

(H3) のループにおいて，次の変遷を辿る．

(H1) : $a_3, a_4, a_2, a_5, a_6, a_1,$　　(H2) : $a_3, a_4, a_2, a_5, \{a_6, a_1\},$
(H1) : $a_3, \{a_6, a_1\}, a_4, a_2, a_5,$　　(H2) : $a_3, \{a_6, a_1\}, a_4, \{a_2, a_5\},$
(H1) : $a_3, \{a_2, a_5\}, \{a_6, a_1\}, a_4,$　　(H2) : $a_3, \{a_2, a_5\}, \{a_6, a_1, a_4\},$
(H1) : $a_3, \{a_6, a_1, a_4\}, \{a_2, a_5\},$　　(H2) : $a_3, \{a_6, a_1, a_4, a_2, a_5\},$
(H1) : $\{a_6, a_1, a_4, a_2, a_5\}, a_3,$　　(H2) : $\{a_6, a_1, a_4, a_2, a_5, a_3\}.$

(H4) の Step で，下図を得る．

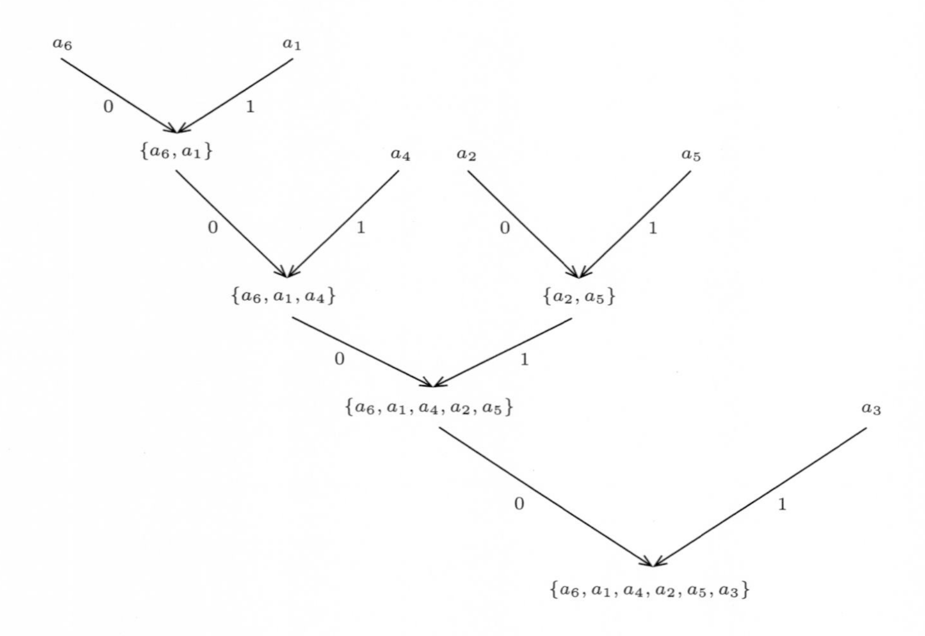

以上により，最終的に符号の割り当ては

$$a_3 \to 1,\ a_4 \to 001,\ a_2 \to 010,\ a_5 \to 011,\ a_1 \to 0001,\ a_6 \to 0000$$

となる．また，このときの平均符号長 L_H は

$$L_H = 0.38 + (0.17 + 0.15 + 0.12) \times 3 + (0.10 + 0.08) \times 4 = 2.42 \qquad (4.6)$$

であり，わずかながら (4.4) で与えられた L_F より値が小さいことが分かる．

問題 14　次の情報源 A, A' に対して，Huffman 符号により符号語を割り当てよ．

$$A = \begin{pmatrix} a_1 & a_2 & a_3 & a_4 & a_5 & a_6 \\ 0.26 & 0.20 & 0.18 & 0.14 & 0.12 & 0.10 \end{pmatrix},$$

$$A' = \begin{pmatrix} a_1 & a_2 & a_3 & a_4 & a_5 & a_6 \\ 0.28 & 0.22 & 0.15 & 0.14 & 0.12 & 0.09 \end{pmatrix}.$$

4.3 Huffman 符号の最適性

Huffman 符号の最適性を示すために 2 つの補題を準備する．

補題 4.6　(2 元) コンパクト (最適) 符号において，情報記号の生起確率が大きいほどそれに対応する符号長は短くなる．

この補題はまさに，情報源符号化の基本的な考えである．

証明　各記号 a_j に対する生起確率 p_j の間に，$p_1 \leq p_2 \leq \cdots \leq p_n$ の関係があるならば，必ず，$l_1 \geq l_2 \geq \cdots \geq l_n$ となっていることを言えばよい．これを背理法で示す．すなわち，各記号 a_j に対する生起確率 p_j の間に，$p_1 \leq p_2 \leq \cdots \leq p_n$ の関係があるコンパクト (最適) 符号 C を考える．いま，C のある 2 つの符号語において，$l_i < l_j$ $(i < j)$ なる大小関係が成り立っていると仮定する (背理法の仮定)．ここで，記号 a_i と a_j に対応する符号語を交換することによって得られる符号を C' とする．符号 C と C' の平均符号長をそれぞれ $\overline{L}, \overline{L'}$ とすると，

$$\overline{L} = \sum_{k=1}^{i-1} p_k l_k + p_i l_i + \sum_{k=i+1}^{j-1} p_k l_k + p_j l_j + \sum_{k=j+1}^{n} p_k l_k,$$

$$\overline{L'} = \sum_{k=1}^{i-1} p_k l_k + p_i l_j + \sum_{k=i+1}^{j-1} p_k l_k + p_j l_i + \sum_{k=j+1}^{n} p_k l_k$$

であるから，

$$\overline{L} - \overline{L'} = p_i l_i - p_i l_j + p_j l_j - p_j l_i = (p_i - p_j)(l_i - l_j) \geq 0$$

となり，これは符号 C がコンパクト (最適) であることに矛盾する．(等号は $p_i = p_j$ のときであるが，そのときは $\overline{L} = \overline{L'}$ であるので，あらかじめ $p_i \neq p_j$ としておくと良い．) したがって，最初の仮定に誤りがあり，符号長は必ず，$l_1 \geq l_2 \geq \cdots \geq l_n$ となっていなければならない．(どの 2 つもこの大小関係を乱してはならない．) □

本書では意識的に “0”,“1” で構成される 2 元符号のみを扱ってきたが，数学的にはより一般に r 元符号を考えても良い．上の補題 4.6 も次の補題 4.7 も r 元コンパクト符号で成り立つし，r 元 Huffman 符号がコンパクトであることも証明されている．例えば，r 元符号に対するこれらの補題や先の定理 4.8 の証明は [50] を参照されたい．しかし，本書では，2 元符号のみに特化して証明する 6)．本質的な違いはないが，r 元 Huffman 符号を考えるときにダミーの存在が関係してくる分だけ，注意が必要になる．

補題 4.7 2 元コンパクト (最適) 符号では，符号木を書いたときに，最後の枝 (最も根から離れた枝) だけが必ず異なる最も長い符号語が少なくとも 2 つ存在する．

証明 ほとんど自明であるが，これも背理法により示す．コンパクト符号 C において最も長い符号語の 1 個のみが最後の枝の片方のみに割り当てられたとする．そこを仮に根から k 番目に枝分かれしたところとすると，$k-1$ 番目には節がありそこから 2 つに分かれずに，1 つの枝のみが伸びていることになる．k 番目に枝分かれした後の葉に割り当てられた符号語が 1 つしか存在しないので，それを 1 つ前の節に割り当てることが可能である．そうしても瞬

---

6) [12] にも 2 元 Huffman 符号の最適性の証明が詳細に書かれている．

時復号可能性を損なうことなく (語頭符号 [7] になっている) 平均符号長を短くすることが明らかに可能である．これは C のコンパクト性に矛盾する．したがって，コンパクト符号 C において最も長い符号長が 1 個のみであるという仮定に誤りがあり，そこには 2 個割り当てられていなければならない． □

定理 4.8 2 元 Huffman 符号はコンパクト (最適) である．

証明 数学的帰納法により証明する．オリジナルの情報源 A から $k\,(k = 1, 2, \cdots, K)$ 回 [8] の縮退後に得られた情報源を A_k と表記する．

(i) まず，縮退の最終段階における情報源 A_K の記号数は補題 4.7 により 2 である．ここで，これら 2 つの記号に符号語 x_1, x_2 を割り当てた符号 C_K は明らかにコンパクトである．(2 つの記号に 2 つの符号語のみの割り当て．)

(ii) ある k 回後の縮退の情報源 A_k に対してコンパクトな符号 C_k が構成されたと仮定する．この A_k の直前の縮退の情報源 A_{k-1} に対する符号を C_{k-1} とする．このとき，

$$C_k：コンパクト \implies C_{k-1}：コンパクト$$

を示す．

A_k の記号 a_i がその直前の縮退情報源 A_{k-1} の最も生起確率の小さい 2 つの記号 a_{i_1}, a_{i_2} から構成されたものとする．また，$A_k = \{a_1, a_2, \cdots, a_{n_k}\}$ の各記号 a_j に対する符号語長を l_j とする．C_k の平均符号長 $\overline{L_k}$ は，

$$\overline{L_k} = \sum_{j=1}^{i-1} p_j l_j + p_i l_i + \sum_{j=i+1}^{n_k} p_j l_j \tag{4.7}$$

である．一方，符号 C_{k-1} の平均符号長 $\overline{L_{k-1}}$ は，

---

[7] 本書では説明していないが，語頭符号とはすべての符号語が木の葉のみに割り当てられている符号語であり，語頭符号であれば，瞬時復号可能符号であることが知られている．ゆえに，木を描くことにより，瞬時復号可能性はすぐに判断できるという優れた道具である．

[8] 情報源が有限であるので，有限回の縮退で符号が完成するは明らかであろう．

$$\overline{L_{k-1}} = \sum_{j=1}^{i-1} p_j l_j + (p_{i_1} + p_{i_2})(l_i - 1) + \sum_{j=i+1}^{n_k} p_j l_j \tag{4.8}$$

なので，(4.7), (4.8) より次を得る：

$$\overline{L_k} - \overline{L_{k-1}} = p_{i_1} + p_{i_2} = p_i. \tag{4.9}$$

ここから，背理法を用いて，

$$C_k：コンパクト \implies C_{k-1}：コンパクト$$

を示す．C_k はコンパクトであるが，C_{k-1} はコンパクトでないと仮定する．つまり，$\overline{L'_{k-1}} < \overline{L_{k-1}}$ なるコンパクト符号 C'_{k-1} が存在すると仮定する．すると，補題 4.6 より，C'_{k-1} では，生起確率の最も小さい記号に対応する符号語 x'_{i_1} の長さが最大となる．補題 4.7 により x'_{i_1} のほかに同じ符号長の符号語がもう 1 つあるので，それを x'_{i_2} として，これらをまとめて改めて新しく符号 C'_k を構成すると，(4.9) と同様に次の関係を得る (ただし，p'_{i_1},p'_{i_2} はそれぞれ，記号 x'_{i_1},x'_{i_2} の生起確率で，当然 $p'_{i_1} + p'_{i_2} = p_i$ である)：

$$\overline{L'_k} - \overline{L'_{k-1}} = p'_{i_1} + p'_{i_2} = p_i. \tag{4.10}$$

よって，(4.9) と (4.10) より

$$\overline{L_k} - \overline{L'_k} = \overline{L_{k-1}} - \overline{L'_{k-1}}$$

となり，$\overline{L'_{k-1}} < \overline{L_{k-1}}$ ならば，$\overline{L'_k} < \overline{L_k}$ なる符号 C'_k の構成が可能となり，これは背理法の仮定である C_k のコンパクト性に矛盾する．したがって，

$$C_k：コンパクト \implies C_{k-1}：コンパクト$$

が示された．

以上，(i), (ii) によって，数学的帰納法により 2 元 Huffman 符号はコンパクト (最適) であることが示された．　□

これで定常無記憶情報源に対する符号化として 2 元 Huffman 符号がコンパクト (最適) であることが示された．定常無記憶情報源の場合は Huffman 符号を用いるのが良いというのが分かったであろう．しかし，現実の圧縮方法では，その前処理に run length 法を適用しておいたほうが良いなど，複数のアルゴリズムを適宜利用して性能向上に努めているようである．

4.4 ユニバーサル符号化

次に生起確率を知らなくても (つまり情報源によらない) 符号化可能なアルゴリズムを示す．このような符号化を情報源によらないという意味で**ユニバーサル符号化**という．その 1 つの例として，A. Lempel と J. Ziv によって 1977 年に示された **LZ77 符号** [112] を取り上げる．なお，彼らは 1978 年にも LZ78 符号を発表している [113]．これらが基礎となって，LZW, LZH, Zip などへと派生的に現在まで発展してきている．

LZ77 は生起確率によらないアルゴリズムなので，情報源から生起確率の部分を省いて単に $A = \{a_1, a_2, \cdots, a_n\}$ とする．

LZ77 の符号化の仕組み

($LZ77_1$) 出力系列 $\boldsymbol{a} = a_1a_2\cdots$ を観測．

($LZ77_2$) **スライド窓**を設けて，すでに符号化が済んだ過去の出力系列から一致する部分を見つける (**パターンマッチング**)．

(1) スライド窓 (k) ＝参照部 ($k-m$) ＋符号化部 (m)．

(2) 参照部の初期値は $(0, 0, \cdots, 0) = 0^{k-m}$．

($LZ77_3$) 符号化すべき系列の第 i 番目の記号を符号化部の先頭位置に停止させ参照部と符号化部を比較する．

($LZ77_4$) 中間符号語＝「ポインタ (最長一致系列の先頭位置)，その長さ，一致しない次の記号」により構成．すべての中間符号語を順に並べたものが符号語である．

以下に，例題 4.9 (71 ページ) の初期設定をイメージ図として示す．

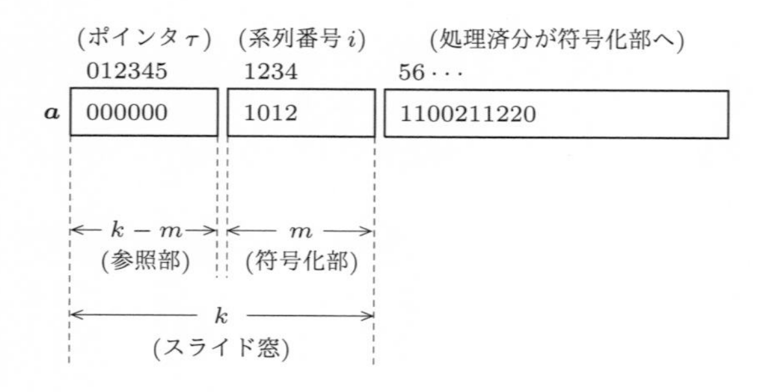

LZ77 の符号化アルゴリズム

(LZ77(c1)) **初期設定**：$i = 1$ とする．(参照部はすべて 0．)

(LZ77(c2)) **最長一致系列の探索**：第 i 記号から始まる部分列で長さ $k - m$ の参照部から一致する最長の部分列を探し，先頭位置 (ポインタ) を τ，その長さを l とする．(もしなければ，$\tau = l = 0$ とする．) ただし，$\tau = 0, 1, \cdots, k - m - 1$; $l = 0, 1, \cdots, m - 1$.

(LZ77(c3)) **符号語の生成**：第 i 記号から長さ l の部分列に対し符号語を (τ, l, α) とする．α は一致しなかった最初の記号である．これを 2 進数で表したものが中間符号語 $\boldsymbol{b}_i$ である．

(LZ77(c4)) **スライド窓の移動**：スライド窓を $l + 1$ ずらす．

(LZ77(c5)) **繰り返し**：中間符号語の添え字を $i = i + l + 1$ とし (LZ77(c2)) に戻り，情報源出力系列がなくなるまで繰り返す．

注意として，符号語 $\boldsymbol{b}_i$ の長さは各 i に対して $L_i = L_i^\tau + L_i^l + L_i^\alpha$ である．ただし，$L_i^\tau = \lceil \log (k - m) \rceil$，$L_i^l = \lceil \log m \rceil$，$L_i^\alpha = \lceil \log n \rceil$ である．

例題を通して理解を深めよう．下記では手を動かしてできる例[9] なので，小さい値の k, m を指定しているが，現実には，例えば，$k = 2^{10} \sim 2^{12}$, $m =$

9) Shannon の誕生日 1916430 を 3 進数にしたもの．

$2^4 \sim 2^7$ 程度のものが使われることが多い.

例題 4.9 $A = \{0, 1, 2\}$ とし，スライド窓の大きさ，符号化部の長さをそれぞれ $k = 10$，$m = 4$ とする．情報源出力系列

$$\boldsymbol{a} = 10121100211220$$

を LZ77 符号で符号化した符号語 $\boldsymbol{b}$ を求めよう.

解答と解説 参照部の大きさは $k - m = 6$ であるから，$L_i^\tau = \lceil \log 6 \rceil = 3$ ビット．同様に，符号化部の大きさが $m = 4$ であるので $L_i^l = 2$ ビット．3 元情報源なので $L_i^\alpha = 2$ ビット．LZ77 の符号化アルゴリズムに従って，次のように符号語を生成していく.

(1) $i = 1$ で参照部 $k - m = 6$ の初期値は 000000 とする．符号化部 $m = 4$ に相当する部分列 1012 を符号化するときの参照部との最長一致系列は $\tau = 0$(一致するものがないので 0 ビット目とする．1, 2, 3, 4, 5 ビット目としても良いが小さいものに割り当てるように決めておくと良い．また，複数候補がある場合も数字の小さいものにするとか決めておくと良い．)，$l = 0$ (一致なし)，$\alpha = 1$ (一致しなかった系列の最初の記号)．したがって，これらの 3 つ組

$$\boldsymbol{b}_1 := (\tau, l, \alpha) = (0, 0, 1)_{10} = (000, 00, 01)_2$$

が符号語となる [10]．スライド窓を $l + 1 = 1$ だけずらして，$i = 2$ とする．添え字 i を中間符号 $\boldsymbol{b}_i$ の添え字とする.

(2) $i = 2$ のとき，参照部 000001，符号化部は 0121 となり，上記と同様に参照部と符号化部を比較にして，$\tau = 4$, $l = 2$, $\alpha = 2$ となり，

$$\boldsymbol{b}_2 = (4, 2, 2)_{10} = (100, 10, 10)_2$$

を得る．スライド窓は $l + 1 = 3$ ずれるので，次の添え字は $i = 5$.

(3) $i = 5$ のとき，参照部 001012，符号化部は 1100 となり，上記と同様に

---

[10] 3 つ組のビット数は上で求めた，3 ビット，2 ビット，2 ビットであることに注意.

して，

$$\boldsymbol{b}_5 = (2,1,1)_{10} = (010,01,01)_2$$

を得る．スライド窓は $l+1=2$ ずれるので，次の添え字は $i=7$.

(4) $i=7$ のとき，参照部 101211，符号化部は 0021 となり，上記と同様にして，

$$\boldsymbol{b}_7 = (1,1,0)_{10} = (001,01,00)_2$$

を得る．スライド窓は $l+1=2$ ずれるので，次の添え字は $i=9$.

(5) $i=9$ のとき，参照部 121100，符号化部は 2112 となり，上記と同様にして，

$$\boldsymbol{b}_9 = (1,3,2)_{10} = (001,11,10)_2$$

を得る．スライド窓は $l+1=4$ ずれるので，次の添え字は $i=13$.

(6) $i=13$ のとき，参照部 002112，符号化部は 20 となり，上記と同様にして，

$$\boldsymbol{b}_{13} = (2,1,0)_{10} = (010,01,00)_2$$

を得る．

以上より

$$\begin{aligned}\boldsymbol{b} &= (\boldsymbol{b}_1, \boldsymbol{b}_2, \boldsymbol{b}_5, \boldsymbol{b}_7, \boldsymbol{b}_9, \boldsymbol{b}_{13}) \\ &= 000000110010100100101001010000111100100100\end{aligned}$$

LZ77 の復号化のアルゴリズムを以下に示すが，符号化のアルゴリズムの逆の手順である．

LZ77 の復号化アルゴリズム

(LZ77(d1)) **初期設定**：中間符号語の添え字番号を $i=1$ とする．(参照部はすべて 0．)

(LZ77(d2)) **符号語から系列の生成**：符号語 $\boldsymbol{b}_i$ から符号語 (τ, l, α) を計

算する．スライド窓から位置 τ，長さ l のパターンを生成し，記号 α を連接する．

(LZ77(d3)) **スライド窓の移動**：スライド窓を $l+1$ ずらす．

(LZ77(d4)) **繰り返し**：中間符号語の添え字を $i=i+l+1$ とし，(LZ77(d2)) に戻る．情報源復号器入力系列がなくなれば終了．

例題 4.10　例題 4.9 で得られた次の符号語

$$\boldsymbol{b}=000000110010100100101001010000111100100100$$

を LZ77 の復号化アルゴリズムで 3 元情報源 $A=\{0,1,2\}$ として復号化しよう．条件は同様で，$k=10$，$m=4$ とする．

解答と解説　条件 $k-m=6$, $m=4$, $|A|=3$ から，各 i に対して $L_i^\tau=3$, $L_i^l=2$, $L_i^\alpha=2$ が分かっている．したがって，$\boldsymbol{b}$ の系列を (3 ビット，2 ビット，2 ビット) の合計 7 ビットごとに分割して復号化していく．

(1) $i=1$ のとき参照部は 000000 である．

$$\boldsymbol{b}_1=(000,00,01)_2=(0,0,1)_{10}$$

から，$\tau=0$，$l=0$，$\alpha=1$ がわかるので，$\boldsymbol{a}_1=1$ が得られる．スライド窓を $l+1=1$ ずらして，$i=2$ とする．

(2) $i=2$ のとき参照部は 000001 である．

$$\boldsymbol{b}_2=(100,10,10)_2=(4,2,2)_{10}$$

から，$\tau=4$，$l=2$，$\alpha=2$ なので，$\boldsymbol{a}_2=012$ が得られる．

(3) $i=5$ のとき参照部は 001012 である．

$$\boldsymbol{b}_5=(010,01,01)_2=(2,1,1)_{10}$$

から，$\boldsymbol{a}_5=11$ が得られる．(図を描いて対応しないとかなり厳しいと思われる．)

(4) $i=7$ のとき参照部は 1012111 である．

$$\boldsymbol{b}_7 = (001, 01, 00)_2 = (1, 1, 0)_{10}$$

から，$\boldsymbol{a}_7 = 00$ が得られる．

(5) $i = 9$ のとき参照部は 121100 である．

$$\boldsymbol{b}_9 = (001, 11, 10)_2 = (1, 3, 2)_{10}$$

から，$\boldsymbol{a}_9 = 2112$ が得られる．

(6) $i = 13$ のとき参照部は 002112 である．

$$\boldsymbol{b}_{13} = (010, 01, 00)_2 = (2, 1, 0)_{10}$$

から，$\boldsymbol{a}_{13} = 20$ が得られる．

以上より

$$\boldsymbol{a} = (\boldsymbol{a}_1, \boldsymbol{a}_2, \boldsymbol{a}_5, \boldsymbol{a}_7, \boldsymbol{a}_9, \boldsymbol{a}_{13}) = 10121100211220$$

と求まる．

LZ77 をはじめとして本節では，主に [43] を利用した．次に A. Lempel と J. Ziv によって 1978 年に示された **LZ78 符号** [113] について解説する．LZ78 符号は LZ77 符号の改良したものと認識されている．LZ78 符号では LZ77 符号と異なりスライド窓は利用しない．その代わり，辞書を作成することになる．

LZ78 の符号化の仕組み

($\mathrm{LZ78}_1$) 初期状態で辞書の中身は空である．辞書番号 0 には空列 (未出記号) を入れる．

($\mathrm{LZ78}_2$) 記号列を先頭から辞書と比べて，最長一致記号列を見つける．

($\mathrm{LZ78}_3$) 辞書番号と次の記号列の先頭記号をまとめて出力する．

($\mathrm{LZ78}_4$) 出力された新たな単語を辞書に登録する．

以上の $\mathrm{LZ78}_2$～$\mathrm{LZ78}_4$ を記号列がなくなるまで続ける．

例えば，最初の記号が "2" であれば，最初辞書は空なので，最初の辞書番号 0 と最初の記号 2 をまとめた (0,"2") を出力し，記号 "2" を辞書番号 1 に登録する．この後の例題 4.11 で理解を深めて欲しい．

LZ78 の符号化アルゴリズム

(LZ78(c1)) **初期設定**：情報源アルファベットを $A := \{a_1, \cdots, a_n\}$ とする．(ユニバーサル符号なので生起確率の情報を必要としない．) 現時点で符号化を行っている記号の記号列の位置を表すポインタを τ で表し，最初は $\tau = 1$ とする．また，符号化処理の回数を k で表し，最初は $k = 1$ とする．

(LZ78(c2)) **必要桁数**：まず情報源アルファベット A の各記号に対しては $\lceil \log n \rceil$ [ビット] 必要となる．k 番目を符号化する際に，辞書番号の必要桁数は $\lceil \log k \rceil$ である．これらの合計桁数が各単語の辞書作成時に必要になる．

(LZ78(c3)) **中間符号語の構成**：τ 番目から始まる記号列に対して，最長一致記号列を辞書中から見つける．最長一致記号列 (仮に長さ l とする) 辞書番号を r_k とし，記号列中の次の (1 つの) 記号 a_k をまとめた (r_k, a_k) を中間語として定め，r_k を $\lceil \log k \rceil$ [ビット] で，a_k を $\lceil \log n \rceil$ [ビット] の 2 進数で表し，出力する．(最長一致記号列の探索で最後の記号まで一致して追加する a_k がない場合は，r_k のみ出力する．)

(LZ78(c4)) **辞書の更新**：(LZ78(c3)) の操作の後，辞書に k 番目の符号語の記号列 (辞書番号 r_k の記号 $+a_k$) を登録する．符号語の番号を $k \to k+1$ とし，符号語の番号を表すポインタ τ を $\tau \to \tau + l + 1$ と更新し，(LZ78(c3)) に戻る．

例題 4.11 $A = \{0, 1, 2\}$ とし，情報源出力系列

$$\boldsymbol{a} = 10121100211220$$

を LZ78 符号で符号化した符号語 $\boldsymbol{b}$ を求めよう．

解答と解説　中間符号語は $(r_k, a_k)_2$ で構成されることに注意する．r_k は k 回目の辞書番号を 2 進数で表したもの．a_k は処理回数 k における，次の記号を 2 進数で表したものである．k 番目の辞書には，処理の済んだ記号を登録する．(a_k や他の辞書番号は部分的にも登録しない．)

(1) まず，ポインタ $\tau = 1$ とし，辞書番号 0 には空列を入れる．$\lceil \log 3 \rceil = 2$ [ビット] を各記号語用に確保する．辞書の中身は空列なので，最初の記号 “1” と一致するものはないので，“1” 自身が一致しない次の記号となり $(0,1)_{10}$ を出力する．“1” を辞書番号 1 に登録する．初回なので $\lceil \log 1 \rceil = 0$ [ビット] なので，これらを 2 進数で

$$\boldsymbol{b}_1 = (r_1, a_1) = (\ ,01)_2$$

と表す．最長一致記号列はなかったので $l = 0$ で，ポインタは $\tau \to \tau + l + 1 = 2$ となる．

(2) ポインタ $\tau = 2$, $k = 2$ 回目の処理である．辞書と一致する記号列がないので辞書番号 0 が採用される．次の記号が “0” なので，$(0,0)_{10}$ を出力する．最長一致記号列の検索の後の最初の記号列に対する使用桁数は 2 で変わらないが，$k = 2$ 番目の記号に対しての操作なのでこちらの使用桁数は可変で $\lceil \log 2 \rceil = 1$ [ビット] となり，これらから r_2 の使用ビット数は 1 であり，

$$\boldsymbol{b}_2 = (r_2, a_2) = (0,00)_2$$

を出力する．$(00)_2 = 0_{10}$ と新しく出現した記号 “0” を辞書番号 2 に登録する．$l = 0$ より，ポインタは $\tau \to \tau + l + 1 = 3$ となる．

(3) ポインタ $\tau = 3$, $k = 3$ 回目の処理である．一致する記号は辞書番号 1 であり，次の記号は 2 なので，

$$\boldsymbol{b}_3 = (r_3, a_3) = (1,2)_{10} = (01,10)_2$$

を出力する．辞書番号 1 の記号 “1” と $(10)_2 = 2_{10}$ を並べた新しい単語

12 を辞書番号 3 に登録する．$l = 1$ より，ポインタは $\tau \to \tau + l + 1 = 5$ となる．

(4) ポインタ $\tau = 5, k = 4$ 回目の処理である．“1” が辞書番号 1 と一致する．次の記号が 1 なので，

$$\boldsymbol{b}_4 = (r_4, a_4) = (1, 1) = (01, 01)_2$$

を出力する．辞書番号 4 に記号 11 を登録する．$l = 1$ より，ポインタは $\tau \to \tau + l + 1 = 7$ となる．

(5) $\tau = 7, k = 5$ である．辞書番号 2 とポインタ $\tau = 7$ が指す記号 “0” が一致する．次の文字は 0 なので，

$$\boldsymbol{b}_5 = (r_5, a_5) = (2, 0)_{10} = (010, 00)_2$$

を出力する．辞書番号 5 に 00 を登録する．(辞書には処理が済んだ記号を登録する．この例では 3 進数．) $l = 1$ より，ポインタは $\tau \to \tau + l + 1 = 9$ となる．

(6) $\tau = 9, k = 6$ である．“2” と一致する記号が辞書にないので

$$\boldsymbol{b}_6 = (r_6, a_6) = (0, 2)_{10} = (000, 10)_2$$

を出力する．辞書番号 6 に 2 を登録する．$l = 0$ より，ポインタは $\tau \to \tau + l + 1 = 10$ となる．

(7) $\tau = 10, k = 7$ である．辞書番号 4 と $\tau = 10$ からの最長一致記号列 “11” が一致している．次の記号が “2” なので，

$$\boldsymbol{b}_7 = (r_7, a_7) = (4, 2)_{10} = (100, 10)_2$$

を出力する．辞書番号 7 に 112 を登録する．$l = 2$ より，ポインタは $\tau \to \tau + l + 1 = 13$ となる．

(8) $\tau = 13, k = 8$ である．辞書番号 6 と $\tau = 13$ からの最長一致記号列 “2” が一致している．次の記号が “0” なので，

$$\boldsymbol{b}_8 = (r_8, a_8) = (6, 0)_{10} = (110, 00)_2$$

を出力する．辞書番号 8 に 20 を登録する．

以上より，中間符号語 $\boldsymbol{b}_k$ を順に並べて

$$\boldsymbol{b} = 010000110010101000000101001011000$$

が求める符号語である．なお，作成された辞書は表 4.1 のようになる．

表 4.1　記号列 $\boldsymbol{a}$ に対する LZ78 符号の辞書

辞書番号	登録単語
0	(空列)
1	1
2	0
3	12
4	11
5	00
6	2
7	112
8	20

この例題の後半を見れば，LZ78 符号は辞書に頻発するような情報源の際に効力を発揮することが分かるであろう．どちらも 3 種類の数字を用いた同じ 14 桁の系列 $\boldsymbol{a}$ を用いたが，LZ77 では 42 ビット，LZ78 では 33 ビットで符号語を構成している．どちらも符号化前の桁数より大きくなってしまっている．$A = \{0, 1, 2\}$ をバイナリ $B = \{0, 1\}$ で表している点を考慮しても $14 \times 1.5 = 21$ 桁以下にはしたいところであるが，これは与えられた例の記号数が極端に少ないためであり，大きければ大きいほど，LZ78 における辞書作成の効果や LZ77 におけるスライド窓を大きくとったりとできるので，圧縮効果が期待できる．ここでそのような大きな例を示すことは現実的でないために，それは控える．LZ78 符号に限らず符号化 (圧縮法のプログラミング) に興味のある読者は [102], [93], [94] などを参照されたい．

最後に，LZ78 符号の復号化法とその例を示してこの章を閉じる．LZ78 符号の復号化も辞書を作成しながら行う．

LZ78 の復号化アルゴリズム

(LZ78(d1)) **初期設定**：辞書番号 0 に未出現記号である空列を挿入する．その他，LZ78 の符号化アルゴリズムと同様に，情報源アルファベットを $A := \{a_1, \cdots, a_n\}$ とする．現時点で復号化を行っている記号の記号列の位置を表すポインタを τ' で表し，最初は $\tau' = 1$ と設定する．また，現時点での番号を k とし，$k = 1$ とする．

(LZ78(d2)) **有効桁数**：k 番目の符号語の符号語長は，LZ78 の符号化アルゴリズムのときに説明したように，$\lceil \log k \rceil + \lceil \log n \rceil$ [ビット] である．

(LZ78(d3)) **中間符号語の構成**：k 番目の符号語長が分かっているのでそれを情報源 A の記号列にする．具体的には $\lceil \log k \rceil$ [ビット] で表された 2 進数から参照番号 r_k を，$\lceil \log n \rceil$ [ビット] で表された 2 進数から記号列中の最長一致しなかった次の記号 a_k を求め，中間語 (r_k, a_k) を生成する．

(LZ78(d4)) **辞書の更新**：(LZ78(d3)) の操作の後，辞書に k 番目の符号語の記号列 (辞書番号 r_k の記号 $+a_k$) を登録する．$k \to k+1$ とし，次に符号語の番号を表すポインタ τ' を $\tau' \to \tau' + \lceil \log k \rceil + \lceil \log n \rceil$ と更新 (すなわち，処理した分だけポインタの位置を進める) し，(LZ78(d2)) に戻る．

例題 4.12　例題 4.11 で得られた次の符号語

$$\boldsymbol{b} = 0100001100101010000001010010110000$$

を LZ78 の復号化アルゴリズムで 3 元情報源 $A = \{0, 1, 2\}$ として復号化しよう．

解答と解説　(1) まず，ポインタは $\tau' = 1$，符号語の番号を $k = 1$ とし，辞書番号 0 には空列を入れる．次の記号は $\lceil \log 3 \rceil = 2$ [ビット] 分で，“01” である．つまり中間語は，$\boldsymbol{a}_1 = (\ ,01)_2 = (\ ,1)_{10} = 1$ となり，辞書番号 1 に単語 “1” を登録する．このステップでの操作で $\lceil \log 1 \rceil + \lceil \log 3 \rceil = 2$ [ビット] 終えている．つまり，次のポインタは $\tau' \to \tau' + 2 = 3$ となる．

(2) $\tau' = 3,\ k = 2$ のとき，$\lceil \log 2 \rceil + \lceil \log 3 \rceil = 3$ [ビット] なので，辞書番号 0 なので何もせず，中間語は $\boldsymbol{a}_2 = (0, 00)_2 = (0, 0)_{10} = 0$ で次の記号 "0" を辞書番号 2 に登録する．次のポインタは $\tau' \to \tau' + 3 = 6$ である．

(3) $\tau' = 6,\ k = 3$ のとき，有効桁数は $\lceil \log 3 \rceil + \lceil \log 3 \rceil = 4$ [ビット] なので，$\tau' = 6$ の位置から 4 ビットを 2 ビットずつ取り $(01, 10)_2 = (1, 2)_{10}$ となる．このとき，辞書番号が 1 であり，前のステップまでで作成した辞書によれば，それは記号 "1" であり，次の記号が "2" なので，それらを並べた "12" を辞書番号 3 に登録し，中間語として $\boldsymbol{a}_3 = 12$ を出力する．次のポインタは $\tau' \to \tau' + 4 = 10$ である．

(4) $\tau' = 10,\ k = 4$ のとき，有効桁数は $\lceil \log 4 \rceil + \lceil \log 3 \rceil = 4$ [ビット] なので，$\tau' = 10$ の位置から 4 ビットを 2 ビットずつ取り $(01, 01)_2 = (1, 1)_{10}$ となる．このとき，辞書番号が 1 であり，記号 "1" が得られる．次の記号が "1" より，それらを並べた "11" を辞書番号 4 に登録し，中間語として $\boldsymbol{a}_4 = 11$ を出力する．次のポインタは $\tau' \to \tau' + 4 = 14$ である．

(5) $\tau' = 14,\ k = 5$ のとき，有効桁数は $\lceil \log 5 \rceil + \lceil \log 3 \rceil = 5$ [ビット] なので，$\tau' = 14$ の位置から 5 ビットを 3 ビット，2 ビットで $(010, 00)_2 = (2, 0)_{10}$ となる．このとき，辞書番号が 2 であり，記号 "0" が得られる．次の記号が "0" より，それらを並べた "00" を辞書番号 5 に登録し，中間語として $\boldsymbol{a}_5 = 00$ を出力する．次のポインタは $\tau' \to \tau' + 5 = 19$ である．

(6) $\tau' = 19,\ k = 6$ のとき，有効桁数は $\lceil \log 6 \rceil + \lceil \log 3 \rceil = 5$ [ビット] なので，$\tau' = 19$ の位置から 5 ビットを 3 ビット，2 ビットで $(000, 10)_2 = (0, 2)_{10}$ となる．このとき，辞書番号が 0 であり，次の記号が "2" であることが分かるので，記号 "2" を辞書番号 6 に登録し，中間語として $\boldsymbol{a}_6 = 2$ を出力する．次のポインタは $\tau' \to \tau' + 5 = 24$ である．

(7) $\tau' = 24,\ k = 7$ のとき，有効桁数は $\lceil \log 7 \rceil + \lceil \log 3 \rceil = 5$ [ビット] なので，$\tau' = 24$ の位置から 5 ビットを 3 ビット，2 ビットで $(100, 10)_2 = (4, 2)_{10}$ となる．このとき，辞書番号が 4 であり，記号 "11" が得られる．次の記号が "2" なので，それらを並べた "112" を辞書番号 7 に登録し，

中間語として $\boldsymbol{a}_7 = 112$ を出力する．次のポインタは $\tau' \to \tau' + 5 = 29$ である．

(8) $\tau' = 29$, $k = 8$ のとき，有効桁数は $\lceil \log 8 \rceil + \lceil \log 3 \rceil = 5$ [ビット] なので，$\tau' = 29$ の位置から 5 ビットを 3 ビット，2 ビットで $(110, 00)_2 = (6, 0)_{10}$ となる．このとき，辞書番号が 6 であり，記号 “2” が得られる．次の記号が “0” なので，それらを並べた “20” を辞書番号 8 に登録し，中間語として $\boldsymbol{a}_8 = 20$ を出力する．

以上より，得られた中間語 $\boldsymbol{a}_k$ を順に並べた

$$\boldsymbol{a} = 10121100211220$$

が求める符号語である．

問題 15　$A = \{0, 1, 2\}$, $B = \{0, 1\}$ とする．$\boldsymbol{s} = 2101010200220022$, $\boldsymbol{t} = 1101001220000202$ をそれぞれ参照部 $k - m = 6$，符号化部 $m = 4$ として LZ77 で符号化せよ．

問題 16　$A = \{0, 1, 2\}$, $B = \{0, 1\}$ とする．$\boldsymbol{s}' = 21010102002200220$, $\boldsymbol{t}' = 11010012200002020$ をそれぞれ LZ78 で符号化せよ．

第 5 章

相対エントロピー

本章では，エントロピーのより一般的な形式とも考え得る相対エントロピー (divergence，KL 情報量) について述べていく．符号化定理を目標としているため，主な目的として相対エントロピーを用いた相互情報量の定義になるが，相対エントロピーの基本的な性質や関連する数学的な話題を取り上げる．最後に，微分エントロピーを導入し，相対エントロピーの非負性を利用して，エントロピー最大化原理について述べる．

5.1 相互情報量

第 4 章で，Shannon の第一符号化定理を述べ，そこでは Shannon エントロピーが可逆圧縮の圧縮限界を与えていることが示された．次章で Shannon の第二符号化定理を学ぶにあたって必要となる相互情報量の最大値である通信路容量について述べなければならない．この相互情報量の定義には，いくつかの定式化が知られている．

(I) エントロピーから条件付きエントロピーを減じたもの．この定式化が最もその意味を理解しやすい．

(II) 相対エントロピーで，同時確率分布と直積の確率分布に対して定義したもの．

(III) 通信路行列 (その成分が条件付き確率) と事前確率による 2 重和によ

るもの.

(I), (II) の順で定義の仕方を見て行こう. (III) の定義は通信路行列とともに次章で与える. まず, (I) の方法を辿るために条件付きエントロピーの定義とその意味について説明しよう.

2 つの情報源を考える[1]:

$$A = \begin{pmatrix} a_1 & a_2 & \cdots & a_n \\ p_1 & p_2 & \cdots & p_n \end{pmatrix}, \qquad B = \begin{pmatrix} b_1 & b_2 & \cdots & b_m \\ q_1 & q_2 & \cdots & q_m \end{pmatrix}$$

例えば, 情報源 A は明日の天気に関する私が持っている情報量 (不確定さ) で, 情報源 B は前夜の天気予報に関して私が持っている情報量 (不確定さ) としよう. 過去の経験から, 前夜の天気予報と翌日の天候の関連を見出しており (たとえば, 天気予報が 95 パーセント当たるなど), 私が前夜の天気予報を見る前の明日の天気に関する情報量 (不確定さ) と見た後の情報量 (不確定さ) では変化がある. もっと言えば, 見た後では, 明日の天気に関する不確定さは減少し, (正確な) 情報量は増加すると考えるのが自然であろう. では, 前夜の天気予報を見た後では, 不確定さはどの程度, 減少したのであろうか? (逆に言えば, 正確な情報量はどれだけ獲得できたであろうか?) それを表す量が相互情報量と呼ばれるものであるが, これからその定式化を行おう. まず, 前夜の天気予報を見る前に私が持っている情報量 (不確定さ) は, 第 3 章によれば, Shannon エントロピー $H(A)$ で与えられた[2]. 次に, 前夜の天気予報を見て, 私がそこである情報を得たとする. 仮にそれを b_j とでもしよう. すると, この情報 b_j を知ったという条件の下では,「明日の天気」について持つ情報 (確率分布) が次のように変化するはずである.

$$\{p(a_1), p(a_2), \cdots, p(a_n)\} \to \{p(a_1|b_j), p(a_2|b_j), \cdots, p(a_n|b_j)\}$$

ただし, 各 $p(a_i|b_j)$ $(i = 1, 2, \cdots, n)$ は, 情報源 B において, b_j を得たという条件の下での条件付き確率である. なお, いまは, j は固定されていること

---

1) 要素数を n, m と異なる数にしていることに注意せよ.

2) 注 3.1 で述べたように, ここでも, 記法 $H(\boldsymbol{p})$ ではなく, $H(A)$ を用いていく.

に注意する．そのとき，私の明日の天気に関する Shannon エントロピー (これを固定された b_j に対して $A|b_j$ という情報源という意図で書く) は次のように変化する．

$$H(A|b_j) = -\sum_{i=1}^{n} p(a_i|b_j)\log p(a_i|b_j)$$

くどいようであるが，ここでは j は固定されている (前夜の予報で 1 つの情報を得てしまったという意味) ので，平均情報量は情報源 A，つまり明日の天気に関する不確定さのみとなり，$i = 1, 2, \cdots, n$ で和を取る．しかし，これだけでは，情報エントロピーの繰り返しにすぎない．$H(A|b_j)$ は前夜の予報で得た 1 つの事象 b_j を固定したものなので，実際には，前夜の予報で，この事象 b_j (例えば，明日の予報は雨であるとか) が選択されるのが 100 パーセントとは限らない．事象 b_j が選択される確率は $p(b_j) = q_j$ だから，前夜の天気予報を見た後，私が明日の天気に関して持っている情報量 (不確定さ) は，b_j が固定されたときのエントロピー $H(A|b_j)$ に対して b_j の生起確率 $p(b_j) = q_j$ で平均化して [3)]，次で与えられると考えるべきであろう．

$$\begin{aligned} H(A|B) &= \sum_{j=1}^{m} p(b_j)H(A|b_j) = -\sum_{j=1}^{m}\sum_{i=1}^{n} p(b_j)p(a_i|b_j)\log p(a_i|b_j) \\ &= -\sum_{j=1}^{m}\sum_{i=1}^{n} p(a_i, b_j)\log p(a_i|b_j) \quad [\text{ビット}] \end{aligned}$$

これを**条件付きエントロピー**という．最後の等号で，**条件付き確率**の定義 $p(x|y) = \dfrac{p(x,y)}{p(y)}$ を用いた．なお，$p(x,y)$ は 2 つの事象 x と y が同時に生起する確率である．

例 5.1　例えば，簡単のため，天気が晴れ，曇り，雨の 3 種類しかなく，天気予報でもその 3 種類の予報のみの場合を考えて実際に条件付きエントロピー

---

3) 1 つの系の場合，p_i や q_j を確率分布として記載しやすいが，条件付き確率や後の同時確率分布では，その意味を明確にするためと，改めて記号を定義する手間を省いて，条件付き確率では $p(\cdot|\cdot)$，同時確率では，$p(\cdot,\cdot)$ という書き方をする．どちらも，$\cdot$ には然るべき事象を記入することになる．このような記載をしないで済む方法として，次節で述べる通信路行列を使った相互情報量の定義がある．

$H(A|B)$ を計算してみよう．数十年間の東京の天気のデータからこの原稿を書いている 2 月 23 日 [4] の天気が簡単のため晴れ (F) 8 割，曇り (C) 1 割，雨 (R) 1 割としよう．このとき，明日の天気の情報源 W と前夜の予報での情報源 E を簡単のため以下のようにする．

$$W = \begin{pmatrix} F & C & R \\ \frac{4}{5} & \frac{1}{10} & \frac{1}{10} \end{pmatrix}, \qquad E = \begin{pmatrix} \overline{F} & \overline{C} & \overline{R} \\ \frac{1}{2} & \frac{1}{4} & \frac{1}{4} \end{pmatrix}$$

また，条件付き確率も簡単のため

$$\begin{aligned} p\left(F|\overline{F}\right) &= \frac{9}{10}, & p\left(C|\overline{F}\right) &= \frac{1}{20}, & p\left(R|\overline{F}\right) &= \frac{1}{20}, \\ p\left(F|\overline{C}\right) &= \frac{1}{10}, & p\left(C|\overline{C}\right) &= \frac{4}{5}, & p\left(R|\overline{C}\right) &= \frac{1}{10}, \\ p\left(F|\overline{R}\right) &= \frac{1}{10}, & p\left(C|\overline{R}\right) &= \frac{1}{10}, & p\left(R|\overline{R}\right) &= \frac{4}{5} \end{aligned}$$

とする．例えば，$p\left(F|\overline{F}\right) = \frac{9}{10}$ は予報で晴れとされた場合，実際に晴れる確率は 9 割と言うことである．ほかも同様であるが，数値は現実離れしているが計算例として勘弁していただきたい．条件付き確率も確率空間をなす (確率分布となっている) ので，各予報 $\overline{F}, \overline{C}, \overline{R}$ ごとでの和 (上の式での各行の和) は 1 になっていることに注意する．では，計算していこう．まず，

$$\begin{aligned} H(W|\overline{F}) &= -\frac{9}{10}\log\frac{9}{10} - \frac{1}{20}\log\frac{1}{20} - \frac{1}{20}\log\frac{1}{20} = \frac{11}{10} + \log 5 - \frac{9}{5}\log 3, \\ H(W|\overline{C}) = H(W|\overline{R}) &= -\frac{4}{5}\log\frac{4}{5} - \frac{1}{10}\log\frac{1}{10} - \frac{1}{10}\log\frac{1}{10} = \log 5 - \frac{7}{5}. \end{aligned}$$

よって，平均化して

$$\begin{aligned} H(W|E) &= \frac{1}{2}H(W|\overline{F}) + \frac{1}{4}H(W|\overline{C}) + \frac{1}{4}H(W|\overline{R}) \\ &= -\frac{3}{20} + \log 5 - \frac{9}{10}\log 3 \simeq 0.745462 \end{aligned}$$

---

[4] どうでもよいが，ガウスの命日である．Carolus Fridericus Gauss，1777 年 4 月 30 日 – 1855 年 2 月 23 日，77 歳で亡くなった．7 の多いこと．生まれ年の 1777 は 275 番目の素数である．Shannon と同じ誕生日で命日も一日違い．

この例では条件過多であった．実際，この求め方では，情報源 W の生起確率は不要である．

話を戻そう，今，条件付きエントロピーの定義が済んだわけであるが，これを用いると，自然と理解しやすい形で**相互情報量**を定義できる．つまり，私の明日の天気に関する不確定さが，前夜の天気予報を見ることによって，どれほど減ったのかを表す量を次のように定義する：

$$I(A;B) = H(A) - H(A|B). \quad [\text{ビット}] \tag{5.1}$$

式を見ても分かるように，前夜の天気予報を見る前に持っていた不確定さ $H(A)$ から，天気予報を見た後での明日の天気に関する不確定さ $H(A|B)$ を減じることによって，私が持っている明日の天気に関して減らすことのできた不確定さの量を表している．これは言い換えれば，前夜の天気予報を見た後で，私が獲得した明日の天気に関するより正確な情報量と考えることができる．相互情報量は，別の系の状況を知ることで (今の話では，前夜の天気予報) 現時点で考察の対象下となっている系に関して獲得した正確な情報量を表している．それゆえ，しばしば獲得情報量などとも呼ばれる．

例 5.2　では，例 5.1 で与えられた数値で，相互情報量 $I(W;E)$ を計算してみよう．まず，前夜の天気予報を見る前の私の明日の天気に関する不確定さは，過去のデータから

$$H(W) = -\frac{4}{5}\log\frac{4}{5} - \frac{1}{10}\log\frac{1}{10} - \frac{1}{10}\log\frac{1}{10} = \log 5 - \frac{7}{5} \simeq 0.921928$$

であるが，前夜の天気予報を見たことによって，条件付きエントロピーの分 $H(W|E)$ だけ不確定さが減少して，相互情報量は，

$$I(W;E) = H(W) - H(W|E) = -\frac{5}{4} + \frac{9}{10}\log 3 \simeq 0.176466$$

となる．つまり，前夜の天気予報を見る前と後では，明日の天気に関する不確定さが異なり (前では約 0.92 ビットで後では約 0.75 ビットになり)，結果，前夜の天気予報を見たことによって減らすことのできた不確定さは約 0.17 ビットであることが分かった．

さて，条件付きエントロピーは，その定義から，条件付き確率 $p(a_i|b_j)$ の自己情報量 $-\log p(a_i|b_j)$ を同時確率分布 $p(a_i,b_j)$ で平均化したものとみなすことができる．本来，2 つの情報源を考察する際にはこちらの定義の方が自然と分かりやすいため，先に述べるのであるが，同時確率分布 $p(a_i,b_j)$ の自己情報量 $-\log p(a_i,b_j)$ を同時確率分布 $p(a_i,b_j)$ で平均化したもの，すなわち

$$H(A,B) := -\sum_{j=1}^{m}\sum_{i=1}^{n} p(a_i,b_j)\log p(a_i,b_j) \quad [\text{ビット}]$$

を**同時エントロピー** (**結合エントロピー**) と呼ぶ．

条件付き確率の定義 $p(y)p(x|y)=p(x,y)$ からすぐに，次の**連鎖則** (最初の等号) が成り立つことが分かる．

$$H(A,B) = H(A) + H(B|A) = H(B) + H(A|B) \tag{5.2}$$

問題 17 関係式 (5.2) の最初の等号を示せ．

また，第 3 章で学んだ Shannon の補助定理 (しばしば，**Gibbs 不等式**とも呼ばれる) の補題 3.5 を用いると (つまり本質的には，不等式 (3.9))，次の式を示すことができる．

$$H(A,B) \leq H(A) + H(B). \tag{5.3}$$

なお，等号成立は 2 つの事象系 A, B が互いに独立のときに限る．

問題 18 不等式 (5.3) を示せ．

関係式 (5.2) と不等式 (5.3) から次の不等式の 2 つ目が言える．

$$0 \leq H(A|B) \leq H(A) \leq H(A,B) \tag{5.4}$$

問題 19 不等式 (5.4) を示せ．

また，相互情報量の定義 (5.1)，関係式 (5.2) と不等式 (5.3) から次が言える．

$$I(A;B) = H(A) - H(A|B) = H(B) - H(B|A)$$

$$= H(A) + H(B) - H(A, B) \geq 0. \tag{5.5}$$

5.2　相対エントロピー

それでは次に，(II) の相対エントロピーを用いた方法について説明する．そのため，相対エントロピーについて詳しく論じていく．これは，2 つの確率分布 (確率測度) の間の不確定さを表す量であり，divergence とか Kullback–Leibler 情報量 [66] などとも呼ばれる量で，統計学における十分性との関係で重要な量であるばかりでなく情報理論においても重要な量である．2 つの情報源 A, B が与えられたとき，上記で述べた同時エントロピーは，結合された情報源 A, B が同時に持っている不確定さを表しており，条件付きエントロピーは，片方 (仮に B とする) の情報を確定させたという条件の下でのもう一方 (今の場合は A) の持っている不確定さを表している．相対エントロピーは単純に A, B の間にどれだけの違いがあるか (距離 [5]) が離れているか) を表す量で，抽象的に言えば A, B を比較した量である．そのため，同時エントロピーや条件付きエントロピーさらには，相互情報量の定義において，一般に $|A| \neq |B|$ で良かったが，相対エントロピーの定義においては，$|A| = |B|$ が前提となる．したがって，要素数の等しい 2 つの情報源を考える [6]) :

$$A = \begin{pmatrix} a_1 & a_2 & \cdots & a_n \\ p_1 & p_2 & \cdots & p_n \end{pmatrix}, \qquad B = \begin{pmatrix} b_1 & b_2 & \cdots & b_n \\ q_1 & q_2 & \cdots & q_n \end{pmatrix}$$

同時エントロピーや条件付きエントロピー，さらには，相互情報量の定義において，$H(A, B)$, $H(A|B)$, $I(A; B)$ と情報源によって定まる量として表記したが，第 3 章で最初に定義した Shannon エントロピーの表記法 $H(\boldsymbol{p})$ に準じて，相対エントロピーも離散確率分布に対して次のように定義しよう．

定義 5.3　$\boldsymbol{p}, \boldsymbol{q} \in \Delta_n$ に対して，**相対エントロピー** (divergence，KL 情報量)

---

[5]) 後に分かるが，残念ながら数学的な距離の公理を満たさない．(例えば，対称性など．) しかし，相対エントロピーは確率分布どうしのある種の違い (距離) を表す量と解釈されている．

[6]) $|A| = |B| = n$ に注意せよ．

を

$$D(\boldsymbol{p}|\boldsymbol{q}) := \sum_{j=1}^{n} p_j \log \frac{p_j}{q_j} \tag{5.6}$$

で定義する．ただし，$0\log\dfrac{0}{0} \equiv 0$, $0\log\dfrac{0}{q} \equiv 0$, $p\log\dfrac{p}{0} \equiv \infty$ $(p>0)$ と規約する．(すなわち，ある添え字番号 j で $p_j > 0$ かつ $q_j = 0$ となってしなった場合，$D(\boldsymbol{p}|\boldsymbol{q}) = \infty$ である．)

注 5.1 $D(\boldsymbol{p}|\boldsymbol{q})$ の定義において，log の底を 2 とした．相対エントロピーはそもそも情報の単位ビットとの関係で研究対象とされていなかったため，本来はその底を 2 に拘る必要がない．特に，相対エントロピーの数学的性質を証明する際には，自然対数の方が面倒が少ない．しかし，相互情報量を定義する際には，底は 2 のままの方が自然であろう．いずれにしても底の変換を行えば，

$$D(\boldsymbol{p}|\boldsymbol{q}) = \frac{1}{\ln 2}\sum_{j=1}^{n} p_j \ln \frac{p_j}{q_j}$$

という単なる定数倍の違いなので本質的な問題とならない．ある性質を証明する場合には，次のような手続きで済むことに注意しよう [7]．

(a) 底の変換で自然対数にする．
(b) 自然対数の底で，示すべき性質を証明する．
(c) 再び底の変換をしてもとに戻す．

(もちろん，$\log_2$ のまま微分などを行い，示すべき性質を直接証明することも有り得る．)

それでは，相対エントロピーの性質について紹介していく．まず，付録 B で示している Jensen の不等式 (236 ページ) を用いると，次の興味深い不等式を得る．これはしばしば，**対数和不等式**と呼ばれる．

命題 5.4 $\alpha_i, \beta_i \geq 0$ $(i = 1, 2, \cdots, n)$ に対して，次が成り立つ．

---

[7] したがって，ある性質の証明の本質的部分は (b) に相当するので，(a), (c) についてイチイチ記述しないことも有り得る．

$$\sum_{i=1}^{n}\alpha_i\log\frac{\alpha_i}{\beta_i}\geq\left(\sum_{i=1}^{n}\alpha_i\right)\log\frac{\sum_{i=1}^{n}\alpha_i}{\sum_{i=1}^{n}\beta_i}.$$

証明　対数の底は変換するとして，はじめに簡単のため自然対数で証明する．$f(x)=\ln x$ は上に凸な関数だから Jensen の不等式より $c_i\geq 0$, $\sum_{i=1}^{n}c_i=1$ に対して

$$\sum_{i=1}^{n}c_i f(t_i)\leq f\left(\sum_{i=1}^{n}c_i t_i\right).$$

上の式で，$c_i=\dfrac{\alpha_i}{\sum_{i=1}^{n}\alpha_i}$, $t_i=\dfrac{\beta_i}{\alpha_i}$ とおくと，

$$\sum_{i=1}^{n}\frac{\alpha_i}{\sum_{i=1}^{n}\alpha_i}\ln\left(\frac{\beta_i}{\alpha_i}\right)\leq\ln\left(\sum_{i=1}^{n}\frac{\alpha_i}{\sum_{i=1}^{n}\alpha_i}\frac{\beta_i}{\alpha_i}\right)$$

$$\Longrightarrow\sum_{i=1}^{n}\alpha_i\ln\left(\frac{\beta_i}{\alpha_i}\right)\leq\sum_{i=1}^{n}\alpha_i\ln\left(\frac{\sum_{i=1}^{n}\beta_i}{\sum_{i=1}^{n}\alpha_i}\right).$$

最後の式で，ln の中の分母・分子を入れ替えて，マイナス倍をして，不等号の向きを変え，さらに，底の変換をし，両辺を $\ln 2$ で割れば所望の式が得られる．　□

次の性質 (相対エントロピーの単調性) を示すにあたり，次章で本格的に取り上げる通信路行列について簡単に述べておく．アルファベット集合 (有限集合) $A=\{a_1,a_2,\cdots,a_n\}$, $B=\{b_1,b_2,\cdots,b_m\}$ に対して，**離散的無記憶通信路**を表す**確率遷移行列** $W:A\longrightarrow B$ は，条件付き確率を成分に持つ (n,m) 型行列 $W=(w_{ij})_{i=1,\cdots,n;j=1,\cdots,m}$ と同一視して定義される．ここで W を通信路行列として考える場合，$w_{ij}=\Pr(b_j|a_i)$ であり，これは入力で記号 a_i を送信

したという条件の下で出力で b_j を受信する条件付き確率である[8]．このとき，確率遷移行列の定義からその各行の (横成分の) 和が 1 であるので，任意の $i = 1, \cdots, n$ に対して $\sum_{j=1}^{m} w_{ij} = 1$ である．また，入力系 A における 2 つの異なる分布を $\boldsymbol{p} = \left(p_i^{(\mathrm{in})}\right)_{i=1,\cdots,n}$, $\boldsymbol{q} = \left(q_i^{(\mathrm{in})}\right)_{i=1,\cdots,n}$ と書く．このとき，$\sum_{i=1}^{n} p_i^{(\mathrm{in})} = \sum_{i=1}^{n} q_i^{(\mathrm{in})} = 1$ であり出力系 B の分布は，$W = (w_{ij})_{i=1,\cdots,n;\, j=1,\cdots,m}$ を用いて，

$$W\boldsymbol{p} = \left(p_j^{(\mathrm{out})}\right)_{j=1,\cdots,m}, \qquad W\boldsymbol{q} = \left(q_j^{(\mathrm{out})}\right)_{j=1,\cdots,m},$$

$$p_j^{(\mathrm{out})} = \sum_{i=1}^{n} p_i^{(\mathrm{in})} w_{ij}, \qquad q_j^{(\mathrm{out})} = \sum_{i=1}^{n} q_i^{(\mathrm{in})} w_{ij}$$

と表される．このとき，$\sum_{j=1}^{m} p_j^{(\mathrm{out})} = \sum_{j=1}^{m} q_j^{(\mathrm{out})} = 1$ である． 行列とベクトルの演算の仕方にも注意が必要である．例えば，

$$\begin{pmatrix} p_1^{(\mathrm{out})} & \cdots & p_m^{(\mathrm{out})} \end{pmatrix} = \begin{pmatrix} p_1^{(\mathrm{in})} & \cdots & p_n^{(\mathrm{in})} \end{pmatrix} \begin{pmatrix} w_{11} & \cdots & w_{1m} \\ \vdots & \ddots & \vdots \\ w_{n1} & \cdots & w_{nm} \end{pmatrix}.$$

相対エントロピーに対して次の性質が成り立つ．

命題 5.5 (i) **非負性**：$D(\boldsymbol{p}|\boldsymbol{q}) \geq 0$.

(ii) **対称性**：$D(p_{\pi(1)}, \cdots, p_{\pi(n)} \,|q_{\pi(1)}, \cdots, q_{\pi(n)}\,)$
$= D(p_1, \cdots, p_n \,|q_1, \cdots, q_n\,)$．ただし π は置換である．

(iii) **拡張性**：$D(p_1, \cdots, p_n, 0 \,|q_1, \cdots, q_n, 0\,) = D(p_1, \cdots, p_n \,|q_1, \cdots, q_n\,)$.

(iv) **強加法性**: ある事象 i がさらに 2 つの事象 i_1, i_2 に分割される場合に，次の関係が成立する．ただし，$p_i = p_{i_1} + p_{i_2}, q_i = q_{i_1} + q_{i_2}$ である．

$$D(p_1, \cdots, p_{i-1}, p_{i_1}, p_{i_2}, p_{i+1}, \cdots, p_n \,|q_1, \cdots, q_{i-1}, q_{i_1}, q_{i_2}, q_{i+1}, \cdots, q_n\,)$$

---

[8] 本節での相対エントロピーの性質を示す上では，条件付き確率 $\Pr(b_j|a_i)$ をあからさまに意識せずに，行列の成分 w_{ij} のままの計算で済む．

$$= D(p_1, \cdots, p_n \,|q_1, \cdots, q_n\,) + p_i D\left(\frac{p_{i_1}}{p_i}, \frac{p_{i_2}}{p_i} \,\middle|\, \frac{q_{i_1}}{q_i}, \frac{q_{i_2}}{q_i}\right).$$

(v) **同時凸性**：$\boldsymbol{p}^{(1)}, \boldsymbol{p}^{(2)}, \boldsymbol{q}^{(1)}, \boldsymbol{q}^{(2)} \in \Delta_n$ および $0 \leq \lambda \leq 1$ に対して，

$$D\big((1-\lambda)\boldsymbol{p}^{(1)} + \lambda\boldsymbol{p}^{(2)} | (1-\lambda)\boldsymbol{q}^{(1)} + \lambda\boldsymbol{q}^{(2)}\big)$$
$$\leq (1-\lambda)D\big(\boldsymbol{p}^{(1)}|\boldsymbol{q}^{(1)}\big) + \lambda D\big(\boldsymbol{p}^{(2)}|\boldsymbol{q}^{(2)}\big).$$

(vi) **単調性**：確率遷移行列 $W = (w_{ij})_{i=1,\cdots,n, j=1,\cdots,m}$ に対して，

$$D(W\boldsymbol{p}\,|W\boldsymbol{q}\,) \leq D(\boldsymbol{p}\,|\boldsymbol{q}\,).$$

証明　(i) 命題 5.4 で，すべての $i = 1, 2, \cdots, n$ に対して α_i を p_i，β_i を q_i とすれば良い．ただし，$\boldsymbol{p} = \{p_1, \cdots, p_n\}$，$\boldsymbol{q} = \{q_1, \cdots, q_n\}$．(別証として，補題 3.5 からも直ちに示せる．)

(ii) 和を取る順序に依存しないので自明である．

(iii) $0 \log \frac{0}{0} \equiv 0$ と規約しているので自明である．

(iv) 対数の底は変換すればよいので，自然対数の場合に証明する．$KL(x, y) := x \ln \frac{x}{y}$ とおくと，$KL(x_1 x_2, y_1 y_2) = x_2 KL(x_1, y_1) + x_1 KL(x_2, y_2)$ である．これに注意して，$p_{i_1} = p_i\,(1-s)\,, p_{i_2} = p_i s$, $q_{i_1} = q_i\,(1-t)\,$, $q_{i_2} = q_i t$ とおくと，

$$D\,(p_1, \cdots, p_{i-1}, p_{i_1}, p_{i_2}, p_{i+1}, \cdots, p_n \,|q_1, \cdots, q_{i-1}, q_{i_1}, q_{i_2}, q_{i+1}, \cdots, q_n\,)$$
$$= KL(p_{i_1}, q_{i_1}) + KL(p_{i_2}, q_{i_2}) + \sum_{i=1}^{n} KL(p_i, q_i) - KL(p_i, q_i)$$
$$= KL(p_i\,(1-s)\,, q_i\,(1-t)) + KL(p_i s, q_i t)$$
$$+ \sum_{i=1}^{n} KL(p_i, q_i) - KL(p_i, q_i)$$
$$= (1-s)\,KL(p_i, q_i) + p_i KL(1-s, 1-t) + sKL(p_i, q_i)$$
$$+ p_i KL(s, t) + \sum_{i=1}^{n} KL(p_i, q_i) - KL(p_i, q_i)$$
$$= \sum_{i=1}^{n} KL(p_i, q_i) + p_i\,\{KL(1-s, 1-t) + KL(s, t)\}$$

$$= D(p_1, \cdots, p_n | q_1, \cdots, q_n) + p_i D\left(\frac{p_{i_1}}{p_i}, \frac{p_{i_2}}{p_i} \middle| \frac{q_{i_1}}{q_i}, \frac{q_{i_2}}{q_i}\right)$$

(v) 命題 5.4 で，$n = 2$ の場合に，$\alpha_1 = (1-\lambda)p_i^{(1)}$，$\alpha_2 = \lambda p_i^{(2)}$，$\beta_1 = (1-\lambda)q_i^{(1)}$，$\beta_2 = \lambda q_i^{(2)}$ とおくと

$$\left((1-\lambda)p_i^{(1)} + \lambda p_i^{(2)}\right) \ln \frac{\left((1-\lambda)p_i^{(1)} + \lambda p_i^{(2)}\right)}{\left((1-\lambda)q_i^{(1)} + \lambda q_i^{(2)}\right)}$$
$$\leq (1-\lambda)p_i^{(1)} \ln \frac{(1-\lambda)p_i^{(1)}}{(1-\lambda)q_i^{(1)}} + \lambda p_i^{(2)} \ln \frac{\lambda p_i^{(2)}}{\lambda q_i^{(2)}}$$

よって，$i = 1, 2, \cdots, n$ に関して和を取って，底の変換を行い，両辺を $\ln 2$ で割ればよい．

(vi) 下記の計算による．途中，命題 5.4 (対数和不等式) および $\sum_{j=1}^{m} w_{ij} = 1$ を用いた．

$$\begin{aligned}
D(W\boldsymbol{p} | W\boldsymbol{q}) &= \sum_{j=1}^{m} p_j^{(\mathrm{out})} \log \frac{p_j^{(\mathrm{out})}}{q_j^{(\mathrm{out})}} \\
&= \sum_{j=1}^{m} \left(\sum_{i=1}^{n} p_i^{(\mathrm{in})} w_{ij} \log \frac{\sum_{i=1}^{n} p_i^{(\mathrm{in})} w_{ij}}{\sum_{i=1}^{n} q_i^{(in)} w_{ij}} \right) \\
&\leq \sum_{j=1}^{m} \left(\sum_{i=1}^{n} p_i^{(in)} w_{ij} \log \frac{p_i^{(\mathrm{in})} w_{ij}}{q_i^{(\mathrm{in})} w_{ij}} \right) \\
&= \sum_{i=1}^{n} p_i^{(in)} \log \frac{p_i^{(in)}}{q_i^{(\mathrm{in})}} = D(\boldsymbol{p} | \boldsymbol{q}) .
\end{aligned}$$
□

命題 5.5(vi) で，$\boldsymbol{q} = \left(q_i^{(\mathrm{in})}\right)_{i=1,\cdots,n}$ で，$q_i^{(in)} = \dfrac{1}{n}$ $(i = 1, \cdots, n)$ と取り，W を**二重確率遷移行列**と仮定する．つまり，$\sum_{i=1}^{n} w_{ij} = 1$ $(j = 1, 2, \cdots, m)$ と

仮定する．するとまず，二重確率遷移行列の条件 $\sum_{j=1}^{m} w_{ij} = 1\ (i = 1, 2, \cdots, n)$ および $\sum_{i=1}^{n} w_{ij} = 1\ (j = 1, 2, \cdots, m)$ から，W は正方行列でなければならない．そこで，$m = n$ とし，W を n 次正方行列とする．またこのとき，$q_j^{(\mathrm{out})} = \frac{1}{n}\sum_{i=1}^{n} w_{ij} = \frac{1}{n}\ (j = 1, \cdots, n)$ なので，次を得る：

$$\begin{aligned} D(W\boldsymbol{p}|W\boldsymbol{q}) &= \sum_{j=1}^{n} p_j^{(\mathrm{out})} \log \frac{p_j^{(\mathrm{out})}}{q_j^{(\mathrm{out})}} = -H(W\boldsymbol{p}) - \sum_{j=1}^{n} p_j^{(\mathrm{out})} \log \frac{1}{n} \\ &= -H(W\boldsymbol{p}) + \log n. \end{aligned}$$

さらに，

$$D(\boldsymbol{p}|\boldsymbol{q}) = -H(\boldsymbol{p}) + \log n$$

なので，これらと，命題 5.5(vi) の単調性 $D\,(W\boldsymbol{p}\,|W\boldsymbol{q}\,) \leq D(\boldsymbol{p}|\boldsymbol{q})$ より

$$H(W\boldsymbol{p}) \geq H(\boldsymbol{p})$$

が導かれる．この不等式は熱力学の第 2 法則 (**エントロピーの増大原理**) の形となっていることに注意しよう．すなわち，なんらかの遷移を繰り返すことによって，エントロピーが増大していくことを示している．

問題 20　W が二重確率遷移行列ならば，W は正方行列であることを示せ．

さて，この相対エントロピーを用いて相互情報量 $I(A;B)$ を次のように定義する．これが，本節の冒頭で宣言した (II) の定義の仕方である．

定義 5.6　$I(A;B) := D(p(a_i, b_j)|p(a_i)p(b_j)).$　(5.7)

ここで，一般に $D(\boldsymbol{p}|\boldsymbol{q}) \neq D(\boldsymbol{q}|\boldsymbol{p})$ である (したがって，数学的な**距離**の公理の 1 つである対称性を満たさない) が，$I(A;B) = I(B;A)$ であることに注意しよう．

簡単に距離について説明しておく．

公理 5.1 集合 M を考え，$d: M \times M \longrightarrow \mathbb{R}$ とする．任意の $\boldsymbol{x}, \boldsymbol{y} \in M$ に対して，$d(\boldsymbol{x}, \boldsymbol{y})$ が次の条件を満たすとき，d を M 上の距離という．また，(M, d) を距離空間という．

(M1) **非負性**：$d(\boldsymbol{x}, \boldsymbol{y}) \geq 0$. $d(\boldsymbol{x}, \boldsymbol{y}) = 0 \Longleftrightarrow \boldsymbol{x} = \boldsymbol{y}$.
(M2) **対称性**：$d(\boldsymbol{x}, \boldsymbol{y}) = d(\boldsymbol{y}, \boldsymbol{x})$.
(M3) **三角不等式**：任意の $\boldsymbol{x}, \boldsymbol{y}, \boldsymbol{z} \in M$ に対して，$d(\boldsymbol{x}, \boldsymbol{y}) \leq d(\boldsymbol{x}, \boldsymbol{z}) + d(\boldsymbol{z}, \boldsymbol{y})$.

さて，ここで $p(a_i, b_j)$ は 2 つの事象 a_i, b_j が同時に生起する確率である．$p(a_i)p(b_j)$ はそれぞれの生起確率の単なる積である．ただし，$i = 1, 2, \cdots, n$; $j = 1, 2, \cdots, m$ としておこう．(5.7) 式の右辺を相対エントロピーの定義に従って計算してみよう．その際に，先に注意したように 2 つの添え字 i, j を 1 つの添え字にまとめて (仮に k など) から相対エントロピーの定義 (これは 1 つの添え字によって定義されていた．その添え字を k だと思い，和で書き下すところで，2 つの添え字 i, j の 2 重和で計算して良いことに注意する) より

$$
\begin{aligned}
&D(p(a_i, b_j)|p(a_i)p(b_j)) \\
&= \sum_{i=1}^{n} \sum_{j=1}^{m} p(a_i, b_j) \log \frac{p(a_i, b_j)}{p(a_i)p(b_j)} \\
&= \sum_{i=1}^{n} \sum_{j=1}^{m} p(a_i, b_j) \log p(a_i, b_j) \\
&\quad - \sum_{i=1}^{n} \sum_{j=1}^{m} p(a_i, b_j) \log p(a_i) - \sum_{i=1}^{n} \sum_{j=1}^{m} p(a_i, b_j) \log p(b_j) \\
&= -H(A, B) - \sum_{i=1}^{n} p(a_i) \log p(a_i) - \sum_{j=1}^{m} p(b_j) \log p(b_j) \\
&= H(A) + H(B) - H(A, B)
\end{aligned}
$$

となって，(5.5) より，相互情報量の定義式 (5.1) に一致することが分かる．なお，上の式変形の過程で，**全確率の和の公式** [9]：

[9] 最後の等号は，事象系 B と B の下での条件付き確率分布 $p(\cdot|B) > 0$ の組 $(B, p(\cdot|B))$ が 1 つの確率空間を成すことによる．つまり，固定された j に対して $\sum_{i=1}^{n} p(a_i|b_j) = 1$ であること．(確率論の用語・記号の使い方は厳密でない．)

$$\sum_{i=1}^{n} p(a_i, b_j) = \sum_{i=1}^{n} p(b_j)p(a_i|b_j) = p(b_j) \sum_{i=1}^{n} p(a_i|b_j) = p(b_j)$$

を用いた．$p(a_i, b_j)$ を同時分布というのに対して $p(b_j)$ や $p(a_i)$ を**周辺分布**と呼ぶことがある．

定義 5.6 により，相互情報量は相対エントロピーの特別な形なので，命題 5.5 (vi) が適用できて，

$$I(WA; WB) \leq I(A; B) \tag{5.8}$$

が成立する．条件付き確率を用いた相互情報量の定義の際に説明したように，相互情報量は，系 B の情報を知ることによって系 A が持つ不確定さをどれだけ減らすことができたか，すなわち，系 B の情報を知ることによって系 A はどれだけ正確な情報を得たかを表す量であった．(5.8) は，W という遷移を通すことによって，正確な情報量は減少することを意味する．この意味の分かりやすい例としては次章で取り上げる通信路がある．すなわち，A を入力系，B を出力系，W を通信路とすると，相互情報量は，出力系 B の情報 (受信したもの) を知ることによって，入力系 A が何を送信したのかを表す情報量と考えられる．出力系 B の情報を知らなければ，入力系 A に関する不確定さは大きく，それを知ることによって，その不確定さは格段に減少することが明白である．とくに，通信路の信頼性が高ければ高いほど，それは明確になる確率が高い．このとき，通信路 W の信頼性は 100 パーセントとは限らない．ノイズが入ることも損失が起こることも考えられる．ゆえに，通信路 W を通したほうが正確性が損なわれることも明らかであろう．不等式 (5.8) はそのように理解すると良い．なお，不等式 (5.8) や命題 5.5(vi) の不等式は，**情報処理不等式**と呼ばれる．オリジナルの情報になんらかの処理をすると正確な情報量は失われていく一方であることを意味している．または，そういった処理を加えることによって (2 つの分布の違いを表している相対エントロピーでは) 2 つの系の違いを区別しづらくなることを意味している．(差異が小さくなっていくため．)

相対エントロピーの一意性定理 (公理的特徴付け) には，A. Hobson [44] によるものがあるので紹介しておこう．

定理 5.7　(相対エントロピーの一意性定理 [44])　2 つの確率分布 $\boldsymbol{p}, \boldsymbol{q} \in \Delta_n$

に対して定義された関数 $D(\boldsymbol{p}|\boldsymbol{q})$ が次の条件を満たすとき，ある定数 $k>0$ が存在して，$D(\boldsymbol{p}|\boldsymbol{q}) = k\sum_{j=1}^{n} p_j \log \frac{p_j}{q_j}$ と書ける．

(H1) **連続性**： $D(\boldsymbol{p}|\boldsymbol{q})$ は $2n$ 個の変数 p_j, q_j $(j=1,2,\cdots,n)$ に関して連続である．

(H2) **対称性**：

$$\begin{aligned}&D(p_1,\cdots,p_j,\cdots,p_k,\cdots,p_n|q_1,\cdots,q_j,\cdots,q_k,\cdots,q_n)\\&\quad = D(p_1,\cdots,p_k,\cdots,p_j,\cdots,p_n|q_1,\cdots,q_k,\cdots,q_j,\cdots,q_n)\,.\end{aligned}$$

(H3) **加法性**：

$$\begin{aligned}&D(p_{1,1},\cdots,p_{1,m},p_{2,1},\cdots,p_{2,m}|q_{1,1},\cdots,q_{1,m},q_{2,1},\cdots,q_{2,m})\\&\quad = D(s_1,s_2\,|t_1,t_2\,) + s_1 D\Big(\frac{p_{1,1}}{s_1},\cdots,\frac{p_{1,m}}{s_1}\Big|\frac{q_{1,1}}{t_1},\cdots,\frac{q_{1,m}}{t_1}\Big)\\&\qquad + s_2 D\Big(\frac{p_{2,1}}{s_2},\cdots,\frac{p_{2,m}}{s_2}\Big|\frac{q_{2,1}}{t_2},\cdots,\frac{q_{2,m}}{t_2}\Big)\,.\end{aligned}$$

ただし $s_i = \sum_{j=1}^{m} p_{i,j}$， $t_i = \sum_{j=1}^{m} q_{i,j}$ である．

(H4) すべての j に対して $p_j = q_j$ ならば，$D(\boldsymbol{p}|\boldsymbol{q}) = 0$ である．

(H5) $D\Big(\frac{1}{n},\cdots,\frac{1}{n},0,\cdots,0\Big|\frac{1}{n_0},\cdots,\frac{1}{n_0}\Big)$ は n_0 に関して増加関数であり，n に関して減少関数である．ただし，n と n_0 は $n_0 \geq n$ を満たす整数である．

証明は省略する．[1], [55] などが参考になると思われる．また，定理 5.7 のパラメータ拡張した結果としては，[73], [23] がある．

ここで，あまり話題になる量ではないが，

$$H^{(\mathrm{cross})}(\boldsymbol{p},\boldsymbol{q}) = D(\boldsymbol{p}|\boldsymbol{q}) + H(\boldsymbol{p}) = -\sum_{i=1}^{n} p_i \log q_i \tag{5.9}$$

は **Cross エントロピー** [11] または Kerridge の不正確さ [61], [1], [55] などと呼ばれている．この Cross エントロピーに関する話題を 1 つ取り上げる．

例 5.8　Shannon エントロピーの定義で $n=2$ の場合，つまり

$$H_b(p) = -p\log p - (1-p)\log(1-p) \qquad (0 \le p \le 1)$$

を **2 値エントロピー** (binary エントロピー) と呼ぶ．また，同様に相対エントロピーの場合は，次のようになるが，私の知る限り，特に呼び名は知られていないが，本書では便宜上，2 値相対エントロピーと呼んでおこう．

$$D_b(p|q) = p\log\frac{p}{q} + (1-p)\log\frac{1-p}{1-q} \qquad (0 \le p, q \le 1)$$

ここでも，$0\log 0 \equiv 0$ の規約などに注意して，p, q の範囲を上に記した．このとき，Cross エントロピーは，

$$H_b^{(\mathrm{cross})}(p,q) = -p\log q - (1-p)\log(1-q)$$

である．まず，2 値エントロピー $H_b(p)$ のグラフは，下記のような上に凸な曲線になる．$p=\dfrac{1}{2}$ のときに最大値 1 を取ることも確認できる．

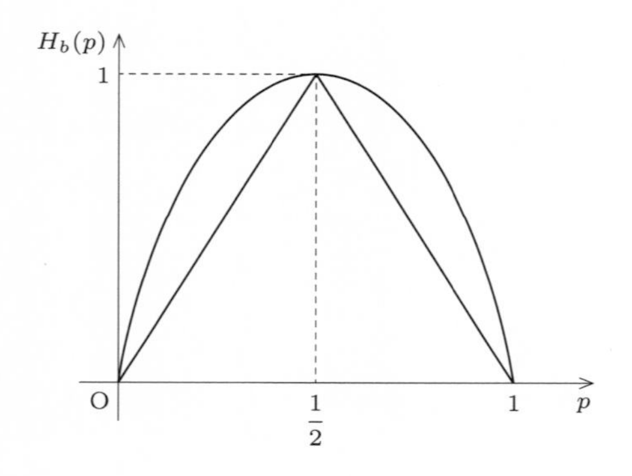

問題 21　2 値エントロピー $H_b(p)$ の導関数，2 次導関数を計算しグラフを描け．また，

$$H_b(p) \ge 1 - |1-2p| \qquad (0 \le p \le 1)$$

を示せ．グラフから明らかであるが，解析的に証明せよ．

次に 2 値エントロピー $H_b(x) = -x\log x - (1-x)\log(1-x)$ の $x = q$ における接線の方程式 ℓ は,

$$\ell\,:\, y = \left(\log\frac{1-q}{q}\right)(x-q) + H_b(q) \tag{5.10}$$

となる．また，点 $x = p$ における接線 ℓ の y 座標 $H_b^{(\mathrm{cross})}(p,q)$ と 2 値エントロピー $H_b(p)$ の差が 2 値相対エントロピー $D_b(p|q)$ となる．すなわち,

$$H_b^{(\mathrm{cross})}(p,q) - H_b(p) = D_b(p|q) \tag{5.11}$$

が成り立つ.

問題 22　(5.10) および (5.11) を示せ.

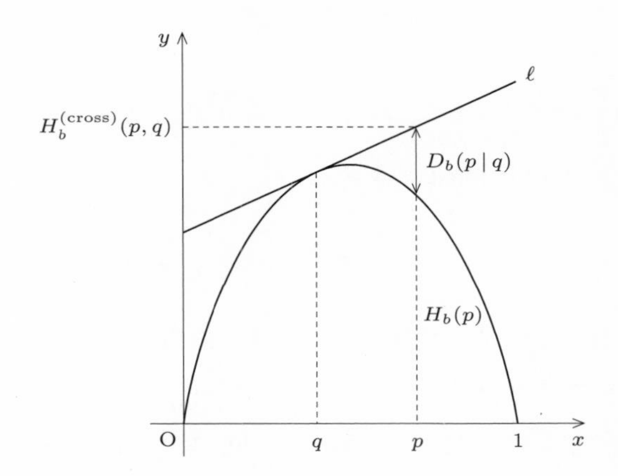

次に，Pinsker の不等式 [83] を証明する．これは，相対エントロピーの下界が変動距離によって抑えられることを表している．M. S. Pinsker のオリジナルの結果 [83] はここで紹介するものよりも小さい定数であったが，その後，I. Csiszár や S. Kullback やその他の研究者によって改善されたものである [107]．したがって，相対エントロピーに関する収束が $\boldsymbol{l_1}$ **ノルム**に関する収束に帰着することを意味している.

ここで，ノルムについて説明しておこう．簡単のため線形空間 (ベクトル空間) V を考える．その要素 $\boldsymbol{x} \in V$ はベクトルであるが，確率分布 $\boldsymbol{p}$ もベクトルの一種と考えてよいだろう [10)]．さて，$\boldsymbol{x} \in V$ に対応させた実数値関数 $||\boldsymbol{x}||$ で，次の条件を満たすとき，$||\cdot|| : V \longrightarrow \mathbb{R}$ をノルム (ベクトルの大きさ) という．

(N1) **非負性**： $||\boldsymbol{x}|| \geq 0$. $||\boldsymbol{x}|| = 0 \Longleftrightarrow \boldsymbol{x} = \boldsymbol{0}$.
(N2) **斉次性**： $||c\boldsymbol{x}|| = |\,c\,|\,||\boldsymbol{x}||$ $(\boldsymbol{x} \in V,\ c \in \mathbb{R})$.
(N3) **三角不等式**： $||\boldsymbol{x} + \boldsymbol{y}|| \leq ||\boldsymbol{x}|| + ||\boldsymbol{y}||$ $(\boldsymbol{x}, \boldsymbol{y} \in V)$.

良く知られたノルムとして次の $\boldsymbol{l_p}$ **ノルム**を紹介しておく．ベクトル $\boldsymbol{x} = (x_1, \cdots, x_n)$ に対して，

$$||\boldsymbol{x}||_p = \left(\sum_{i=1}^{n} |x_i|^p \right)^{1/p}.$$

ここで，$p = 1$ のときが，l_1 ノルム $||\boldsymbol{x}||_1 = \sum_{i=1}^{n} |x_i|$ である．また，$p = 2$ のとき，$\boldsymbol{l_2}$ **ノルム (Euclidean ノルム)**

$$||\boldsymbol{x}||_2 = \left(\sum_{i=1}^{n} |x_i|^2 \right)^{1/2} = \sqrt{(\boldsymbol{x}, \boldsymbol{x})}$$

は良く知られている．ただし，$(\cdot,\cdot)$ はベクトルの内積である．$p = \infty$ のとき，$\boldsymbol{l_\infty}$ **ノルムは max ノルム**と呼ばれ $||\boldsymbol{x}||_\infty = \max_{1 \leq i \leq n} |x_i|$ である．

以下の証明手法は主に [12] を参考にしたが，[39], [107] も参考になる．また，パラメータ拡張した場合や非可換の場合の結果については [36] も参考になるかもしれない．まず，変動距離を定義する．

定義 5.9 $\boldsymbol{p}, \boldsymbol{q} \in \Delta_n$ に対して，

$$||\boldsymbol{p} - \boldsymbol{q}||_1 = \sum_{j=1}^{n} |p_j - q_j|$$

[10)] 要素はすべて非負なので，下記に示す l_p ノルムで絶対値は不要である．ノルムの定義もより一般的なものがあるがここではこれで事足りるであろう．

を $\boldsymbol{p}$ と $\boldsymbol{q}$ の**変動距離** (variational distance, l_1 距離) という.

補題 5.10 $J = \{j : p_j > q_j\}$ とすると,

$$||\boldsymbol{p} - \boldsymbol{q}||_1 = 2(\boldsymbol{p}(J) - \boldsymbol{q}(J)).$$

ただし, $\boldsymbol{p}(J) = \sum_{j \in J} p_j$ などと略記する.

証明 以下の計算によって示される.

$$\begin{aligned}
||\boldsymbol{p} - \boldsymbol{q}||_1 &= \sum_{j=1}^{n} |p_j - q_j| = \sum_{j \in J} (p_j - q_j) + \sum_{j \in J^c} (q_j - p_j) \\
&= \boldsymbol{p}(J) - \boldsymbol{q}(J) + \boldsymbol{q}(J^c) - \boldsymbol{p}(J^c) \\
&= \boldsymbol{p}(J) - \boldsymbol{q}(J) + 1 - \boldsymbol{q}(J) - 1 + \boldsymbol{p}(J) = 2(\boldsymbol{p}(J) - \boldsymbol{q}(J)). \quad \square
\end{aligned}$$

定理 5.11 (Pinsker の不等式)

$$D(\boldsymbol{p}|\boldsymbol{q}) \geq \frac{1}{2\ln 2} ||\boldsymbol{p} - \boldsymbol{q}||_1^2.$$

証明 最初に, 2 値相対エントロピーの場合

$$p \log \frac{p}{q} + (1-p) \log \frac{1-p}{1-q} \geq \frac{4}{2\ln 2}(p-q)^2 \tag{5.12}$$

を示す. そこで,

$$g(x, y) := x \log \frac{x}{y} + (1-x) \log \frac{1-x}{1-y} - \frac{4}{2\ln 2}(x-y)^2 \qquad (0 < x, y < 1)$$

とおく. これを y の関数とみて, y で微分すると

$$\frac{dg(x,y)}{dy} = \frac{(y-x)}{\ln 2} \left(\frac{1}{y(1-y)} - 4 \right). \tag{5.13}$$

ここで, 任意の $y \in \mathbb{R}$ に対して $y(1-y) \leq \frac{1}{4}$ なので, $0 < y < 1$ のとき $\frac{1}{y(1-y)} - 4 \geq 0$. よって, $\frac{dg(x,y)}{dy} = 0 \Longleftrightarrow y = x$ であり, また $y \leq x$

のとき $\dfrac{dg(x,y)}{dy} \leq 0$ であり，$y \geq x$ のとき $\dfrac{dg(x,y)}{dy} \geq 0$ である．ゆえに，$g(x,y) \geq g(x,x) = 0$．これによって，$n = 2$ の場合が示された．

次に，$J = \{j : p_j > q_j\}$ とし，$\hat{\boldsymbol{p}} = (\boldsymbol{p}(J), \boldsymbol{p}(J^c))$，$\hat{\boldsymbol{q}} = (\boldsymbol{q}(J), \boldsymbol{q}(J^c))$ とする．ここで，確率遷移行列 W を $W : \boldsymbol{p} \longrightarrow \hat{\boldsymbol{p}}$, $W : \boldsymbol{q} \longrightarrow \hat{\boldsymbol{q}}$ と定めると，相対エントロピーの単調性 (情報処理不等式) つまり命題 5.5 (vi)，$n = 2$ の場合の結果，および補題 5.10 によって，

$$\begin{aligned} D(\boldsymbol{p}|\boldsymbol{q}) &\geq D(W\boldsymbol{p}|W\boldsymbol{q}) = D(\hat{\boldsymbol{p}}|\hat{\boldsymbol{q}}) \\ &\geq \frac{4}{2\ln 2}\left(\boldsymbol{p}(J) - \boldsymbol{q}(J)\right)^2 = \frac{1}{2\ln 2}||\boldsymbol{p} - \boldsymbol{q}||_1^2 \end{aligned}$$

が示される． □

問題 23　(5.13) の計算を確認せよ．また，任意の $y \in \mathbb{R}$ に対して，不等式 $y(1-y) \leq \dfrac{1}{4}$ を示せ．

相対エントロピーの l_1 ノルムによる下界を示したので，Shannon エントロピーの l_1 ノルムによる上界も示しておこう．こちらも主に [12] を参考にしたが，細かい点で証明を変えている．すなわち，利用する不等式の証明は，直接的な計算により示す．いくつか準備を行おう．$x > 0$ に対して関数 $\phi(x) := x\log x$ を定義する．

補題 5.12　$0 < v \leq \dfrac{1}{2}$ のとき，

$$\phi(v) \leq \phi(1-v).$$

証明　$f(v) = v\log v - (1-v)\log(1-v)$ とおく．$f''(v) = \dfrac{1}{\ln 2}\dfrac{1-2v}{v(1-v)} \geq 0$．よって，$f$ は下に凸で，$f(0) = 0$, $f\left(\dfrac{1}{2}\right) = 0$ なので，$f(v) \leq 0$． □

補題 5.13　$0 < t \leq 1-v$, $0 < v \leq \dfrac{1}{2}$ のとき，

$$|\phi(t+v)-\phi(t)| \leq -\phi(v). \tag{5.14}$$

証明 次を示せばよい.

$$v\log v \leq -t\log t + (t+v)\log(t+v) \leq -v\log v. \tag{5.15}$$

そこで，$g(t) = -t\log t + (t+v)\log(t+v) - v\log v$ とおく．すると，$g'(t) = \log\dfrac{t+v}{t} > 0$ より $g(t) > g(0) = 0$ となって，(5.15) の第一の不等式が示された．次に，$h(t) = -t\log t + (t+v)\log(t+v) + v\log v$ とおくと，同様に $h'(t) = \log\dfrac{t+v}{t} > 0$ より，$h(t) \leq h(1-v) = v\log v - (1-v)\log(1-v) \leq 0$ となって，(5.15) の第二の不等式が得られる．最後の不等号は補題 5.12 による．以上により (5.14) は示された． □

定理 5.14 $\boldsymbol{p}, \boldsymbol{q} \in \Delta_n$ が

$$||\boldsymbol{p}-\boldsymbol{q}||_1 := \sum_{j=1}^{n} |p_j - q_j| \leq \frac{1}{2} \tag{5.16}$$

を満たすとき，

$$|H(\boldsymbol{p}) - H(\boldsymbol{q})| \leq -||\boldsymbol{p}-\boldsymbol{q}||_1 \log\frac{||\boldsymbol{p}-\boldsymbol{q}||_1}{n}$$

が成り立つ.

証明 補題 5.13 によって，$0 < t \leq 1$, $0 < t+v \leq 1$, $0 < v \leq \dfrac{1}{2}$ のときに，(5.14) が成立していることに注意する．ここで，$r_j = |p_j - q_j|$ とおくと，仮定 (5.16) より $r_j \leq \dfrac{1}{2}$ でなければならない．よって，この r_j は各 j に対して，不等式 (5.14) における v の条件を満たしている．また，$p_j > q_j$ なる j に対しては，$t = q_j, t+v = p_j$ とし，$p_j < q_j$ なる j に対しては，$t = p_j, t+v = q_j$ とし，$p_j = q_j$ のときは，$|\phi(p_j) - \phi(q_j)| = 0$ なので，以下の不等式が成立する．ただし $\boldsymbol{r} = \{r_1, \cdots, r_n\}$ とする．

$$|H(\boldsymbol{p}) - H(\boldsymbol{q})| = \left|\sum_{j=1}^{n} (-p_j\log p_j + q_j\log q_j)\right|$$

$$
\begin{aligned}
&\leq \sum_{j=1}^{n} |-p_j \log p_j + q_j \log q_j| \leq -\sum_{j=1}^{n} r_j \log r_j \\
&= -||\boldsymbol{p}-\boldsymbol{q}||_1 \sum_{j=1}^{n} \frac{r_j}{||\boldsymbol{p}-\boldsymbol{q}||_1} \log \frac{r_j}{||\boldsymbol{p}-\boldsymbol{q}||_1} ||\boldsymbol{p}-\boldsymbol{q}||_1 \\
&= -||\boldsymbol{p}-\boldsymbol{q}||_1 \log ||\boldsymbol{p}-\boldsymbol{q}||_1 + ||\boldsymbol{p}-\boldsymbol{q}||_1 H\left(\frac{\boldsymbol{r}}{||\boldsymbol{p}-\boldsymbol{q}||_1}\right) \\
&\leq -||\boldsymbol{p}-\boldsymbol{q}||_1 \log \frac{||\boldsymbol{p}-\boldsymbol{q}||_1}{n}.
\end{aligned}
$$

最初の不等式は，三角不等式 $|a+b| \leq |a|+|b|$ による．最後の不等式は，命題 3.4 (iii) のエントロピーの最大性による．また，最後の等号は $r_j = |p_j - q_j|$ なので，$\sum_{j=1}^{n} \frac{r_j}{||\boldsymbol{p}-\boldsymbol{q}||_1} = 1$ に注意する．

最後に，規約 $0 \log 0 \equiv 0$ により $\boldsymbol{p} = \boldsymbol{q}$ の場合に等号が成り立つことを考慮すれば示すべき不等式が証明される． □

定理 5.14 はエントロピーの連続性を示している．すなわち，$||\boldsymbol{p}-\boldsymbol{q}||_1$ が小さくなればなるほど $|H(\boldsymbol{p}) - H(\boldsymbol{q})|$ もいくらでも小さくできる．(すなわち，$\boldsymbol{p} \to \boldsymbol{q} \Longrightarrow H(\boldsymbol{p}) \to H(\boldsymbol{q})$．) 定理 5.14 に関して上界を改良した次の結果を紹介しておこう．これは，K. Audenaert [6] によるが，確率分布に関する結果は，[107] が参考になる．拙文 [33] においても，別の切り口からの研究の副産物として改良を試みたが，特別な場合のみの限定された改良にとどまった．

定理 5.15 $\boldsymbol{p}, \boldsymbol{q} \in \Delta_n$ $(n \geq 2)$ に対して，次が成り立つ．

$$
|H(\boldsymbol{p}) - H(\boldsymbol{q})| \leq \frac{1}{2}||\boldsymbol{p}-\boldsymbol{q}||_1 \log(n-1) + H_b\left(\frac{1}{2}||\boldsymbol{p}-\boldsymbol{q}||_1\right).
$$

5.3 微分エントロピー

本章の最後に，相対エントロピーの非負性の応用として，**エントロピー最大化原理**について述べる．これは情報理論のみならず統計力学においても重要視される話題である．まずは，微分エントロピーを定義しよう．X を累積分布関数 $F(x) = \Pr(X \leq x)$ を持つ確率変数とする．$F(x)$ が連続であるとき，X を連続確率変数という．$F(x)$ の導関数が定義されて $F'(x) = f(x)$ (言い換えれば $F(x) = \int_{-\infty}^{x} f(x)\,dx$) のとき，$f(x)$ を確率密度関数という．$\mathcal{S} = \{x : f(x) > 0\}$ を X の**台集合** (support set) という．この $\mathcal{S}$ を $\mathrm{supp}(f)$ などと表記することがある．ここで，確率密度関数の全体を

$$Den := \left\{ f : \mathbb{R} \to \mathbb{R} \ : \ f(x) \geq 0,\ \int_{-\infty}^{\infty} f(x)\,dx = 1 \right\}$$

としておこう．そのとき，**微分エントロピー**を，

$$H(f) := -\int_{\mathcal{S}} f(x) \ln f(x)\,dx, \quad f \in Den$$

で定める．離散確率変数のときと同じ記号 H を用いたが，定義域の違いで区別はつくであろう．これも離散系のときに注意したが，$H(X)$ と確率変数を使って表記するのが情報理論では一般的であるが，ここでは直接 $H(f)$ とした．離散系のときに $H(X)$ とせずに，$H(\boldsymbol{p})$ としたので一貫性を重視した．また，以降の計算の利便性 (内容に関しては本質的でない) のために，対数の底は e とした．

例 5.16 (i) 区間 $[0, a]$ 上で**一様分布** $f(x) = \dfrac{1}{a}$ に従う確率変数の微分エントロピーは

$$H(f) = -\int_0^a \frac{1}{a} \ln \frac{1}{a}\,dx = \ln a$$

となる．$a < 1$ のときに，これは負の値を取る．この例により連続系のエントロピーは離散系と異なり非負性を持たないことがわかる．

(ii) 確率変数が平均 μ，分散 σ^2 の**正規分布**に従うとき，つまり，

$$f(x) = \frac{1}{\sqrt{2\pi\sigma^2}} \exp\left(-\frac{(x-\mu)^2}{2\sigma^2} \right)$$

のとき，微分エントロピーは

$$H(f) = \ln \sqrt{2\pi e \sigma^2}$$

である．これは，規格化条件 $\int_{-\infty}^{\infty} f(x)\,dx = 1$，および分散の定義 $\sigma^2 := \int_{-\infty}^{\infty} (x-\mu)^2 f(x)\,dx$ から示せる．

問題 24　例 5.16 の計算を行え．

$f, g \in Den$ に対して，連続系の相対エントロピーを

$$D(f|g) := \int_{\mathcal{S}} f(x)(\ln f(x) - \ln g(x))\,dx$$

で定義する．ただし，$\mathrm{supp}(f) \subset \mathrm{supp}(g)$ のときのみ有限値をとり，それ以外では $D(f|g) \equiv +\infty$ と定める．$0 \ln \frac{0}{0} \equiv 0$ などの規約は離散系と同様である．

補題 5.17　$f, g \in Den$ に対して，

$$D(f|g) \geq 0.$$

等号成立はほとんどいたるところ $f = g$ のとき，かつそのときに限る．

証明　不等式 $\ln x \leq x - 1$ $(x > 0)$ を用いる [11]．(等号は $x = 1$ のときのみで

---

[11] Jensen の不等式

$$f(E[X]) \leq E[f(X)] \tag{5.17}$$

は連続凸関数に対しても成立するので，これを用いても良い．例えば，

$$\begin{aligned} -D(f|g) &= \int_{\mathcal{S}} f(x) \ln \frac{g(x)}{f(x)}\,dx \leq \ln \int_{\mathcal{S}} f(x) \frac{g(x)}{f(x)}\,dx = \ln \int_{\mathcal{S}} g(x)\,dx \\ &\leq \ln \int_{-\infty}^{\infty} g(x)\,dx = \ln 1 = 0. \end{aligned}$$

ただし，密度を持つときの連続確率変数 X の平均を $E[X] = \int_{-\infty}^{\infty} x f(x)\,dx$ で定義する．ただし，$\int_{-\infty}^{\infty} |x| f(x)\,dx < \infty$ とする．また，$\varphi(x)$ を $\mathbb{R}$ 上の関数とするとき，$E[\varphi(X)] = \int_{-\infty}^{\infty} \varphi(x) f(x)\,dx$ が成り立つ．ただし，$\int_{-\infty}^{\infty} |\varphi(x)| f(x)\,dx < \infty$．積分に関する Jensen の不等式や期待値の定義などは込み入った話になるので，詳細は確率論の教科書を参照されたい．たとえば，[84], [78] などが読み易いと思われる．

ある．）

$$D(f|g) = -\int_{-\infty}^{\infty} f(x) \ln \frac{g(x)}{f(x)}\, dx \geq -\int_{-\infty}^{\infty} f(x) \left(\frac{g(x)}{f(x)} - 1 \right) dx = 0.$$

等号成立はほとんどいたるところ $f = g$ のとき，かつそのときに限る． □

エントロピー最大化原理の際に課す**拘束条件**は以下の 2 つを用いる．

$$C_1 := \left\{ f \in Den : \int_{-\infty}^{\infty} x f(x)\, dx = \mu \right\},$$

$$C_2 := \left\{ f \in C_1 : \int_{-\infty}^{\infty} (x-\mu)^2 f(x)\, dx = \sigma^2 \right\}.$$

定理 5.18 $\phi \in C_1$ のとき，$H(\phi) \leq \ln Z$ が成り立つ．等号は $\phi(x) = \frac{1}{Z}\exp(-\beta(x-\mu))$ のとき，かつそのときに限る．ただし，$\beta = \frac{1}{k_B T}$ は定数で（k_B は Boltzmann 定数，T は温度である），$Z = \int_{-\infty}^{\infty} \exp(-\beta(x-\mu))\, dx$ は**分配関数**である．

証明 確率密度関数

$$\psi(x) = \frac{1}{Z}\exp(-\beta(x-\mu)), \qquad Z = \int_{-\infty}^{\infty} \exp(-\beta(x-\mu))\, dx$$

に対して，$\phi \in C_1$ の条件の下で次を得る：

$$\begin{aligned}
&\int_{-\infty}^{\infty} \phi(x) \ln \frac{1}{Z}\exp(-\beta(x-\mu))\, dx \\
&\quad = -\ln Z \int_{-\infty}^{\infty} \phi(x)\, dx - \int_{-\infty}^{\infty} \beta(x-\mu)\phi(x)\, dx \\
&\quad = -\ln Z.
\end{aligned}$$

よって，補題 5.17 によって，

$$\begin{aligned}
H(\phi) :&= -\int_{-\infty}^{\infty} \phi(x) \ln \phi(x)\, dx \leq -\int_{-\infty}^{\infty} \phi(x) \ln \psi(x)\, dx \\
&= \ln Z.
\end{aligned}$$

したがって,

$$\phi(x) = \psi(x) = \frac{1}{Z}\exp(-\beta(x-\mu))$$

のとき $H(\phi)$ は最大値 $\ln Z$ を取る. □

定理 5.18 で等号を与える分布はしばしば, **カノニカル分布** (正準分布, Gibbs 分布, Boltzmann 分布) と呼ばれる. 同様に次が成り立つ.

定理 5.19 $\phi \in C_2$ のとき, $H(\phi) \leq \ln\sqrt{2\pi e\sigma^2}$ が成り立つ. 等号条件は, $\phi(x) = \dfrac{1}{\sqrt{2\pi\sigma^2}}\exp\left(-\dfrac{(x-\mu)^2}{2\sigma^2}\right)$ のとき, かつそのときに限る.

証明 確率密度関数

$$\psi(x) = \frac{1}{\sqrt{2\pi\sigma^2}}\exp\left(-\frac{(x-\mu)^2}{2\sigma^2}\right)$$

に対して, $\phi \in C_2$ の条件の下で次を得る:

$$\begin{aligned}
&\int_{-\infty}^{\infty}\phi(x)\ln\frac{1}{\sqrt{2\pi\sigma^2}}\exp\left(-\frac{(x-\mu)^2}{2\sigma^2}\right)dx \\
&= \ln\frac{1}{\sqrt{2\pi\sigma^2}}\int_{-\infty}^{\infty}\phi(x)\,dx - \int_{-\infty}^{\infty}\frac{\phi(x)(x-\mu)^2}{2\sigma^2}\,dx \\
&= -\ln\sqrt{2\pi e\sigma^2}.
\end{aligned}$$

よって, 補題 5.17 によって,

$$\begin{aligned}
H(\phi) &:= -\int_{-\infty}^{\infty}\phi(x)\ln\phi(x)\,dx \\
&\leq -\int_{-\infty}^{\infty}\phi(x)\ln\psi(x)\,dx = \ln\sqrt{2\pi e\sigma^2}.
\end{aligned}$$

したがって,

$$\phi(x) = \psi(x) = \frac{1}{\sqrt{2\pi\sigma^2}}\exp\left(-\frac{(x-\mu)^2}{2\sigma^2}\right)$$

のとき $H(\phi)$ は最大値 $\ln\sqrt{2\pi e\sigma^2}$ を取る. □

定理 5.19 で等号を与える分布は，平均 μ，分散 σ^2 の正規分布 (Gaussian 分布) である．

拘束条件の下での最大化に関しては，第 1 章および，第 2 章でも述べたように **Lagrange の未定係数法**が典型的な解法であるが，定理 5.18，定理 5.19 では，計算が煩雑になることを避けるために相対エントロピーの非負性を利用し簡潔に示している．確率和が 1 という条件のみの場合は，エントロピーの最大値は離散系で $\log n$ と事象系の要素数 n に関して求められた．(命題 3.4(iii)．) ここでは，平均までに拘束条件を追加した場合は，最大値は分配関数の対数となり，それを与える分布はカノニカル分布となった．さらに，分散にまで拘束条件を与えると，最大値を与える分布は Gaussian 分布となることが分かった．

さて，Gaussian 分布はエントロピーを最大化すると同時に，Fisher 情報量を最小化することが知られている．それについても述べておこう．そのために，Fisher 情報量を定義しよう．

定義 5.20 確率密度関数 $f(x)$ を持つ (連続) 確率変数 X に対してスコア関数 $s(x)$ と **Fisher 情報量** $J(X)$ を次で定義する [12]．

$$s(x) := \frac{d \ln f(x)}{dx}, \qquad J(X) := E\left[s(X)^2\right]. \tag{5.18}$$

ただし E は任意の連続関数 $g(x)$ に対する確率変数 $g(X)$ に対して

$$E[g(X)] := \int g(x) f(x)\, dx$$

で定義される．

定理 5.21 確率密度関数 $\phi(x)$，平均 $\mu := E[X]$，分散 $\sigma^2 := E\left[(X-\mu)^2\right]$ を持つ (連続) 確率変数 X に対して，次の **Cramér–Rao 不等式**：

$$J(X) \geq \frac{1}{\sigma^2} \tag{5.19}$$

[12] これまでの経緯からは $J(f)$ とすべきであるが，ここでは一般的な表記の $J(X)$ を採用した．

が成り立つ．等号成立は $\phi(x) = \dfrac{1}{\sqrt{2\pi\sigma^2}} \exp\left(-\dfrac{(x-\mu)^2}{2\sigma^2}\right)$ のとき，かつそのときに限る．

証明　任意の確率密度関数 $\phi(x)$ と $\pm\infty$ において安定的な良い振る舞いをする滑らかな関数 f に対して $\lim_{x\to\pm\infty} f(x)\phi(x) = 0$ を仮定する．そのとき次が成り立つ．

$$E\left[(X-\mu)\, s(x)\right] = \int (x-\mu)\, \phi(x) s(x)\, dx = \int (x-\mu)\, \phi'(x)\, dx = -1.$$

よって，

$$\begin{aligned}
0 &\leq E\left[\left\{s(X) + \frac{(X-\mu)}{\sigma^2}\right\}^2\right] \\
&= J(X) + \frac{2}{\sigma^2} E\left[(X-\mu)\, s(X)\right] + \frac{E\left[(X-\mu)^2\right]}{\sigma^4} \\
&= J(X) - \frac{2}{\sigma^2} + \frac{1}{\sigma^2}
\end{aligned}$$

となり (5.19) の Cramér–Rao の不等式を得る．等号条件は，$s(x) = -\dfrac{(x-\mu)}{\sigma^2}$ のとき，かつそのときに限る．すなわち，

$$\begin{aligned}
\frac{d\ln\phi(x)}{dx} = -\frac{x-\mu}{\sigma^2} &\iff \ln\phi(x) = -\frac{(x-\mu)^2}{2\sigma^2} + C' \\
&\iff \phi(x) = C\exp\left(-\frac{(x-\mu)^2}{2\sigma^2}\right).
\end{aligned}$$

ただし，C' は積分定数で，$C = e^{C'}$ とした．よって，規格化条件 $\int_{-\infty}^{\infty} \phi(x)\, dx = 1$ より $C = \dfrac{1}{\sqrt{2\pi\sigma^2}}$ となり，$\phi(x)$ が所望の形で求まる．　□

Fisher 情報量や Cramér–Rao 不等式は，[53] を参考にした．

問題 25　定理 5.21 で等号を与える確率密度関数 $\phi(x)$ の全確率が 1 であるという条件を使わずに，下記

$$\int_{-\infty}^{\infty} \exp\left(-\frac{(x-\mu)^2}{2\sigma^2}\right) dx = \sqrt{2\pi\sigma^2}$$

を示せ．(二重積分に持ち込んで，極座標変換せよ．)

第6章 通信路符号化

本章では，通信路符号化定理 (Shannon の第二符号化定理) の証明を行う．この定理の証明は，同時典型系列を考えて行う場合 ([13], [103]) と，信頼性関数を用いた場合があるが，ここでは，後者によって行う．信頼性関数を用いた証明は [38] による．和書では，[4], [5] が分かりやすく，本書でもこれらを参考にした．

6.1 通信路容量と具体的な通信路

情報源符号化定理によって，エントロピーが圧縮限界を与えていることを学んだ．すなわち，情報源符号化は雑音のない場合に，いかに無駄を省いて，圧縮可能かを論じるのが議論の対象であった．一方，通信路符号化においては，雑音のある通信路を通して情報伝送する場合に，いかに正確に送信者から受信者に伝送できるかを議論の対象とする．例えば，電子メールで送信した内容と異なった内容が受信されては実用性に欠く．そうならない工夫がされるわけであるが，通信路符号化では，ギリギリまで圧縮していくことを考えるのではなく，逆に無駄な部分 (冗長性) を追加して，その追加した部分に誤り検出や訂正を行ってもらうという仕組みである．これは，符号理論という 1 つの確立された分野となっており，情報理論の教科書の後半の一部で少々扱われることもあるが，符号理論のみの内容で工学的に扱われることが多い．本章では，その冗長性を追加した場合でも，通信路容量 (相互情報量の最大値) が通信路ごとによって定められる伝送速度を超えないという条件の下で，十分に長い系列を考えておけば，誤り確率は漸近的に 0 に近づくことが可能となる符号の存在を保証する通信路符号化定理の証明を目標としている．したがって，符号理論全般については論じない．端的に言えば，通信路符号化定理は符号の存在定理であり，その構成法に関しては，符号理論が担っていると言えよう．

それでは，無記憶通信路に対する通信路符号化定理の証明にあたって必要となるものを順次定義していく．まずは，第 5 章の冒頭で約束した，相互情報量の第 3 の表現法として，事前確率と通信路行列 (その成分は条件付き確率) による定義を行うことにする．そのためには，条件付き確率を成分に持つ通信路行列の定義が必要である．2 つの情報源 A,B を考える．A を入力情報源，B を出力情報源とする．

$$A = \begin{pmatrix} a_1 & a_2 & \cdots & a_n \\ p(a_1) & p(a_2) & \cdots & p(a_n) \end{pmatrix},$$

$$B = \begin{pmatrix} b_1 & b_2 & \cdots & b_m \\ p(b_1) & p(b_2) & \cdots & p(b_m) \end{pmatrix}.$$

これまで学んだように，入力情報源 A において，a_i が生起したという条件の下で，出力情報源 B で b_j が選ばれる条件付き確率は

$$p_{ij} = p(b_j|a_i) = \Pr(B = b_j|A = a_i)$$

である [1]．これらを成分に持つ行列 $P = (p_{ij})$ を**通信路行列**という．そのとき，入力の事前確率 (各 a_i が生起する確率) とこの条件付き確率で，相互情報量は

$$I(A;B) := \sum_{i=1}^{n}\sum_{j=1}^{m} p(a_i)p(b_j|a_i)\log\frac{p(b_j|a_i)}{\sum_{k=1}^{n} p(a_k)p(b_j|a_k)} \tag{6.1}$$

で定義される．これが，前章の冒頭で宣言した (III) による定義である．当然，(6.1) は (5.1) および (5.7) と一致する．

---

[1] 添え字の i,j の順序に注意してほしい．p_{ji} と定義することも多いが，行列の成分と見た場合は，いったんは p_{ij} と定義して，その中身の $p(b_j|a_i)$ で順序が変わっていると考えたほうが間違えにくいだろう．

問題 26　(6.1) が (5.1) と一致することを確認せよ．

さらに，**通信路容量**は次で定義される．

$$C = \max\left\{ I(A;B):\ p(a_i) \geq 0,\ \sum_{i=1}^{n} p(a_i) = 1 \right\} \tag{6.2}$$

すなわち，入力系の事前確率 $p(a_i)$ で，相互情報量を最大化したものを通信路容量 C と定めるのである．

通信路容量の計算は典型的な問題があるので，以下で例としていくつか取り上げておく．

例 6.1　2 元対称通信路を考える．簡単のため，入力系 $A = \{0, 1\}$，出力系 $B = \{0, 1\}$ とする．事前確率は $\Pr(A = 0) = r$，$\Pr(A = 1) = 1 - r$ とし，通信路行列を

$$P = \begin{pmatrix} 1-p & p \\ p & 1-p \end{pmatrix}$$

とする．

$$p = \Pr(B = 1 | A = 0) = \Pr(B = 0 | A = 1)$$

は誤り確率と呼ばれる．実用上は $p \ll 1$ である．ここでは，$0 < p < \dfrac{1}{2}$ とでもしておこう．$p = \dfrac{1}{2}$ のときは，コイン投げ同様，まったく予測がつかない (実用性のない) 通信路ということになる．$p > \dfrac{1}{2}$ のときは，あらかじめ，出力側の B で 0 と 1 を反転させておけばよい．

このような条件設定で，

$$\Pr(B = 0) = r(1-p) + (1-r)p =: \alpha_r,$$

$$\Pr(B = 1) = rp + (1-r)(1-p) = 1 - \alpha_r$$

なので，

$$H(B) = -\alpha_r \log \alpha_r - (1 - \alpha_r) \log(1 - \alpha_r)$$

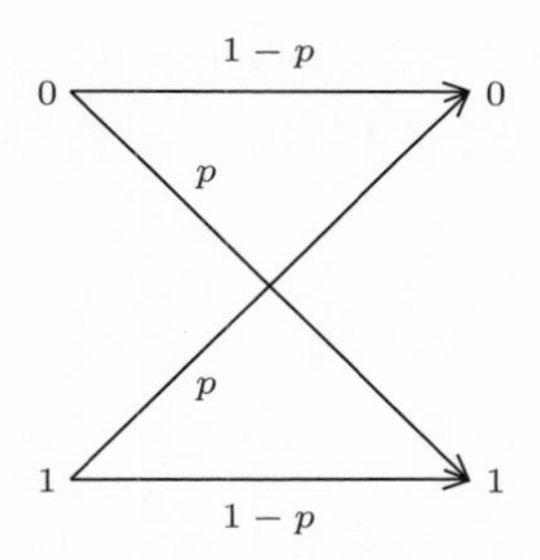

であり,

$$\Pr(0,0) = r(1-p), \qquad \Pr(1,0) = rp,$$
$$\Pr(0,1) = (1-r)p, \qquad \Pr(1,1) = (1-r)(1-p)$$

なので,

$$\begin{aligned} H(B|A) &= -r(1-p)\log(1-p) - rp\log p - (1-r)p\log p \\ &\quad - (1-r)(1-p)\log(1-p) \\ &= -p\log p - (1-p)\log(1-p) = H_b(p) \end{aligned}$$

これらより相互情報量 $I(A;B)$ は,

$$\begin{aligned} I(A;B) &= H(B) - H(B|A) \\ &= -\alpha_r \log\alpha_r - (1-\alpha_r)\log(1-\alpha_r) - H_b(p) \end{aligned} \tag{6.3}$$

となる．これを $0 \le r \le 1$ の範囲で r の関数として最大化したものが通信路容量であった．r で微分して，導関数が 0 になる r を求めると，$\alpha_r = \dfrac{1}{2}$ を経て，$r = \dfrac{1}{2}$ と求まる．したがってそのとき，通信路容量 C は

$$C = 1 - H_b(p) \quad [\text{ビット}]$$

と得られる．

例 6.2　2 元消失通信路を考える．これは，出力側で判読不能な記号 (ここでは

$*$) を受信してしまう通信路である．ゆえに，入力系 $A = \{0, 1\}$, 出力系 $B = \{0, *, 1\}$ とする．事前確率は $\Pr(A = 0) = r$, $\Pr(A = 1) = 1 - r$ とし，通信路行列を

$$P = \begin{pmatrix} 1 - p_1 - p_2 & p_2 & p_1 \\ p_1 & p_2 & 1 - p_1 - p_2 \end{pmatrix}$$

とする．ここで，正しく送信する確率 $1 - p_1 - p_2$ は誤って送信する確率 p_1, p_2 よりも十分に大きいと仮定するのは自然である．つまり，$1 - p_1 - p_2 > p_1$, $1 - p_1 - p_2 > p_2$ とする．($p_2 = 0$, $p_1 = p$ のときが 2 元対称通信路である．)

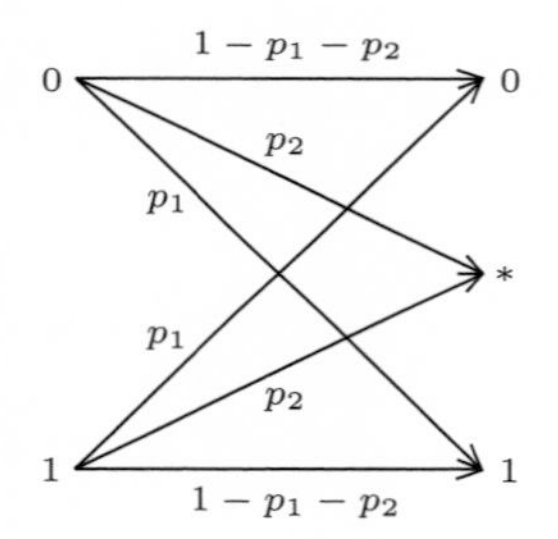

このような設定で相互情報量を計算してみよう．$I(A; B) = H(B) - H(B|A)$ にしたがって計算してみる．まず，

$$\Pr(B = 0) = r(1 - p_1 - p_2) + (1 - r)p_1 =: \beta_r,$$
$$\Pr(B = *) = p_2,$$
$$\Pr(B = 1) = 1 - p_2 - \beta_r$$

なので，

$$H(B) = -\beta_r \log \beta_r - p_2 \log p_2 - (1 - p_2 - \beta_r) \log(1 - p_2 - \beta_r)$$

である．一方，条件付き確率 $\Pr(b_j|a_i)$ は，通信路行列の成分で与えられており，同時確率分布は

$$\Pr(0, 0) = r(1 - p_1 - p_2),$$

$$
\begin{aligned}
\Pr(0,*) &= rp_2,\\
\Pr(0,1) &= rp_1,\\
\Pr(1,0) &= (1-r)p_1,\\
\Pr(1,*) &= (1-r)p_2,\\
\Pr(1,1) &= (1-r)(1-p_1-p_2)
\end{aligned}
$$

なので，条件付きエントロピー $H(B|A)$ は

$$
\begin{aligned}
H(B|A) =& -r(1-p_1-p_2)\log(1-p_1-p_2) - rp_2\log p_2 - rp_1\log p_1\\
&-(1-r)p_1\log p_1 - (1-r)p_2\log p_2\\
&-(1-r)(1-p_1-p_2)\log(1-p_1-p_2)\\
=& -p_1\log p_1 - p_2\log p_2 - (1-p_1-p_2)\log(1-p_1-p_2)
\end{aligned}
$$

これより条件付きエントロピーは事前確率分布 $\{r, 1-r\}$ に依存しない．よって，相互情報量を r に関して最大にするには，出力のエントロピー $H(B)$ を r に関して最大化すればよい．これは r で微分しても良いが，エントロピーの性質の最大性を用いたほうが早い．(これが使えるのは，r が条件付きエントロピーに依存しなくなり，エントロピーの最大化のみの問題となったからである．）すなわち，r に依存しない確率分布を除いた，2 つの確率分布が等確率になっているときに $H(B)$ は最大になる．それは，$\beta_r = 1-p_2-\beta_r$ のとき，つまり，$\beta_r = \dfrac{1-p_2}{2}$ であり，このとき，$r = \dfrac{1}{2}$．このとき，

$$
H(B) = -(1-p_2)\log\frac{1-p_2}{2} - p_2\log p_2
$$

なので，通信路容量 C は

$$
\begin{aligned}
C =& -(1-p_2)\log\frac{1-p_2}{2} + p_1\log p_1\\
&+(1-p_1-p_2)\log(1-p_1-p_2).\quad [\text{ビット}]
\end{aligned}
$$

この 2 元消失通信路のように，通信路行列の任意の行の成分の順序を入れ替

えてもほかの行と一致するものを入力に関して一様な通信路という．このような通信路の場合，一般に

$$I(A;B) = H(B) + \sum_{j=1}^{m} p(b_j|a_i) \log p(b_j|a_i)$$

となって，条件付きエントロピーが入力の確率分布 $\{p(a_1), \cdots, p(a_n)\}$ に依存しない．したがって，出力のエントロピー $H(B)$ の最大化のみを考えれば，$I(A;B)$ を最大にする事前確率を求めることができる．この例で用いた手法はもちろん，例 6.1 でも用いることができる．(6.3) で与えられた相互情報量の形に注意してほしい．

例 6.3　Z 型通信路と呼ばれるものを考えよう．これは，0 が 1 に誤ることは 100 パーセントない通信路であり，信号伝送方式によっては現実にそのようなケースを考えることは有効である．

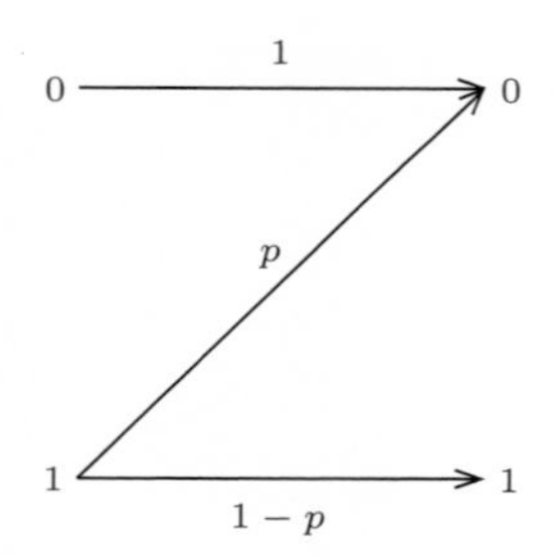

入力系 $A = \{0, 1\}$，出力系 $B = \{0, 1\}$ とする．事前確率は $\Pr(A = 0) = r$，$\Pr(A = 1) = 1 - r$ とし，通信路行列は

$$P = \begin{pmatrix} 1 & 0 \\ p & 1-p \end{pmatrix}$$

である．例 6.2 と同じ手続きで $I(A;B)$ を求めてみよう．まず，

$$\Pr(B = 0) = r + (1-r)p, \qquad \Pr(B = 1) = (1-r)(1-p)$$

から，

$$H(B) = -(r+(1-r)p)\log(r+(1-r)p)$$
$$-(1-r)(1-p)\log(1-r)(1-p).$$

さらに，

$$\Pr(0,0) = r,$$
$$\Pr(0,1) = 0,$$
$$\Pr(1,0) = (1-r)p,$$
$$\Pr(1,1) = (1-r)(1-p)$$

より

$$H(B|A) = -r\log 1 - 0\log 0 - (1-r)p\log p - (1-r)(1-p)\log(1-p).$$

よって，

$$\begin{aligned} I(A;B) &= H(B) - H(B|A) \\ &= -(p+(1-p)r)\log(p+(1-p)r) \\ &\quad -(1-r)(1-p)\log(1-r)+(1-r)p\log p \end{aligned}$$

実は，このまま r で微分して 0 となる r を求めたいが，一般に求めることが不可能であるので，特別な場合 $p=\dfrac{1}{2}$ を考える．この場合，入力から 1 を送った場合 50 パーセント誤る．(0 の場合は誤りなし．) $p=\dfrac{1}{2}$ を上の式に代入してそれを $f(r)$ とおくと，

$$2f(r) = 2r - (1+r)\frac{\ln(1+r)}{\ln 2} - (1-r)\frac{\ln(1-r)}{\ln 2}.$$

よって，

$$2f'(r) = 2 - \log\frac{1+r}{1-r} = 0 \Longleftrightarrow r = \frac{3}{5}$$

このとき，

$$C = f\left(\frac{3}{5}\right) = \cdots = \log\frac{5}{4} \quad [\text{ビット}]$$

と求まる.

6.2　通信路符号化定理 (順定理)

我々がキーボードなどから入力する文字 (いわゆる英語の alphabet を含め特殊記号, 漢字, ひらがななどあらゆるもの) をまとめて, **アルファベット集合** (有限集合) とし, 単に, $I = \{1, 2, \cdots, M\}$ とする. 集合の名前は Information の頭文字を取っているが, 相互情報量との紛らわしさはないであろう. また, 要素には数字のみが並んでいるが, これは話を抽象化しているだけであり, イメージとしてはこの中にあらゆる文字が入っており, その種類が高々有限個の M 個であると理解しよう. このアルファベット集合から文字列が選ばれると (簡単のため 1 文字だけ何か選んだと考えよう), コンピュータ機器が理解できるバイナリ系列 $\{0, 1\}$ に変換した後に, 冗長性を付加することを通信路符号化と呼ぶ. ここで, 現実の世界ではバイナリ系列 $\{0, 1\}$ で運用されているが, より数学的に一般的に考察するために, 別のアルファベット集合 $A = \{a_1, a_2, \cdots, a_n\}$ を用いよう. すると, **通信路符号化**とは写像 $\varphi : I \longrightarrow A^N$ を意味する. 少し考えれば分かるように, M 種類の文字を n 種類の文字 N 個使って重複なく表せなければならないので, $M \leq n^N$ でなければならない. したがって, 集合 A^N の中から重複を許して, M 個の単語を区別が付くように選んだ集合 $\mathcal{C} = \left\{\boldsymbol{x}^{(1)}, \cdots, \boldsymbol{x}^{(M)}\right\}$, $\boldsymbol{x}^{(m)} \in A^N$ $(m = 1, \cdots, M)$ を符号といい, 各 $\boldsymbol{x}^{(m)}$ を符号語という. 符号語の系列 (文字) 数は N である. この N をブロック符号における**ブロック長**という. 通信路を通してこれらの符号語が送信される. 例えば, 符号語 $\boldsymbol{x}^{(m)} = x_1^{(m)} \cdots x_N^{(m)}$ を送信したとき, 受信側で信号 $\boldsymbol{y} = y_1 \cdots y_N \in B^N$ を条件付き確率の積 (無記憶通信路のため)

$$\Pr(\boldsymbol{y}|\boldsymbol{x}^{(m)}) = p(y_1|x_1^{(m)}) \cdots p(y_N|x_N^{(m)}) \tag{6.4}$$

で受信する．ここで，一般に**通信路復号化**とは写像 $\psi : B^N \longrightarrow \mathcal{C}$ で表され，通信路の情報**伝送速度**を $R = \dfrac{1}{N}\ln M$ [ナット/文字] で定義する [2)]．次に，最初に入力アルファベット集合 I から文字 k を選んだが受信したときの**誤り確率**を

$$P_e(\mathcal{C}) = P_e(\varphi, \psi) = \sum_{k=1}^{M} p(k)\Pr(\psi(\boldsymbol{y}) \neq k|\varphi(k))$$
$$= \frac{1}{M}\sum_{k=1}^{M} \Pr(\psi(\boldsymbol{y}) \neq \boldsymbol{x}^{(k)}|\boldsymbol{x}^{(k)})$$

で定義する．ここで，後に行うランダム符号化において，誤り確率の見積りに影響がないため，簡単のために $p(k) = \dfrac{1}{M}$ と等確率に選んでいる．ここで，先に述べたように，無記憶通信路を考えているので，$\Pr(\boldsymbol{y}|\boldsymbol{x}^{(k)}) = p(y_1|x_1^{(k)})\cdots p(y_N|x_N^{(k)})$ であったが，これを最大にする符号語 $\boldsymbol{x}^{(k)}$ を送ったとみなす**最尤復号化法** [3)]：

任意の $m \in I$ に対して $\Pr(\boldsymbol{y}|\boldsymbol{x}^{(k)}) \geq \Pr(\boldsymbol{y}|\boldsymbol{x}^{(m)})$ となる

$$\psi : \boldsymbol{y} \longrightarrow \boldsymbol{x}^{(k)}$$

が誤り確率を最小にすることが分かる．$\Pr(\boldsymbol{y}|\boldsymbol{x}^{(m)})$ は復号化される条件付き確率でありその中でもっとも大きい $\Pr(\boldsymbol{y}|\boldsymbol{x}^{(k)})$ を選んでおけば，復号誤り確率は最小化される [4)]．ここで，**インディケーター関数**を導入する：

$$I_k(\boldsymbol{y}) = \begin{cases} 0 & (\text{任意の } m\,(\neq k) \text{ に対して } \Pr(\boldsymbol{y}|\boldsymbol{x}^{(k)}) > \Pr(\boldsymbol{y}|\boldsymbol{x}^{(m)})) \\ 1 & (\Pr(\boldsymbol{y}|\boldsymbol{x}^{(k)}) \leq \Pr(\boldsymbol{y}|\boldsymbol{x}^{(m)}) \text{ となる } m\,(\neq k) \text{ が存在する}) \end{cases} \tag{6.5}$$

[2)] 計算のしやすさから，本章では対数の底は e とする．

[3)] 単に，$\Pr(\boldsymbol{y}|\boldsymbol{x}^{(k)}) = \max_{\boldsymbol{x}^{(m)} \in \mathcal{C}} \Pr(\boldsymbol{y}|\boldsymbol{x}^{(m)})$ ということ．

[4)] しかし，これを探し出すのに $M = e^{NR}$ で N の指数オーダーの計算量を要する．具体的な復号化では，より計算量の小さい，例えば多項式オーダーのアルゴリズムを構成することになる．また，条件付き確率 $\Pr(\boldsymbol{y}|\boldsymbol{x}^{(m)})$ を最大にする符号語が複数個あった場合は，例えば，添え字の一番小さいものを選んでおくことにする．

要するに，最尤復号化法を採用した前提で，$I_k(\boldsymbol{y})$ は，正しく復号化されたときに 0 を，誤って復号化されたときに 1 を返す関数である．細かいことを言えば，誤った場合に，等号が成り立つ場合も含まれているので，そこに正しく復号されてしまうものも考え得るので誤り確率は，正確には不等号で表される．したがって，誤り確率は，

$$P_e(\mathcal{C}) \leq \frac{1}{M}\sum_{k=1}^{M}\sum_{\boldsymbol{y}\in B^N} \Pr(\boldsymbol{y}|\boldsymbol{x}^{(k)})I_k(\boldsymbol{y}) \tag{6.6}$$

と表せる．(6.6) をもう少し解説する．まず，

$$\begin{aligned}\Pr(\boldsymbol{y}|\boldsymbol{x}^{(k)}) &= \Pr(\boldsymbol{y}\in D_0|\boldsymbol{x}^{(k)}) + \Pr(\boldsymbol{y}\in D_1|\boldsymbol{x}^{(k)}) \\ &= \sum_{\boldsymbol{y}\in D_0}\Pr(\boldsymbol{y}|\boldsymbol{x}^{(k)}) + \sum_{\boldsymbol{y}\in D_1}\Pr(\boldsymbol{y}|\boldsymbol{x}^{(k)}),\end{aligned}$$

である．ここで，

$$\begin{aligned}D_0 &= \left\{\boldsymbol{y} : \Pr\left(\boldsymbol{y}|\boldsymbol{x}^{(k)}\right) > \Pr\left(\boldsymbol{y}|\boldsymbol{x}^{(m)}\right)\right\}, \\ D_1 &= \left\{\boldsymbol{y} : \Pr\left(\boldsymbol{y}|\boldsymbol{x}^{(k)}\right) \leq \Pr\left(\boldsymbol{y}|\boldsymbol{x}^{(m)}\right)\right\}\end{aligned}$$

であり，(6.5) の規則でインディケーター関数を定義しているので，D_0 のとき正しく復号化され，D_1 のときには誤って復号化されるとみなす．ゆえに，

$$\begin{aligned}\Pr(\psi(\boldsymbol{y}) \neq \boldsymbol{x}^{(k)}|\boldsymbol{x}^{(k)}) &\leq \sum_{\boldsymbol{y}\in D_0}\Pr(\boldsymbol{y}|\boldsymbol{x}^{(k)})\cdot 0 + \sum_{\boldsymbol{y}\in D_1}\Pr(\boldsymbol{y}|\boldsymbol{x}^{(k)})\cdot 1 \\ &= \sum_{\boldsymbol{y}\in B^N}\Pr(\boldsymbol{y}|\boldsymbol{x}^{(k)})I_k(\boldsymbol{y})\end{aligned}$$

となる．最初の不等号は，最尤復号化法では，任意の $m \in I$ に対して $\Pr(\boldsymbol{y}|\boldsymbol{x}^{(k)}) \geq \Pr(\boldsymbol{y}|\boldsymbol{x}^{(m)})$ であれば正しいとみなすので，D_0 のときだけでなく，等号のときも $I_k(\boldsymbol{y}) = 0$ とみなすべきところを，誤りにカウントしているので，不等号としている．以下，簡単のため記号 $\Pr(\cdot|\cdot)$ を単に $P(\cdot|\cdot)$ と記す．

さて，集合 A^N には，n^N 個の単語があり，符号化は $\varphi : I \longrightarrow A^N$ で定義されるので，異なる符号語は全部で $(n^N)^M$ 個ある．この異なる符号語の集合を $[A^N]^I$ で表し，その上に確率 $P(\mathcal{C})$ を導入する．すでに断っているようにここでは，i.i.d.(定常無記憶情報源；4.2 節参照) のみ考えているので，(また，A^N

上の確率は $P(\boldsymbol{x})$ で表されたので) 任意の符号 $\mathcal{C}=\left\{\boldsymbol{x}^{(1)},\boldsymbol{x}^{(2)},\cdots,\boldsymbol{x}^{(M)}\right\}$ の生起確率は，それぞれ独立とし

$$P(\mathcal{C})=P(\boldsymbol{x}^{(1)})P(\boldsymbol{x}^{(2)})\cdots P(\boldsymbol{x}^{(M)}) \tag{6.7}$$

と定める，$P_e(\mathcal{C})$ の平均誤り確率は

$$\begin{aligned}\overline{P_e}:=E[P_e(\mathcal{C})]&=\sum_{\mathcal{C}\in[A^N]^I}P(\mathcal{C})P_e(\mathcal{C})\\&=\sum_{\boldsymbol{x}^{(1)}\in A^N}\cdots\sum_{\boldsymbol{x}^{(M)}\in A^N}P(\boldsymbol{x}^{(1)})\cdots P(\boldsymbol{x}^{(M)})P_e(\mathcal{C})\end{aligned} \tag{6.8}$$

とすると，$P_e(\mathcal{C})\le\overline{P_e}$ となる符号 $\mathcal{C}$ が存在するはずである (**ランダム符号化法**という)．よって，以降では，$\overline{P_e}$ の上界を導出することが目標となる．そこで，インディケーター関数 $I_k(\boldsymbol{y})$ が次の不等式を満たすことに着目する．

$$I_k(\boldsymbol{y})\le\left(\frac{\displaystyle\sum_{(k\neq)i=1}^{M}P(\boldsymbol{y}|\boldsymbol{x}^{(i)})^{1/(1+s)}}{P(\boldsymbol{y}|\boldsymbol{x}^{(k)})^{1/(1+s)}}\right)^s\qquad(0\le s\le 1). \tag{6.9}$$

この (6.9) の証明であるが，$I_k(\boldsymbol{y})=0$ のときは自明である．$I_k(\boldsymbol{y})=1$ のとき，(6.5) より $P(\boldsymbol{y}|\boldsymbol{x}^{(m)})\ge P(\boldsymbol{y}|\boldsymbol{x}^{(k)})$ なる $m(\neq k)$ が少なくとも 1 つ存在するので，$\dfrac{1}{1+s}\ge 0$ より

$$\sum_{(k\neq)i=1}^{M}P(\boldsymbol{y}|\boldsymbol{x}^{(i)})^{1/(1+s)}\ge P(\boldsymbol{y}|\boldsymbol{x}^{(k)})^{1/(1+s)}$$

となり示せる．(6.9) を (6.6) に代入して $I_k(\boldsymbol{y})$ を消去すると，次が得られる．

$$P_e(\mathcal{C})\le\frac{1}{M}\sum_{k=1}^{M}\sum_{\boldsymbol{y}\in B^N}P(\boldsymbol{y}|\boldsymbol{x}^{(k)})^{1/(1+s)}\left(\sum_{(k\neq)i=1}^{M}P(\boldsymbol{y}|\boldsymbol{x}^{(i)})^{1/(1+s)}\right)^s.$$

これを (6.8) に用いると，

$$\overline{P_e}\le\frac{1}{M}\sum_{k=1}^{M}\sum_{\boldsymbol{y}\in B^N}\sum_{\boldsymbol{x}^{(1)}\in A^N,\cdots,\boldsymbol{x}^{(M)}\in A^N}P(\boldsymbol{x}^{(1)})\cdots P(\boldsymbol{x}^{(M)})P(\boldsymbol{y}|\boldsymbol{x}^{(k)})^{1/(1+s)}$$

$$
\begin{aligned}
&\times \left(\sum_{(k\neq)i=1}^{M} P(\boldsymbol{y}|\boldsymbol{x}^{(i)})^{1/(1+s)} \right)^s \\
&= \frac{1}{M} \sum_{k=1}^{M} \sum_{\boldsymbol{y}\in B^N} \left(\sum_{\boldsymbol{x}^{(k)}\in A^N} P(\boldsymbol{x}^{(k)}) P(\boldsymbol{y}|\boldsymbol{x}^{(k)})^{1/(1+s)} \right) \\
&\quad \times \sum_{\boldsymbol{x}^{(1)}\in A^N} P(\boldsymbol{x}^{(1)}) \cdots \sum_{\boldsymbol{x}^{(k-1)}\in A^N} P(\boldsymbol{x}^{(k-1)}) \sum_{\boldsymbol{x}^{(k+1)}\in A^N} P(\boldsymbol{x}^{(k+1)}) \\
&\quad \times \cdots \times \sum_{\boldsymbol{x}^{(M)}\in A^N} P(\boldsymbol{x}^{(M)}) \left(\sum_{(k\neq)i=1}^{M} P(\boldsymbol{y}|\boldsymbol{x}^{(i)})^{1/(1+s)} \right)^s \\
&\underset{(*)}{=} \frac{1}{M} \sum_{k=1}^{M} \sum_{\boldsymbol{y}\in B^N} \left(\sum_{\boldsymbol{x}^{(1)}\in A^N} P(\boldsymbol{x}^{(1)}) \cdots \sum_{\boldsymbol{x}^{(M)}\in A^N} P(\boldsymbol{x}^{(M)}) P(\boldsymbol{y}|\boldsymbol{x}^{(k)})^{1/(1+s)} \right) \\
&\quad \times \sum_{\boldsymbol{x}^{(1)}\in A^N} P(\boldsymbol{x}^{(1)}) \cdots \sum_{\boldsymbol{x}^{(M)}\in A^N} P(\boldsymbol{x}^{(M)}) \left(\sum_{(k\neq)i=1}^{M} P(\boldsymbol{y}|\boldsymbol{x}^{(i)})^{1/(1+s)} \right)^s \\
&= \frac{1}{M} \sum_{k=1}^{M} \sum_{\boldsymbol{y}\in B^N} \left(\sum_{\mathcal{C}\in[A^N]^I} P(\mathcal{C}) P(\boldsymbol{y}|\boldsymbol{x}^{(k)})^{1/(1+s)} \right) \\
&\quad \times \left(\sum_{\mathcal{C}\in[A^N]^I} P(\mathcal{C}) \left(\sum_{(k\neq)i=1}^{M} P(\boldsymbol{y}|\boldsymbol{x}^{(i)})^{1/(1+s)} \right)^s \right) \\
&= \frac{1}{M} \sum_{k=1}^{M} \sum_{\boldsymbol{y}\in B^N} \left(E\left[P(\boldsymbol{y}|\boldsymbol{x}^{(k)})^{1/(1+s)} \right] \right) \\
&\quad \times \left(E\left[\left(\sum_{(k\neq)i=1}^{M} P(\boldsymbol{y}|\boldsymbol{x}^{(i)})^{1/(1+s)} \right)^s \right] \right).
\end{aligned}
$$

$(*)$ においては，

$$
1 = \sum_{\boldsymbol{x}^{(1)}\in A^N} P(\boldsymbol{x}^{(1)}) = \cdots = \sum_{\boldsymbol{x}^{(M)}\in A^N} P(\boldsymbol{x}^{(M)})
$$

を用いている．

ここで，$y = x^s$ $(x \geq 0,\ 0 \leq s \leq 1)$ が上に凸であることにより，Jensen の不等式 (5.17)[5] を用いると，

---

[5] いまは f が凹 (上に凸) なので，正確にはこれの逆向きの不等式．

$$\overline{P_e} \leq \frac{1}{M} \sum_{k=1}^{M} \sum_{\boldsymbol{y} \in B^N} E\left[P(\boldsymbol{y}|\boldsymbol{x}^{(k)})^{1/(1+s)}\right] \left(\sum_{(k\neq)i=1}^{M} E\left[P(\boldsymbol{y}|\boldsymbol{x}^{(i)})^{1/(1+s)}\right] \right)^s . \tag{6.10}$$

ただし，期待値 E の線形性 (第 8 章の冒頭部参照) を用いた．ここで，(6.7) に注意して期待値の計算をしておく．

$$\begin{aligned}
&E\left[P(\boldsymbol{y}|\boldsymbol{x}^{(k)})^{1/(1+s)}\right] = \sum_{\mathcal{C} \in [A^N]^M} P(\mathcal{C}) P(\boldsymbol{y}|\boldsymbol{x}^{(k)})^{1/(1+s)} \\
&= \sum_{\boldsymbol{x}^{(1)} \in A^N} \sum_{\boldsymbol{x}^{(2)} \in A^N} \cdots \sum_{\boldsymbol{x}^{(M)} \in A^N} P(\boldsymbol{x}^{(1)}) P(\boldsymbol{x}^{(2)}) \cdots P(\boldsymbol{x}^{(M)}) P(\boldsymbol{y}|\boldsymbol{x}^{(k)})^{1/(1+s)} \\
&= \sum_{\boldsymbol{x}^{(1)} \in A^N} P(\boldsymbol{x}^{(1)}) \sum_{\boldsymbol{x}^{(2)} \in A^N} P(\boldsymbol{x}^{(2)}) \cdots \sum_{\boldsymbol{x}^{(M)} \in A^N} P(\boldsymbol{x}^{(M)}) P(\boldsymbol{y}|\boldsymbol{x}^{(k)})^{1/(1+s)} \\
&= \sum_{\boldsymbol{x}^{(k)} \in A^N} P(\boldsymbol{x}^{(k)}) P(\boldsymbol{y}|\boldsymbol{x}^{(k)})^{1/(1+s)} \\
&= \sum_{\boldsymbol{x} \in A^N} P(\boldsymbol{x}) P(\boldsymbol{y}|\boldsymbol{x})^{1/(1+s)}.
\end{aligned}$$

下から 2 つ目の等号は，条件付き確率にインデックス k があるので，そこだけ残る．それ以外では確率和が 1 となる．最後の等号は，結局，インデックス $k \in I$ に依存しない形で書けるので，以後，インデックス k を省略してこれを上から見積もりに行く．これにより (6.10) は，

$$\begin{aligned}
\overline{P_e} &\leq \frac{1}{M} \sum_{k=1}^{M} \sum_{\boldsymbol{y} \in B^N} \left(\sum_{\boldsymbol{x} \in A^N} P(\boldsymbol{x}) P(\boldsymbol{y}|\boldsymbol{x})^{1/(1+s)} \right) \\
&\quad \times \left(\sum_{(k\neq)i=1}^{M} \sum_{\boldsymbol{x} \in A^N} P(\boldsymbol{x}) P(\boldsymbol{y}|\boldsymbol{x})^{1/(1+s)} \right)^s \\
&= \frac{1}{M} \sum_{k=1}^{M} \sum_{\boldsymbol{y} \in B^N} \left(\sum_{\boldsymbol{x} \in A^N} P(\boldsymbol{x}) P(\boldsymbol{y}|\boldsymbol{x})^{1/(1+s)} \right) \\
&\quad \times \left((M-1) \sum_{\boldsymbol{x} \in A^N} P(\boldsymbol{x}) P(\boldsymbol{y}|\boldsymbol{x})^{1/(1+s)} \right)^s \\
&= \frac{(M-1)^s}{M} \sum_{k=1}^{M} \sum_{\boldsymbol{y} \in B^N} \left(\sum_{\boldsymbol{x} \in A^N} P(\boldsymbol{x}) P(\boldsymbol{y}|\boldsymbol{x})^{1/(1+s)} \right)^{1+s}
\end{aligned}$$

$$= (M-1)^s \sum_{\boldsymbol{y}\in B^N} \left(\sum_{\boldsymbol{x}\in A^N} P(\boldsymbol{x}) P(\boldsymbol{y}|\boldsymbol{x})^{1/(1+s)} \right)^{1+s}. \tag{6.11}$$

次に，A^N 上の確率分布 $P(\boldsymbol{x})$ を次で定める．

$$P(\boldsymbol{x}) := p(x_1)p(x_2)\cdots p(x_N) \qquad (x_j \in A,\ \ j = 1, 2, \cdots, N). \tag{6.12}$$

通信路は無記憶 (すなわち，(6.4)) なので，(6.11) は，

$$\begin{aligned}
\overline{P_e} &\leq (M-1)^s \sum_{\boldsymbol{y}\in B^N} \left(\sum_{\boldsymbol{x}\in A^N} \prod_{j=1}^N p(x_j) p(y_j|x_j)^{1/(1+s)} \right)^{(1+s)} \\
&= (M-1)^s \sum_{y_1\in B} \cdots \sum_{y_N\in B} \left(\sum_{x_1\in A} \cdots \sum_{x_N\in A} \prod_{j=1}^N p(x_j) p(y_j|x_j)^{1/(1+s)} \right)^{(1+s)} \\
&= (M-1)^s \sum_{y_1\in B} \cdots \sum_{y_N\in B} \left(\sum_{x_1\in A} p(x_1) p(y_1|x_1)^{1/(1+s)} \right. \\
&\qquad\qquad \left. \times \cdots \times \sum_{x_N\in A} p(x_N) p(y_N|x_N)^{1/(1+s)} \right)^{(1+s)} \\
&= (M-1)^s \sum_{y_1\in B} \cdots \sum_{y_N\in B} \left(\sum_{x\in A} p(x) p(y_1|x)^{1/(1+s)} \right. \\
&\qquad\qquad \left. \times \cdots \times \sum_{x\in A} p(x) p(y_N|x)^{1/(1+s)} \right)^{(1+s)} \\
&= (M-1)^s \sum_{y_1\in B} \cdots \sum_{y_N\in B} \left(\prod_{j=1}^N \sum_{x\in A} p(x) p(y_j|x)^{1/(1+s)} \right)^{(1+s)} \\
&\underset{(*)}{=} (M-1)^s \sum_{y_1\in B} \left(\sum_{x\in A} p(x) p(y_1|x)^{1/(1+s)} \right)^{(1+s)} \\
&\quad \times \cdots \times \sum_{y_N\in B} \left(\sum_{x\in A} p(x) p(y_N|x)^{1/(1+s)} \right)^{(1+s)} \\
&= (M-1)^s \sum_{y\in B} \left(\sum_{x\in A} p(x) p(y|x)^{1/(1+s)} \right)^{(1+s)} \\
&\quad \times \cdots \times \sum_{y\in B} \left(\sum_{x\in A} p(x) p(y|x)^{1/(1+s)} \right)^{(1+s)}
\end{aligned}$$

$$= (M-1)^s \left\{ \sum_{y \in B} \left(\sum_{x \in A} p(x) p(y|x)^{1/(1+s)} \right)^{(1+s)} \right\}^N \tag{6.13}$$

となることが分かる．ただし，(∗) においては，$\delta_j := \sum_{x \in A} p(x)p(y_j|x)^{1/(1+s)} > 0$ に対して，$(\delta_1 \cdots \delta_N)^{1+s} = \delta_1^{1+s} \cdots \delta_N^{1+s}$ を用いている．ここで，

$$E_0(s, \boldsymbol{p}) := -\ln \left\{ \sum_{y \in B} \left(\sum_{x \in A} p(x) p(y|x)^{1/(1+s)} \right)^{(1+s)} \right\} \tag{6.14}$$

とおく．ただし，$\boldsymbol{p} = \{p(x)\}$ と記した．また，(6.14) で定義された $E_0(s, \boldsymbol{p})$ をしばしば**補助関数**という．$R = \dfrac{\ln M}{N}$ であったから，$(M-1)^s \leq M^s = e^{sNR}$ が成り立つので，(6.13) は，

$$\overline{P_e} \leq \exp\left(-N \left\{-sR + E_0(s, \boldsymbol{p})\right\}\right) \tag{6.15}$$

と書けて，結局，次が示されたことになる．

定理 6.4 伝送速度が R のとき，最尤復号化法を用いると，任意の確率分布 $\boldsymbol{p} \in \Delta_n$ に対して，誤り確率が上界

$$P_e(\mathcal{C}) \leq \exp\left(-N \left\{-sR + E_0(s, \boldsymbol{p})\right\}\right) \qquad (0 \leq s \leq 1) \tag{6.16}$$

で抑えられるような符号長 N の符号 $\mathcal{C}$ が存在する．

(6.16) を **Gallager の上界**という．2 つの変数 $s \in [0,1]$ と $\boldsymbol{p} \in \Delta_n$ を用いて Gallager の上界を最小化するために，

$$E(R) := \max_{0 \leq s \leq 1,\, \boldsymbol{p} \in \Delta_n} \left(-sR + E_0(s, \boldsymbol{p})\right) \tag{6.17}$$

とおく．この $E(R)$ を**信頼性関数**という．定理 6.4 は任意の $\boldsymbol{p} \in \Delta_n$ と $0 \leq s \leq 1$ に対して成立するので，

$$P_e(\mathcal{C}) \leq \exp\left(-NE(R)\right) \tag{6.18}$$

である．したがって，通信路符号化定理の証明に際し，上界の不等式 (6.16)

ではなく，上記の上界を与える不等式 (6.18) を考察すれば良い．すなわち，定理 6.4 は，信頼性関数 $E(R)$ が正値を取らないと意味を持たない．よって，$E(R) > 0$ となる条件を導こう．その前に，補助関数 $E_0(s, \boldsymbol{p})$ について次の性質が成り立つことを示しておく．これまでパラメータ s は $s \in [0,1]$ で論じてきたが，後に通信路符号化逆定理を示す際に必要となるために，形式的に下記の補題では $s \in [-1,1]$ として論じる．

補題 6.5　通信路の入力分布 $\boldsymbol{p} := (p_i) = (p(x_i)) = (p(x))$，通信路行列 $P = (p_{ij}) = (p(y_j|x_i)) = (p(y|x)) = (P_{ji})$ に対して，相互情報量は

$$I(\boldsymbol{p}; P) := \sum_{x \in A} \sum_{y \in B} p(x)p(y|x) \ln \frac{p(y|x)}{\sum_{x \in A} p(x)p(y|x)}$$

$$= \sum_{i=1}^{n} \sum_{j=1}^{m} p_i P_{ji} \ln \frac{P_{ji}}{\sum_{k=1}^{n} p_k P_{jk}} > 0$$

と正値性を仮定する[6]．このとき，次の性質が成り立つ．

(i) $E_0(0, \boldsymbol{p}) = 0$.

(ii) $\left. \dfrac{\partial E_0(s, \boldsymbol{p})}{\partial s} \right|_{s=0} = I(\boldsymbol{p}; P)$.

(iii) $-1 < s \leq 1$ $(s \neq 0)$ のとき，$\dfrac{\partial E_0(s, \boldsymbol{p})}{\partial s} > 0$.

(iv) $0 < s \leq 1$ のとき，$E_0(s, \boldsymbol{p}) > 0$. $-1 < s < 0$ のとき，$E_0(s, \boldsymbol{p}) < 0$.

(v) $-1 < s \leq 1$ のとき，$\dfrac{\partial^2 E_0(s, \boldsymbol{p})}{\partial s^2} \leq 0$. ただし，上の式の等号は $p_i P_{ji} \neq 0$ なるすべての i と j に対して，等式

---

[6] ここで，相互情報量として $I(A; B)$ ではなく，$I(\boldsymbol{p}, P)$ という表記を用いた．初めの等号は，和の表記法を簡単にしただけである．2 つ目の等号は，入力の事前確率 p_i と条件付き確率 $P_{ji} := p(y_j|x_i) = p(y|x)$ によって決まる量であることを，より明確化するためである．以降でも，インデックス i, j を用いるときは p_i や P_{ji} と記述し，集合 $x \in A$ や $y \in B$ を用いるときは $p(x)$ や $p(y|x)$ と記述する．また，相互情報量はそもそも $I(A; B) \geq 0$ であったので，$I(A; B) \neq 0$ とし，厳密に正の値を取ると仮定する．

$$\ln \frac{P_{ji}}{\sum_{k=1}^{n} p_k P_{jk}} = I(\boldsymbol{p}; P)$$

が満足されるときのみ成立する.

証明 (i) $E_0(0, \boldsymbol{p}) = -\ln 1 = 0$.

(ii) $h(s) = \sum_{x \in A} p(x) p(y|x)^{1/(1+s)}$, $g(s) = \sum_{y \in B} h(s)^{1+s}$ とおく. $h(0) = \sum_{x \in A} p(x) p(y|x) = p(y)$ であり, $g(0) = 1$, $\dfrac{\partial E_0(s, p)}{\partial s} = -\dfrac{g'(s)}{g(s)}$ だから, 任意の $b > 0$ に対して s で微分すると,

$$y = b^{1/(1+s)} \Longrightarrow y' = -\frac{1}{(1+s)^2} b^{1/(1+s)} \ln b \tag{6.19}$$

および

$$y = h(s)^{1+s} \Longrightarrow y' = h(s)^{1+s} \ln h(s) + (1+s) h(s)^s h'(s) \tag{6.20}$$

に注意して,

$$\begin{aligned} g'(s) &= \sum_{y \in B} \left(h(s)^{1+s} \ln h(s) + (1+s) h(s)^s h'(s)\right) \\ &= \sum_{y \in B} \Biggl\{ h(s)^{1+s} \ln h(s) \\ &\qquad + (1+s) h(s)^s \sum_{x \in A} p(x) \frac{-1}{(1+s)^2} p(y|x)^{1/(1+s)} \ln p(y|x) \Biggr\}. \end{aligned}$$

したがって [7],

$$\begin{aligned} \frac{\partial E_0(s, p)}{\partial s}\Big|_{s=0} &= -\frac{g'(0)}{g(0)} \\ &= -\sum_{y \in B} \left\{ h(0) \ln h(0) - \sum_{x \in A} p(x) p(y|x) \ln p(y|x) \right\} \end{aligned}$$

---

[7] 補助関数の対数の底を e にしたので, それに対応させて相互情報量の対数の底も e とした. 何度も注意しているが, 底の変換を行えば両者の底を 2 としたままで議論が可能であるが, 微分が簡単に行えるのでここでは, 底を e に取っている. これは本質的な問題ではない.

$$= \sum_{y\in B}\sum_{x\in A} p(x)p(y|x)\ln p(y|x)$$
$$- \sum_{y\in B}\sum_{x\in A} p(x)p(y|x)\ln \sum_{x\in A} p(x)p(y|x)$$
$$= \sum_{x\in A}\sum_{y\in B} p(x)p(y|x)\ln \frac{p(y|x)}{\sum_{x\in A} p(x)p(y|x)} = I(\boldsymbol{p};P).$$

(iii) $s=0$ のときは (ii) で $\left.\dfrac{\partial E_0(s,\boldsymbol{p})}{\partial s}\right|_{s=0} = I(\boldsymbol{p};P) > 0$ であったので，$s \neq 0$ としている．a_i, b_i $(i=1,2,\cdots,n)$ を任意の非負の数とすれば，Hölder の不等式 (11) 式 (241 ページ) で，$\sum_{i=1}^{n} p_i = 1$ なる $p_i > 0$ $(i = 1,\cdots,n)$ に対して，$a_i := p_i^{1/p}a_i$, $b_i := p_i^{1/q}b_i$ とした後，$\dfrac{1}{p} = \lambda$(そのとき，$\dfrac{1}{q} = 1-\lambda$) とすれば，次の不等式を得る．

$$\sum_{i=1}^{n} p_i a_i b_i \le \left(\sum_{i=1}^{n} p_i a_i^{1/\lambda}\right)^{\lambda}\left(\sum_{i=1}^{n} p_i b_i^{1/(1-\lambda)}\right)^{1-\lambda} \qquad (0<\lambda<1) \tag{6.21}$$

ただし，等号成立はすべての $i=1,\cdots,n$ に対して，ある定数 $c>0$ が存在して

$$p_i a_i^{1/\lambda} = c p_i b_i^{1/(1-\lambda)}$$

と表されるときのみに成立する．ここで，$t>r>0$, $\lambda = \dfrac{r}{t}$, $b_i = 1$, $a_i = c_i^r$ とおくと，(6.21) は，

$$\left(\sum_{i=1}^{n} p_i c_i^r\right)^{1/r} \le \left(\sum_{i=1}^{n} p_i c_i^t\right)^{1/t} \qquad (0<r<t) \tag{6.22}$$

と書ける．ただし，等号は，$p_i > 0$ なるすべての i に対して c_i が一定であるときのみ成立する．そこで，(6.22) で，$r = \dfrac{1}{1+r'}$, $t = \dfrac{1}{1+t'}$, $c_i = P_{ji}$ とし両辺を j に関して和を取ると，

$$\sum_{j=1}^{m}\left(\sum_{i=1}^{n} p_i P_{ji}^{1/(1+r')}\right)^{1+r'} \leq \sum_{j=1}^{m}\left(\sum_{i=1}^{n} p_i P_{ji}^{1/(1+t')}\right)^{1+t'}$$

$$(r' > t' > -1) \qquad (6.23)$$

なので，s の関数

$$F(s) = \sum_{j=1}^{m}\left(\sum_{i=1}^{n} p_i P_{ji}^{1/(1+s)}\right)^{1+s}$$

は $s \in (-1,1]\backslash\{0\}$ に関して単調非増加，ゆえに，$E_0(s,\boldsymbol{p})$ は $s \in (-1,1]\backslash\{0\}$ に関して単調非減少である．最後に，(6.23) での等号が不成立であることを言えば，$E_0(s,\boldsymbol{p})$ は s に関して単調増加であることが示される．等号が成立するためには，(6.23) で $c_i = P_{ji}$ とおいたので，P_{ji} がすべての i,j で一定でなければならないが，そのとき，相互情報量は 0 となってしまう．しかし，仮定により $I(\boldsymbol{p};P) > 0$ であったので，それはあり得ない．ゆえに，(6.23) での等号が成り立つことはない．したがって，$E_0(s,\boldsymbol{p})$ は $s \in (-1,1]\backslash\{0\}$ に関して単調増加である．

(iv) (iii) より $0 < s \leq 1$ のとき，$E_0(s,\boldsymbol{p}) > E_0(0,\boldsymbol{p}) = 0$ であり，$-1 \leq s < 0$ のとき，$E_0(s,\boldsymbol{p}) < E_0(0,\boldsymbol{p}) = 0$ である．

(v) $E_0(s,\boldsymbol{p})$ が $s \in (-1,1]$ に関して上に凸であることを示せばよい．(6.21) で $t,r > 0$, $0 < \lambda < 1$ に対して，$a_i = c_i^{\lambda/t}$, $b_i = c_i^{(1-\lambda)/r}$ とおくと，

$$\sum_{i=1}^{n} p_i c_i^{\lambda/t} c_i^{(1-\lambda)/r} \leq \left(\sum_{i=1}^{n} p_i c_i^{1/t}\right)^{\lambda}\left(\sum_{i=1}^{n} p_i c_i^{1/r}\right)^{1-\lambda} \qquad (6.24)$$

が成り立つ．ここで，

$$\frac{\lambda}{t} + \frac{1-\lambda}{r} = \frac{1}{u}, \qquad 1 - v = \frac{u\lambda}{t}$$

とおくと，$u > 0$ で，

$$v = 1 - u\left(\frac{1}{u} - \frac{1-\lambda}{r}\right) = \frac{u(1-\lambda)}{r}$$

となるので，(6.24) の両辺を u 乗することによって，

$$\left(\sum_{i=1}^{n} p_i c_i^{1/u}\right)^{u} \leq \left(\sum_{i=1}^{n} p_i c_i^{1/t}\right)^{(1-v)t} \left(\sum_{i=1}^{n} p_i c_i^{1/r}\right)^{vr} \qquad (t, r > 0) \tag{6.25}$$

を得る．さらに，s_1, s_2, v を $-1 < s_1, s_2, \leq 1$, $0 < v < 1$ と取り，$s_3 = (1-v)s_1 + vs_2$ とおく．そのとき，$-1 < s_3 \leq 1$ であり，(6.25) において，$t = 1 + s_1 > 0$, $r = 1 + s_2 > 0$, $c_i = P_{ji}$ とおくと，$1 + s_3 = 1 + (1-v)s_1 + vs_2 = 1 + (1-v)(t-1) + v(r-1) = u\lambda + u(1-\lambda) = u > 0$ が成り立つので，$j = 1, \cdots, m$ に関して (6.25) の両辺の和を取ると

$$\begin{aligned} &\sum_{j=1}^{m} \left(\sum_{i=1}^{n} p_i P_{ji}^{1/(1+s_3)}\right)^{1+s_3} \\ &\quad \leq \sum_{j=1}^{m} \left(\sum_{i=1}^{n} p_i P_{ji}^{1/(1+s_1)}\right)^{(1-v)(1+s_1)} \left(\sum_{i=1}^{n} p_i P_{ji}^{1/(1+s_2)}\right)^{v(1+s_2)}. \end{aligned} \tag{6.26}$$

ここで，一般の $j = 1, 2, \cdots, m$ に関する和について Hölder の不等式 (これは，(11) 式 (241 ページ) で，$i = 1, 2, \cdots, n$ を $j = 1, 2, \cdots, m$ と変えて，$a_j^p =: x_j$, $b_j^q =: y_j$ とし，$\dfrac{1}{p} = 1 - v$ とすればよい)：

$$\sum_{j=1}^{m} x_j^{1-v} y_j^{v} \leq \left(\sum_{j=1}^{m} x_j\right)^{1-v} \left(\sum_{j=1}^{m} y_j\right)^{v}$$

を再び (6.26) の右辺に適用すると

$$\begin{aligned} &\sum_{j=1}^{m} \left\{\left(\sum_{i=1}^{n} p_i P_{ji}^{1/(1+s_1)}\right)^{1+s_1}\right\}^{1-v} \left\{\left(\sum_{i=1}^{n} p_i P_{ji}^{1/(1+s_2)}\right)^{1+s_2}\right\}^{v} \\ &\quad \leq \left\{\sum_{j=1}^{m} \left(\sum_{i=1}^{n} p_i P_{ji}^{1/(1+s_1)}\right)^{1+s_1}\right\}^{1-v} \left\{\sum_{j=1}^{m} \left(\sum_{i=1}^{n} p_i P_{ji}^{1/(1+s_2)}\right)^{1+s_2}\right\}^{v}. \end{aligned} \tag{6.27}$$

よって，(6.26), (6.27) により

$$\sum_{j=1}^{m} \left(\sum_{i=1}^{n} p_i P_{ji}^{1/(1+s_3)}\right)^{1+s_3}$$

$$\le \left\{ \sum_{j=1}^{m} \left(\sum_{i=1}^{n} p_i P_{ji}^{1/(1+s_1)} \right)^{1+s_1} \right\}^{1-v} \left\{ \sum_{j=1}^{m} \left(\sum_{i=1}^{n} p_i P_{ji}^{1/(1+s_2)} \right)^{1+s_2} \right\}^{v}.$$

この両辺の $-\ln$ を取ると

$$\begin{aligned} E_0(s_3, p) &= E_0((1-v)s_1 + vs_2, p) \\ &\ge (1-v)E_0(s_1, p) + vE_0(s_2, p) \end{aligned}$$

となり，$E_0(s, \boldsymbol{p})$ が $s \in (-1, 1]$ に関して上に凸であることが証明された．最後に等号条件について議論する．等号成立には，(6.26) と (6.27) においてともに等号が成立する場合である．ここで付録 B で詳述する Hölder の不等式の等号条件 (12) 式 (241 ページ) をそれぞれに適用すると，任意の $i = 1, 2, \cdots, n$ に対して

$$\frac{p_i P_{ji}^{1/(1+s_1)}}{\sum_{i=1}^{n} p_i P_{ji}^{1/(1+s_1)}} = \frac{p_i P_{ji}^{1/(1+s_2)}}{\sum_{i=1}^{n} p_i P_{ji}^{1/(1+s_2)}}, \tag{6.28}$$

および，任意の $j = 1, 2, \cdots, m$ に対して

$$\frac{\left(\sum_{i=1}^{n} p_i P_{ji}^{1/(1+s_1)} \right)^{1+s_1}}{\sum_{j=1}^{m} \left(\sum_{i=1}^{n} p_i P_{ji}^{1/(1+s_1)} \right)^{1+s_1}} = \frac{\left(\sum_{i=1}^{n} p_i P_{ji}^{1/(1+s_2)} \right)^{1+s_2}}{\sum_{j=1}^{m} \left(\sum_{i=1}^{n} p_i P_{ji}^{1/(1+s_2)} \right)^{1+s_2}}. \tag{6.29}$$

ただし，Hölder の不等式の等号条件 (12) 式 (241 ページ) のところで注意したように，$p_i P_{ji}^{1/(1+s_1)} > 0$, $p_i P_{ji}^{1/(1+s_2)} > 0$ となるすべての i, j に対して論じれば良い．(0 となる i, j のときは，その分が等号になって，残りの正の部分の等号条件を論じれば良いことになる．すべての i, j に対して 0 になる場合は当然，等号が成り立っている．) ここで，(6.28) の両辺を $1 + s_1$ 乗すると

$$\frac{p_i^{1+s_1} P_{ji}}{\left(\sum_{i=1}^{n} p_i P_{ji}^{1/(1+s_1)} \right)^{1+s_1}} = \frac{p_i^{1+s_1} P_{ji}^{(1+s_1)/(1+s_2)}}{\left(\sum_{i=1}^{n} p_i P_{ji}^{1/(1+s_2)} \right)^{1+s_1}}.$$

これを (6.29) に掛けると

$$\frac{p_i^{1+s_1}P_{ji}}{\sum_{j=1}^{m}\left(\sum_{i=1}^{n}p_iP_{ji}^{1/(1+s_1)}\right)^{1+s_1}}$$
$$=\frac{p_i^{1+s_1}P_{ji}^{(1+s_1)/(1+s_2)}\left(\sum_{i=1}^{n}p_iP_{ji}^{1/(1+s_2)}\right)^{1+s_2}}{\left(\sum_{i=1}^{n}p_iP_{ji}^{1/(1+s_2)}\right)^{1+s_1}\sum_{j=1}^{m}\left(\sum_{i=1}^{n}p_iP_{ji}^{1/(1+s_2)}\right)^{1+s_2}}$$

となり，これを整理すると

$$\frac{\sum_{j=1}^{m}\left(\sum_{i=1}^{n}p_iP_{ji}^{1/(1+s_2)}\right)^{1+s_2}}{\sum_{j=1}^{m}\left(\sum_{i=1}^{n}p_iP_{ji}^{1/(1+s_1)}\right)^{1+s_1}}=\frac{\left(\sum_{i=1}^{n}p_iP_{ji}^{1/(1+s_2)}\right)^{s_2-s_1}}{P_{ji}^{(s_2-s_1)/(1+s_2)}}$$

となる．この左辺は，i,j に依存しないので，これを定数 α とすると，

$$\alpha=\left(\frac{\sum_{i=1}^{n}p_iP_{ji}^{1/(1+s_2)}}{P_{ji}^{1/(1+s_2)}}\right)^{s_2-s_1}.$$

これが i,j に依存しない定数になるのは，

$$\frac{\sum_{i=1}^{n}p_iP_{ji}^{1/(1+s_2)}}{P_{ji}^{1/(1+s_2)}}=\alpha' \tag{6.30}$$

と定数になるのと同値である．Hölder の不等式の等号条件 (12) 式 (241 ページ) のところで，等号条件に関する同値条件より，(6.28) は，定数 $c>0$ が存在し，任意の $i=1,2,\cdots,n$ に対して

$$p_iP_{ji}^{1/(1+s_1)}=cp_iP_{ji}^{1/(1+s_2)}$$

なので，これより，P_{ji} は i に依存しない．よって，(6.30) は，$p_iP_{ji}>0$ となるすべての $i=1,2,\cdots,n;\ j=1,2,\cdots,m$ に対して

$$\alpha' = \frac{\sum_{i=1}^{n} p_i P_{ji}^{1/(1+s_2)}}{P_{ji}^{1/(1+s_2)}} = \frac{P_{ji}^{-s_2/(1+s_2)} \sum_{i=1}^{n} p_i P_{ji}}{P_{ji}^{1/(1+s_2)}} = \frac{\sum_{i=1}^{n} p_i P_{ji}}{P_{ji}}$$

と書ける．このとき，相互情報量の定義から

$$\begin{aligned} I(\boldsymbol{p}; P) &= \sum_{i=1}^{n} \sum_{j=1}^{m} p_i P_{ji} \ln \frac{P_{ji}}{\sum_{k=1}^{n} p_k P_{jk}} = \sum_{i=1}^{n} \sum_{j=1}^{m} p_i P_{ji} \ln \frac{1}{\alpha'} \\ &= \ln \frac{1}{\alpha'} = \ln \frac{P_{ji}}{\sum_{i=1}^{n} p_i P_{ji}} \end{aligned}$$

となり等号条件が示された． □

問題 27　(6.19), (6.20) を示せ．

補題 6.5 において，正の s に関する性質は，通信路符号化定理 (順定理) について適用され，負の s に関する性質は，通信路符号化定理 (逆定理) について適用される．

注 6.1　なお，補題 6.5 (v) に関して，非可換の場合 (量子情報理論の場合) は，[80], [48] で Open problem とされ，[21] で十分条件を与え，[109], [110] で部分的な解答をあたえ，[19] において，$0 \leq s \leq 1$ の場合に完全に解決し，[9] では，$s \geq 0$ の場合に，別証明が与えられた．私の知る限り非可換における $-1 < s \leq 0$ の場合の凹性については未解決のままである．

ここで，$I(\boldsymbol{p}; P)$ が最大値を取る $\boldsymbol{p}$ を $\boldsymbol{p}^*$ とする．つまり，$\boldsymbol{p} = \boldsymbol{p}^*$ のとき，$C = I(\boldsymbol{p}^*; P)$ である．また，$R < C$ とする．そのときの補助関数のグラフの概形は下記のようになる．補題 6.5 より $y = E_0(s, \boldsymbol{p}^*)$ は上に凸な関数であり，$s = 0$ における微分係数が相互情報量であったが，いまはその最大値を与える事前確率分布 $\boldsymbol{p}^*$ の場合を考えているので $s = 0$ における微分係数は通信路容量 C となり，曲線 $y = E_0(s, \boldsymbol{p}^*)$ の原点における接線が $y = Cs$ である．また，直線 $y = Rs$ と曲線 $y = E_0(s, \boldsymbol{p}^*)$ の交点の s 座標を s_0 とする．すると，次ページの図から分かるように，ある区間 $(0, s_0)$ が存在して，$s \in (0, s_0)$ な

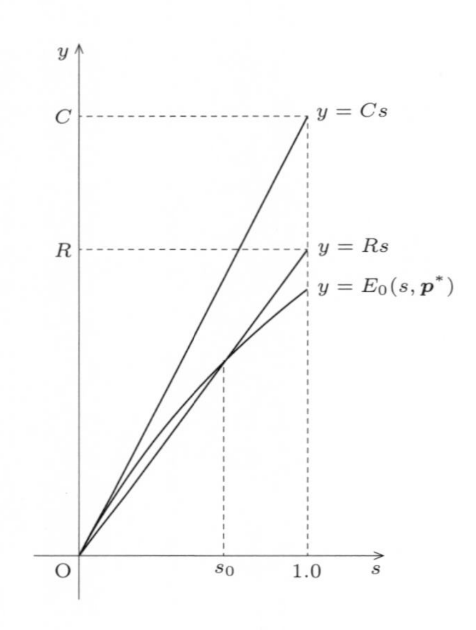

らば，$E_0(s, \boldsymbol{p}^*) > sR$ となる．したがって，$R < C$ のとき，

$$E(R) = \max_{s, \boldsymbol{p}} (-sR + E_0(s, \boldsymbol{p})) \geq -sR + E_0(s, \boldsymbol{p}^*) > 0$$

とできる．ゆえに，次の定理を得る．

定理 6.6　(通信路符号化定理 (Shannon 第二符号化定理)(順定理))　無記憶通信路において，$R < C$ ならば，$E(R) > 0$ となり，符号長 N を十分大きく取ることによって誤り確率を漸近的に 0 にできる符号 $\mathcal{C}$ が存在する．

6.3　通信路符号化定理 (逆定理)

定理 6.6 で存在を保証された符号の具体的構成については符号理論という分野で (情報理論の教科書の最後の方にも少々) 取り上げられる．本書においても第 7 章にて基本的な事項のみ取り上げる．6.2 節で述べた証明は，Gallager [37], [38] によるが，[4] が分かりやすい．この定理は，信頼できる通信路 ($R < C$) では，符号長を十分長く取れば (すなわち，$N \to \infty$)，誤り確率が 0 とな

る符号の存在を示している．$R < C$ は伝送速度が通信路容量を超えさせないという条件であるが，これが常時破られた場合，すなわち $R > C$ の場合はどういう状況に陥るのかを示した定理が通信路符号化 (逆定理) である．これには，符号長を十分大きく取って，誤り確率が 0 でないある正の値より小さくできない (つまり，0 に漸近できない) ことを主張している弱逆定理と，誤り確率が 1 に漸近してしまうことを主張する強逆定理がある．ここでは，強逆定理を示そう．その前に，定理 6.4 に対応する次の定理を証明する．

定理 6.7 任意の符号 $\mathcal{C}$ に対して，復号誤り確率は下界

$$P_e(\mathcal{C}) \geq 1 - \exp\left(-N\left(-sR + \min_{\boldsymbol{p}\in\Delta_n} E_0(s,\boldsymbol{p})\right)\right) \qquad (-1 < s < 0) \quad (6.31)$$

でおさえられる．ただし，$E_0(s,\boldsymbol{p})$ は (6.14) で与えられた補助関数である．

証明 まず，任意のパラメータ q $(0 < q \leq 1)$ に対して次の不等式が成り立つことに注意する．

$$\max_i P(\boldsymbol{y}|\boldsymbol{x}^{(i)}) = \left\{\max_i P(\boldsymbol{y}|\boldsymbol{x}^{(i)})^{1/q}\right\}^q \leq \left\{\sum_{i=1}^{M} P(\boldsymbol{y}|\boldsymbol{x}^{(i)})^{1/q}\right\}^q$$

この式の最初の等号は，$P(\boldsymbol{y}|\boldsymbol{x}^{(i)})$ と $P(\boldsymbol{y}|\boldsymbol{x}^{(i)})^{1/q}$ の最大を与える i が同じだからである．次の不等号は，最大値 1 つよりもほかの正の値を取る確率のべき乗を足したものの方が大きいのは明らかであろう．これを，誤り確率の式 (6.6) に代入すると [8]，

$$\begin{aligned}
P_e(\mathcal{C}) &= \frac{1}{M}\sum_{k=1}^{M}\sum_{\boldsymbol{y}\in B^N} P(\boldsymbol{y}|\boldsymbol{x}^{(k)}) I_k(\boldsymbol{y}) \\
&= \frac{1}{M}\sum_{\boldsymbol{y}\in B^N}\left\{\sum_{k=1}^{M} P(\boldsymbol{y}|\boldsymbol{x}^{(k)}) - \max_i P(\boldsymbol{y}|\boldsymbol{x}^{(i)})\right\}
\end{aligned}$$

---

[8] 最尤復号化法の条件を，任意の $m \in I$ に対して $\Pr(\boldsymbol{y}|\boldsymbol{x}^{(k)}) > \Pr(\boldsymbol{y}|\boldsymbol{x}^{(m)})$ となる ψ : $\boldsymbol{y} \longrightarrow \boldsymbol{x}^{(k)}$ と変更して (6.5) のインディケーター関数を用いると，(6.6) の不等式が等式になる．または，最尤復号化法の条件を変更せずに，インディケーター関数の条件を変更して (6.6) を等式にしても良い．

$$= 1 - \frac{1}{M} \sum_{\boldsymbol{y} \in B^N} \max_i P(\boldsymbol{y}|\boldsymbol{x}^{(i)})$$
$$\geq 1 - \frac{1}{M} \sum_{\boldsymbol{y} \in B^N} \left\{ \sum_{i=1}^{M} P(\boldsymbol{y}|\boldsymbol{x}^{(i)})^{1/q} \right\}^q . \tag{6.32}$$

2 つ目の等号は最大を取る添え字を例えば仮に i などとして，インディケーター関数の定義に従えば分かる．3 つ目の等号の最初の項については，

$$\sum_{\boldsymbol{y} \in B^N} P(\boldsymbol{y}|\boldsymbol{x}^{(i)}) = 1$$

なので，和の順序を変えて，

$$\frac{1}{M} \sum_{i=1}^{M} \sum_{\boldsymbol{y} \in B^N} P(\boldsymbol{y}|\boldsymbol{x}^{(i)}) = \frac{1}{M} \sum_{i=1}^{M} 1 = 1$$

がでる．最後の不等号は，上で注意した不等式を用いた．

定理 6.4 のときと同じく，符号 $\mathcal{C} = \left\{\boldsymbol{x}^{(1)}, \cdots, \boldsymbol{x}^{(M)}\right\}$ の全体の集合 $[A^N]^I$ 上に確率分布 $P(\boldsymbol{x}^{(1)}, \cdots, \boldsymbol{x}^{(M)})$ を導入し，これによる期待値を E で表し，ランダム符号化法を適用する．関数 $f(x) = x^q$ $(x > 0,\ 0 < q \leq 1)$ が上に凸であるので，Jensen の不等式を用いて，(6.32) は，期待値の性質 (第 8 章の冒頭部参照) より

$$E[P_e(\mathcal{C})] \geq 1 - \frac{1}{M} E\left[\sum_{\boldsymbol{y} \in B^N} \left(\sum_{i=1}^{M} P(\boldsymbol{y}|\boldsymbol{x}^{(i)})^{1/q} \right)^q \right]$$
$$\geq 1 - \frac{1}{M} \sum_{\boldsymbol{y} \in B^N} \left(\sum_{i=1}^{M} E[P(\boldsymbol{y}|\boldsymbol{x}^{(i)})^{1/q}] \right)^q \tag{6.33}$$

となる．定理 6.4 のときと同じく，全体の集合 $[A^N]^I$ 上の確率分布 $P(\boldsymbol{x}^{(1)}, \cdots, \boldsymbol{x}^{(M)})$ については，独立とする．つまり (6.7) が成り立つとする．そのとき，$\displaystyle\sum_{\boldsymbol{x}^{(j)} \in A^N} P(\boldsymbol{x}^{(j)}) = 1$ $(i \neq j = 1, \cdots, M)$ より

$$E\left[P(\boldsymbol{y}|\boldsymbol{x}^{(i)})^{1/q}\right] = \sum_{\mathcal{C} \in [A^N]^I} P(\mathcal{C}) P(\boldsymbol{y}|\boldsymbol{x}^{(i)})^{1/q}$$
$$= \sum_{\boldsymbol{x}^{(i)} \in A^N} P(\boldsymbol{x}^{(i)}) P(\boldsymbol{y}|\boldsymbol{x}^{(i)})^{1/q}$$

$$= \sum_{\boldsymbol{x} \in A^N} P(\boldsymbol{x}) P(\boldsymbol{y}|\boldsymbol{x})^{1/q}$$

これを (6.33) に代入して

$$E[P_e(\mathcal{C})] \geq 1 - M^{q-1} \sum_{\boldsymbol{y} \in B^N} \left(\sum_{\boldsymbol{x} \in A^N} P(\boldsymbol{x}) P(\boldsymbol{y}|\boldsymbol{x})^{1/q} \right)^q \tag{6.34}$$

となる．ここから先は，定理 6.4 と違って，任意の符号 $\mathcal{C}$ に対して，$P_e(\mathcal{C})$ を下から押さえなければならない．定理 6.4 では，平均以上のものが少なくとも 1 つ存在するという論法であったので楽であった．そこで，復号化の誤り確率 $P_e(\mathcal{C})$ を最小にする符号を $\mathcal{C}_{\min} = \left\{ \boldsymbol{x}_{\min}^{(1)}, \cdots, \boldsymbol{x}_{\min}^{(M)} \right\}$ とする．そのとき，一般に $E\left[P_e(\mathcal{C})\right] \geq P_e(\mathcal{C}_{\min})$ である．ランダム符号化を行ったときの集合 $[A^N]^I$ 上の確率分布の中にはこの等号を成立させるものも存在する．例えば，符号語の順序には無関係に集合として最適符号 $\mathcal{C}_{\min}$ に一致する符号は $[A^N]^I$ の中に全部で，$M!$ 個ある．最適符号 $\mathcal{C}_{\min}$ の符号語はすべて異なっているので，異なる M 個の並べ方は $M!$ 個ある．したがって，次のような確率分布を考えればよい．

$$P_{\min}(\mathcal{C}) = \begin{cases} \dfrac{1}{M!} & (\mathcal{C} = \mathcal{C}_{\min}\text{のとき}) \\ 0 & (\mathcal{C} \neq \mathcal{C}_{\min}\text{のとき}) \end{cases}$$

ただし，上式における右辺の等号条件は集合としての一致するか否かという意味である．この分布は $\mathcal{C}$ の符号語の順序に無関係であり，明らかに，$E\left[P_e(\mathcal{C})\right] = P_e(\mathcal{C}_{\min})$ である．したがって，(6.34) より

$$\begin{aligned} P_e(\mathcal{C}) &\geq \min_{\mathcal{C} \in [A^N]^I} P_e(\mathcal{C}) = P_e(\mathcal{C}_{min}) \geq \min_{P(\cdot)} E\left[P_e(\mathcal{C})\right] \\ &\geq \min_{P(\boldsymbol{x})} \left\{ 1 - M^{q-1} \sum_{\boldsymbol{y} \in B^N} \left(\sum_{\boldsymbol{x} \in A^N} P(\boldsymbol{x}) P(\boldsymbol{y}|\boldsymbol{x})^{1/q} \right)^q \right\} \end{aligned} \tag{6.35}$$

となる．ここで，2 つ目の不等号は等式 $P_e(\mathcal{C}_{\min}) = E\left[P_e(\mathcal{C})\right]$ の右辺の最小値を取っているので明らかである．また，3 つ目の不等号について，$\displaystyle\min_{P(\cdot)}$ は符号の順序に無関係な集合 $[A^N]^I$ 上の確率分布全体の中で最小値を取ることを

意味し，$\min\limits_{P(\boldsymbol{x})}$ は A^N 上の任意の確率分布で最小を取ることを意味する．つまり「順序に無関係な」という条件が取り去られ無条件で各 A^N ごとに最小化できるのでより小さくなる．

定理 6.4 と同様に，A^N 上の確率分布は独立である．つまり，(6.12) を仮定しており，通信路は無記憶，つまり (6.4) 式を満たしているので，これらを代入して次の計算を行い整理する．つまり (6.11) の右辺から (6.13) への右辺の変形と同様にして次を得る．

$$\max_{p(\boldsymbol{x})} \sum_{\boldsymbol{y} \in B^N} \left(\sum_{\boldsymbol{x} \in A^N} P(\boldsymbol{x}) P(\boldsymbol{y}|\boldsymbol{x})^{1/q} \right)^q = \left\{ \max_{\boldsymbol{p}} \left(\sum_{j=1}^m \left(\sum_{i=1}^n p_i P_{ji}^{1/q} \right)^q \right) \right\}^N \tag{6.36}$$

これを，(6.35) に代入すると

$$P_e(\mathcal{C}) \geq 1 - M^{q-1} \left\{ \max_{\boldsymbol{p}} \left(\sum_{j=1}^m \left(\sum_{i=1}^n p_i P_{ji}^{1/q} \right)^q \right) \right\}^N \tag{6.37}$$

となる．ここで，伝送速度は $R = \dfrac{\ln M}{N}$ であり，また $s = q - 1$ とおくと，(6.37) は，

$$P_e(\mathcal{C}) \geq 1 - \exp\left(-N \left(-sR + \min_{\boldsymbol{p}} E_0(s, \boldsymbol{p}) \right) \right) \qquad (-1 < s < 0)$$

となる．□

問題 28　(6.36) が成り立つことを示せ．

定理 6.6 の導出のときと同様に，相互情報量の最大値を与える入力系の事前確率分布を $\boldsymbol{p}^*$ とする．補題 6.5 の性質を考慮して，$y = E_0(s, \boldsymbol{p}^*)$，$y = E_0(s, \boldsymbol{p})$ $(-1 < s \leq 0)$ のグラフの概形を描くと次ページ上のようになる．

左図からたしかに $s_0 \in (-1, 0)$ が存在して，$R > C$ のとき，$s \in (s_0, 0)$ および，特別な $\boldsymbol{p}^* \in \Delta_n$ に対して，$-sR + E_0(s, \boldsymbol{p}^*) > 0$ であることがわかるが，一般に $-sR + E_0(s, \boldsymbol{p}^*) \geq -sR + \min\limits_{\boldsymbol{p} \in \Delta_n} E_0(s, \boldsymbol{p})$ なので，順定理のときと異なり，これから直ちに，$-sR + \min\limits_{\boldsymbol{p} \in \Delta_n} E_0(s, \boldsymbol{p}) > 0$ とは言えない．しかし，

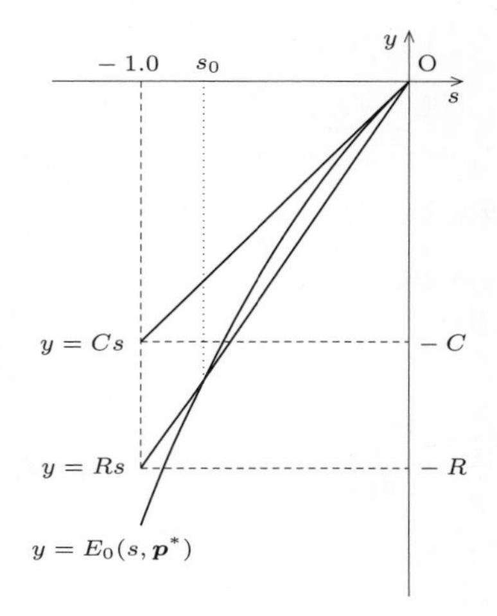

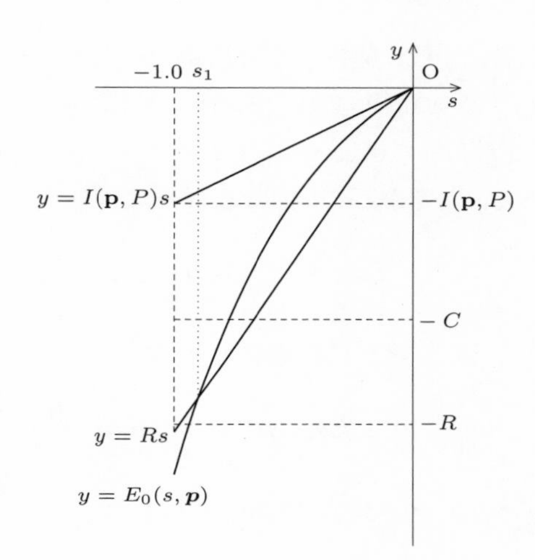

一般に $C \geq I(\boldsymbol{p}, P)$ なので，補題 6.5 を用いて右図を描く．まず，原点を通り上に凸で増加する s の関数 $y = E_0(s, \boldsymbol{p})$ を適当に描き，原点での接線を引くとそれが，$y = I(\boldsymbol{p}, P)s$ である．いま，$R > C > I(\boldsymbol{p}, P)$ なので，直線 $y = Rs$ は右図のようになる．したがってこの右図から分かるように，$s_1 \in (-1, 0)$ が存在して，$s \in (s_1, 0)$ と任意の $\boldsymbol{p} \in \Delta_n$ に対して $-sR + E_0(s, \boldsymbol{p}) > 0$ となることがわかる．よって，$-sR + \min_{\boldsymbol{p} \in \Delta_n} E_0(s, \boldsymbol{p}) > 0$ が言える．これにより，定理 6.7 から，以下の定理 6.8 が言える．

あるいは，文献 [3] に従って，次のようにして，$-sR + \min_{\boldsymbol{p} \in \Delta_n} E_0(s, \boldsymbol{p}) > 0$ を満たす s が区間 $(-1, 0)$ に存在することを示すことができる．まず，s の関数 $E_0(s, \boldsymbol{p})$ $(-1 < s \leq 0)$ の概形から，任意の $\boldsymbol{p} \in \Delta_n$ と $-1 < s < 0$ に対して $E_0(s, \boldsymbol{p}) \leq \left(\left. \dfrac{\partial E_0(s, \boldsymbol{p})}{\partial s} \right|_{s=0} \right) s$ なので，これより

$$\min_{\boldsymbol{p} \in \Delta_n} E_0(s, \boldsymbol{p}) \leq \max_{\boldsymbol{p} \in \Delta_n} \left(\left. \frac{\partial E_0(s, \boldsymbol{p})}{\partial s} \right|_{s=0} \right) s.$$

したがって，$s < 0$ に注意して

$$\lim_{s \nearrow 0} \frac{1}{s} \min_{\boldsymbol{p} \in \Delta_n} E_0(s, \boldsymbol{p}) \geq \max_{\boldsymbol{p} \in \Delta_n} \left(\left. \frac{\partial E_0(s, \boldsymbol{p})}{\partial s} \right|_{s=0} \right) = C. \tag{6.38}$$

次に，一般に関数 f が $f(0)=0$ で上に凸 (つまり $f''(x) \le 0$) のとき，$f(x)-xf'(x) \ge 0$ $(x \le 0)$ である．これは，$g(x) := f(x) - xf'(x)$ とおいて，$g'(x) = -xf''(x) \le 0$ $(x \le 0)$ であるので，$g(x) \ge g(0) = 0$ $(x \le 0)$ と示すことができる．したがって，補題 6.5(v) より任意の $\boldsymbol{p} \in \Delta_n$ と $-1 < s < 0$ に対して，

$$E_0(s, \boldsymbol{p}) \ge s \frac{\partial E_0(s, \boldsymbol{p})}{\partial s}$$

となり，$s<0$ に注意すると，

$$\lim_{s \nearrow 0} \frac{1}{s} \min_{\boldsymbol{p} \in \Delta_n} E_0(s, \boldsymbol{p}) \le \lim_{s \nearrow 0} \max_{\boldsymbol{p} \in \Delta_n} \frac{\partial E_0(s, \boldsymbol{p})}{\partial s} = \max_{\boldsymbol{p} \in \Delta_n} I(\boldsymbol{p}, P) = C \tag{6.39}$$

よって，(6.38) と (6.39) より

$$\lim_{s \nearrow 0} \frac{1}{s} \min_{\boldsymbol{p} \in \Delta_n} E_0(s, \boldsymbol{p}) = C \tag{6.40}$$

を得る [9]．

ゆえに，$R > C$ のとき，ある数 $\varepsilon > 0$ が存在して $R > C + \varepsilon$ となり，そのとき，(6.40) により，$-1 < s_2 < 0$ を満たすある数 s_2 が存在して

$$\frac{1}{s_2} \min_{\boldsymbol{p} \in \Delta_n} E_0(s_2, \boldsymbol{p}) \le C + \varepsilon$$

となる．したがって，任意の $\boldsymbol{p} \in \Delta_n$ に対して

$$-s_2 R + \min_{\boldsymbol{p} \in \Delta_n} E_0(s_2, \boldsymbol{p}) \ge -s_2(R - C - \varepsilon) > 0$$

となる $s_2 \in (-1, 0)$ が存在する．以上より次の定理を得る．

定理 6.8　(通信路符号化定理 (強逆定理))　無記憶通信路において，$R > C$ ならば，どのように符号化しても，符号長 N が十分大きいときに，誤り確率が 1 に漸近する．

---

[9] なお，文献 [3] では，

$$\lim_{s \searrow 0} \frac{1}{s} \max_{\boldsymbol{p} \in \Delta_n} E_0(s, \boldsymbol{p}) = C$$

も同様に示されている．

定理 6.8 から，信頼できない通信路 ($R > C$) のとき，正確な情報伝達が不可能であり，符号長 N を $N \to \infty$ としたときに，$P_e(\mathcal{C}) \to 1$ となり，ほとんど誤って伝達してしまうことが分かる．

以上，定理 6.6，定理 6.8 から，通信路符号化において，通信路容量は，正確な情報伝達を可能にするか否かの指標となっていて，誤りなく情報伝達する前提で，伝送速度の限界が通信路容量であることが理解できるであろう．これは，情報源符号化定理における圧縮限界を与えていた Shannon エントロピーに対応するものである．なお，情報源符号化定理は，無雑音通信路符号化定理ともいわれる．通信路行列 P を単位行列に取り，通信路符号化・復号化を経ない情報伝送モデルであるためこのように呼ばれることがある．この点について以下で考察しておこう．

注 6.2 通信路行列 $P = (p_{ij}) = (\Pr(b_j|a_i))$ が単位行列 I_n のとき，必然的に正方行列になる．ここでは，(n,n) 型行列とした．このとき，$p_{ii} = 1, p_{ij} = 0$ $(i \neq j)$ に注意して，相互情報量 $I(\boldsymbol{p}; P)$ を計算すると Shannon エントロピー $H(\boldsymbol{p})$ となり，通信路容量 $C = \max_{\boldsymbol{p} \in \Delta_n} H(\boldsymbol{p}) = \ln n$ となる．また，補助関数は $E_0(s, \boldsymbol{p}) = -\ln\left(p_1^{1+s} + \cdots + p_n^{1+s}\right)$ となる．以降では，順定理 (定理 6.4 と定理 6.6) と逆定理 (定理 6.7 と定理 6.8) に分けて考察する．まず，順定理に関して，信頼性関数は $E(R) = \max_{0 \leq s \leq 1,\, \boldsymbol{p} \in \Delta_n} \left(-sR - \ln\left(p_1^{1+s} + \cdots + p_n^{1+s}\right)\right)$ である．ここで，$\boldsymbol{p} \in \Delta_n$ に関して $-\ln\left(p_1^{1+s} + \cdots + p_n^{1+s}\right)$ が最大になることと $p_1^{1+s} + \cdots + p_n^{1+s}$ が最小になることは同値であることに注意する．$0 \leq s \leq 1$ のとき，$p_i^{1+s} \leq p_i$ $(i = 1, \cdots, n)$ なので，$p_1^{1+s} + \cdots + p_n^{1+s} \leq p_1 + \cdots + p_n = 1$ である．最小になる各 p_i を求めるのに $f(p_1, \cdots, p_n, \lambda) := p_1^{1+s} + \cdots + p_n^{1+s} - \lambda(p_1 + \cdots + p_n - 1)$ とおいて Lagrange の未定係数法を用いると，簡単な計算により極値を与える候補として $p_i = \dfrac{1}{n}$ $(i = 1, \cdots, n)$ が得られる．$\{(p_1, \cdots, p_n) : p_1 + \cdots + p_n = 1,\ 0 \leq p_i \leq 1\ (i = 1, \cdots, n)\}$ は有界閉集合であり，$p_1^{1+s} + \cdots + p_n^{1+s}$ はこの上で連続なので，最大値・最小値を持

つ．得られた候補 $p_i = \dfrac{1}{n}$ のときの値 $\dfrac{1}{n^s}$ は 1 より小さいのでこれが最小値となる．$R = \dfrac{1}{N}\ln M$ であったので，このとき，$P_e(\mathcal{C}) \leq \exp(-NE(R)) = \dfrac{M}{n^N} \to 0$ $(N \to \infty)$．なお，定理 6.6 における条件 $R < C$ は $M < n^N$ であり，これは M 種類の文字を n 種類の文字 N 個を使って重複なく符号化できていることを意味している．そのような状況下であれば，誤り確率は漸近的に 0 となることが読み取れる．

次に逆定理の場合について考える．つまり，条件 $R > C = \ln n$ のときはどうであろうか．同様の計算により (6.31) から $-1 < s < 0$ に注意して $P_e(\mathcal{C}) \geq 1 - \exp(sN(R - \ln n)) \to 1$ $(N \to \infty)$ となっていることがわかる．条件 $R > \ln n$ は $M > n^N$ と同値であり，これは M 種類の文字のうちいくつかを重複して符号化せざるを得ない状況であり，そのときは，誤り確率は漸近的に 1 になることをわかる．ここで，細かい注意として，逆定理における条件 $R > C = \ln n \iff M > n^N$ で，誤り確率 $P_e(\mathcal{C})$ の下界の極限 $N \to \infty$ を取る際に，$N \to \infty$ としてしまうとこの条件 $M > n^N$ は満たされない．そこで，条件 $M > n^{N_0}$ を満たすように符号長 N_0 を選んでおくと，極限は取れないが，誤り確率 $P_e(\mathcal{C})$ の下界は，$s < 0$ に注意すると $0 < \left(\dfrac{M}{n^{N_0}}\right)^s < 1$ なので，$P_e(\mathcal{C}) \geq 1 - \exp\left(sN_0\left(\dfrac{1}{N_0}\ln M - \ln n\right)\right) = 1 - \left(\dfrac{M}{n^{N_0}}\right)^s > 0$ と少なくとも 0 にならないことが分かる．

最後に $p_1^{1+s} + \cdots + p_n^{1+s}$ の最大値・最小値を求めるのに以下に示す優越 (majorization, 例えば, [69], [111, Chapter 10], [75, Chapter 4] などを参照されたい.）という手法が役に立つことを簡単に述べておこう．2 つのベクトル列 $\boldsymbol{x} := (x_1, \cdots, x_n)$, $\boldsymbol{y} := (y_1, \cdots, y_n)$ がそれぞれ $x_1 \geq \cdots \geq x_n$, $y_1 \geq \cdots \geq y_n$ の条件を満たしているとする．$\boldsymbol{x}$ が $\boldsymbol{y}$ に優越されるとは，

$$\sum_{i=1}^{k} x_i \leq \sum_{i=1}^{k} y_i \qquad (k = 1, \cdots, n-1), \qquad \sum_{i=1}^{n} x_i = \sum_{i=1}^{n} y_i$$

を満たすことと定義し，$\boldsymbol{x} \prec \boldsymbol{y}$ と書く．上の等号の条件を $\displaystyle\sum_{i=1}^{n} x_i \leq \sum_{i=1}^{n} y_i$ に変えたとき，$\boldsymbol{x}$ が $\boldsymbol{y}$ に弱優越されると言い，$\boldsymbol{x} \prec_w \boldsymbol{y}$ と書く．ここで $\boldsymbol{p} \in \Delta_n$

に対して

$$\left(\frac{1}{n}, \cdots, \frac{1}{n}\right) \prec (p_1, \cdots, p_n) \prec (1, 0, \cdots, 0)$$

が成り立つことが分かる．また，f が凸関数のとき，$\boldsymbol{x} \prec \boldsymbol{y}$ ならば $f(\boldsymbol{x}) \prec_w f(\boldsymbol{y})$ となることが知られている．いま，$0 \le s \le 1$ のとき $f(x) = x^{1+s}$ は凸関数であるので，

$$\left(\frac{1}{n^{1+s}}, \cdots, \frac{1}{n^{1+s}}\right) \prec_w \left(p_1^{1+s}, \cdots, p_n^{1+s}\right) \prec_w (1, 0, \cdots, 0)$$

であるから，$\dfrac{1}{n^s} \le p_1^{1+s} + \cdots + p_n^{1+s} \le 1$ が分かる．

例 6.9 例 6.1 で取り上げた 2 元対称通信路を例に信頼性関数 $E(R)$ を計算してみよう．誤り確率は $0 < p < \dfrac{1}{2}$ とし，事前分布は同様に $\Pr(A) = \boldsymbol{p} = \{r, 1-r\}$ である [10]．通信路容量は $C = \ln 2 - H_b(p)$ である [11]．ここでは，$R < C$ の場合のみを考える．つまり，$0 < s \le 1$ である．補助関数は次のように計算される．

$$f(r) := E_0(s, \boldsymbol{p}) = E_0(s, r) = -\ln g(r), \quad g(r) = h_1(r)^{s+1} + h_2(r)^{s+1}.$$

ただし，

$$h_1(r) = r(1-p)^{1/(1+s)} + (1-r)p^{1/(1+s)},$$
$$h_2(r) = rp^{1/(1+s)} + (1-r)(1-p)^{1/(1+s)}.$$

ここで，$f(0) = f(1) = 0$ はすぐに分かる．また，補題 6.5 (iv) により $0 < s \le 1$ のとき $f(r) > 0$ であった．次に，$f'(r) = -\dfrac{g'(r)}{g(r)}$，

$$g'(r) = (1+s)\left(h_1(r)^s h_1'(r) + h_1(r)^s h_1'(r)\right)$$

---

[10] ここの記号は例 6.1 に合わせた．

[11] 信頼性関数の対数の底 e に合わせて，ここでは対数の底はすべて e とする．微分の計算がしやすいし，底の違いは本質的な問題ではない．

$$= (1+s)\left\{(1-p)^{1/(1+s)} - p^{1/(1+s)}\right\}\{h_1(r)^s - h_2(r)^s\}.$$

ここで，$0 < p < \dfrac{1}{2}$ であったので，

$$f'(r) = 0 \iff h_1(r) = h_2(r) \iff r = \frac{1}{2}.$$

ここでも，$0 < p < \dfrac{1}{2}$ により $(1-p)^{1/(1+s)} - p^{1/(1+s)} \neq 0$ $(0 < s \leq 1)$ を用いた．さらに，$0 \leq r < \dfrac{1}{2}$ のとき，$g'(r) < 0 \iff f'(r) > 0$ であり，$\dfrac{1}{2} < r \leq 1$ のとき $g'(r) > 0 \iff f'(r) < 0$ であるから，$f(r)$ は $r = \dfrac{1}{2}$ で最大値を取る．すなわち，

$$\begin{aligned} E_0(s) &:= \max_r E_0(s,r) = f\left(\frac{1}{2}\right) \\ &= s\ln 2 - (1+s)\ln\left((1-p)^{1/(1+s)} + p^{1/(1+s)}\right) \end{aligned}$$

である．次に，$\psi(s) = -sR + E_0(s)$ $(0 < s \leq 1)$ とおいて，この最大値を求める．$y = b^{1/(1+s)}$ のとき $y' = -\dfrac{1}{(1+s)^2}b^{1/(1+s)}\ln b$ に注意して，

$$\begin{aligned} \psi'(s) &= \ln 2 - R - \ln\left((1-p)^{1/(1+s)} + p^{1/(1+s)}\right) \\ &\quad + \frac{1}{1+s}\left\{\frac{(1-p)^{1/(1+s)}}{(1-p)^{1/(1+s)} + p^{1/(1+s)}}\ln(1-p)\right. \\ &\qquad\qquad \left. + \frac{p^{1/(1+s)}}{(1-p)^{1/(1+s)} + p^{1/(1+s)}}\ln p\right\} \\ &= \ln 2 - R - \ln\left((1-p)^{1/(1+s)} + p^{1/(1+s)}\right) \\ &\quad + p(s)\ln p^{1/(1+s)} + (1-p(s))\ln(1-p)^{1/(1+s)} \\ &= \ln 2 - R - \ln\left((1-p)^{1/(1+s)} + p^{1/(1+s)}\right) \\ &\quad + p(s)\ln p(s)\left((1-p)^{1/(1+s)} + p^{1/(1+s)}\right) \\ &\quad + (1-p(s))\ln(1-p(s))\left((1-p)^{1/(1+s)} + p^{1/(1+s)}\right) \\ &= \ln 2 - R + p(s)\ln p(s) + (1-p(s))\ln(1-p(s)) \end{aligned}$$

$$= \ln 2 - R - H_b(p(s)).$$

ただし,

$$p(s) := \frac{p^{1/(1+s)}}{(1-p)^{1/(1+s)} + p^{1/(1+s)}}$$

とおいた．これより $\psi'(s) = 0 \Longleftrightarrow R = \ln 2 - H_b(p(s))$(注意として $C = \ln 2 - H_b(p)$ であった) である．そこで，問題は $R = \ln 2 - H_b(p(s))$ を満たす s が $(0, 1]$ に存在するかということになる．

ここで,

$$p'(s) = \frac{\{p(1-p)\}^{1/(1+s)} \ln \dfrac{1-p}{p}}{(1+s)^2 \left((1-p)^{1/(1+s)} + p^{1/(1+s)}\right)^2} > 0 \qquad \left(0 < p < \frac{1}{2}\right)$$

より $p(s)$ は $s \in (0, 1]$ に関して単調増加．ゆえに $p(s) \leq p(1) = \dfrac{\sqrt{p}}{\sqrt{1-p} + \sqrt{p}} < \dfrac{1}{2}$, $\left(0 < p < \dfrac{1}{2}\right)$. バイナリエントロピー $H_b(t)$ は $0 \leq t \leq 1$ で定義され，$0 \leq t \leq \dfrac{1}{2}$ で単調に増加し，$\dfrac{1}{2} \leq t \leq 1$ で単調に減少し，かつ $t = \dfrac{1}{2}$ に関して対称で，上に凸な関数であることを思い出そう．この事実とから，$H_b(p(s))$ は $s \in (0, 1]$ で単調増加であり，したがって，$\ln 2 - H_b(p(s))$ は $s \in (0, 1]$ で単調減少となる．よって，$\ln 2 - H_b(p(s))$ は $s = 1$ のとき最小値 $\ln 2 - H_b(p(1)) =: R_0$ を取る．(ちなみに，最大値は，$\ln 2 - H_b(p(s)) \leq \ln 2 - \lim_{s \to 0} H_b(p(s)) = \ln 2 - H_b(p(0)) = \ln 2 - H_b(p) = C$ である．)

以上より，次のように場合分けを行う．

(i) $R < R_0$ のとき，$\ln 2 - H_b(p(s)) - R > 0$ より $\psi'(s) > 0$ $(0 < s \leq 1)$ なので $\psi(s)$ は区間 $(0, 1]$ で単調増加である．したがって $\psi(s)$ は $s = 1$ で最大値を取る．よって，そのときの信頼性関数は

$$\begin{aligned} E(R) &= \max_{s,r}(-sR + E_0(s, r)) = \max_{s}(-sR + E_0(s)) \\ &= \max_{s} \psi(s) = \psi(1) = -R + \ln 2 - 2 \ln \left(\sqrt{1-p} + \sqrt{p}\right) \end{aligned}$$

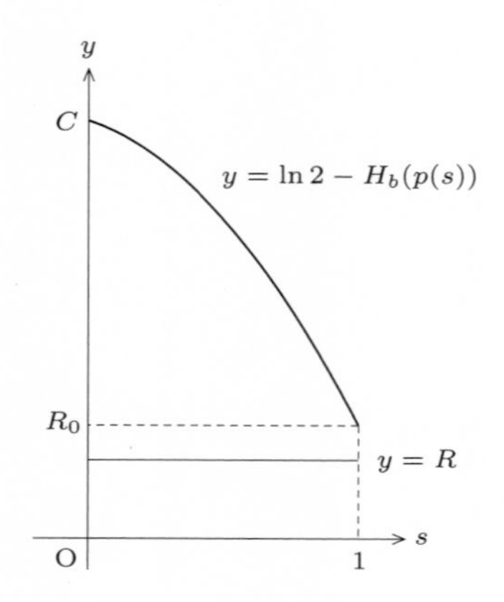

となる．

(ii) $R_0 \leq R < C$ の場合を考える． $y = \ln 2 - H_b(p(s))$ が $s \in (0, 1]$ に関して単調減少で，$s = 1$ で最小値 R_0，$s = 0$ で最大値 C を取る．また，$y = R$ は一定の値であるが，R の範囲が，今は，$R_0 \leq R < C$ である．このイメージを下の図に示そう．

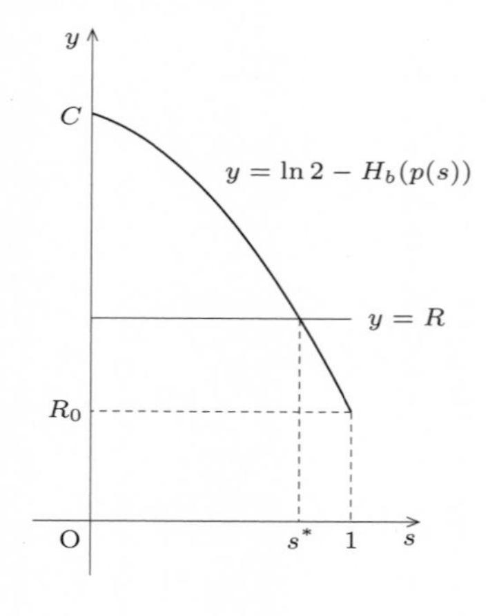

この図からも明らかなように，$R = \ln 2 - H_b(p(s))$ を満たす s が $(0, 1]$ に唯一つ存在する．仮にその点を s^* とおく．するとグラフから $0 < s < s^*$ で $\ln 2 - H_b(p(s)) - R > 0$ (すなわち，$\psi'(s) > 0$) であり，$s^* < s \leq$

1 で $\ln 2 - H_b(p(s)) - R < 0$ (すなわち，$\psi'(s) < 0$) であることが分かる．これは，$\psi(s)$ が $s = s^*$ で最大値を取ることを意味する．したがって，そのときの信頼性関数は，$R = \ln 2 - H_b(p(s^*))$ より

$$
\begin{aligned}
E(R) &= \max_{s,r}(-sR + E_0(s,r)) = -s^* R + E_0(s^*) \\
&= -s^*(\ln 2 - H_b(p(s^*))) + s^* \ln 2 \\
&\quad - (1+s^*) \ln \left((1-p)^{1/(1+s^*)} + p^{1/(1+s^*)}\right) \\
&= s^* H_b(p(s^*)) - (1+s^*) \ln \left((1-p)^{1/(1+s^*)} + p^{1/(1+s^*)}\right) \\
&= -s^* p(s^*) \ln \frac{p^{1/(1+s^*)}}{p^{1/(1+s^*)} + (1-p)^{1/(1+s^*)}} \\
&\quad - s^*(1-p(s^*)) \ln \frac{(1-p)^{1/(1+s^*)}}{p^{1/(1+s^*)} + (1-p)^{1/(1+s^*)}} \\
&\quad - s^* \ln \left(p^{1/(1+s^*)} + (1-p)^{1/(1+s^*)}\right) \\
&\quad - \ln \left(p^{1/(1+s^*)} + (1-p)^{1/(1+s^*)}\right) \\
&= -p(s^*) \ln p^{s^*/(1+s^*)} - (1-p(s^*)) \ln (1-p)^{s^*/(1+s^*)} \\
&\quad - \ln \left(p^{1/(1+s^*)} + (1-p)^{1/(1+s^*)}\right) \\
&= -p(s^*) \ln p^{s^*/(1+s^*)} - (1-p(s^*)) \ln (1-p)^{s^*/(1+s^*)} \\
&\quad - \ln \Big(\left\{p^{1/(1+s^*)} + (1-p)^{1/(1+s^*)}\right\}^{p(s^*)} \\
&\qquad\qquad \times \left\{p^{1/(1+s^*)} + (1-p)^{1/(1+s^*)}\right\}^{(1-p(s^*))}\Big) \\
&= -p(s^*) \ln \left[p^{s^*/(1+s^*)} \left\{p^{1/(1+s^*)} + (1-p)^{1/(1+s^*)}\right\}\right] \\
&\quad - (1-p(s^*)) \ln \Big[(1-p)^{s^*/(1+s^*)} \\
&\qquad\qquad\qquad \times \left\{p^{1/(1+s^*)} + (1-p)^{1/(1+s^*)}\right\}\Big] \\
&= -p(s^*) \ln \left(p^{s^*/(1+s^*)} \frac{p^{1/(1+s^*)}}{p(s^*)}\right) \\
&\quad - (1-p(s^*)) \ln \left((1-p)^{s^*/(1+s^*)} \frac{(1-p)^{1/(1+s^*)}}{1-p(s^*)}\right)
\end{aligned}
$$

$$
\begin{aligned}
&= p(s^*) \ln \frac{p(s^*)}{p} + (1 - p(s^*)) \ln \frac{1 - p(s^*)}{1 - p} \\
&= D_b(p(s^*)|p) \geq 0.
\end{aligned}
$$

最後の不等号は相対エントロピーの非負性による．また，$R = \ln 2 - H_b(p(s))$，$C = \ln 2 - H_b(p)$ であったから $C \neq R$ より $p \neq p(s^*)$ である．したがって，最後の不等号で等号になる可能性もない．よって，$E(R) > 0$ が確認できる．

第7章

符号理論入門

本章では，誤り訂正符号の基礎として，線形符号と巡回符号について簡単に触れておく．符号理論について詳しく学びたい場合は，多くの書籍が出版されているのでそちらを参照してもらいたい．

情報源符号化では冗長性を除去し，いかに効率よく圧縮していくかを議論してきた．そのうえで，いくつかの情報源符号化アルゴリズムを第4章で紹介した．本章では，逆に冗長性[1]を追加して，それらに働いてもらうことを考える．つまり送信すべき情報記号に検査記号を追加することで，誤りの検出や訂正を行ってもらおうという目的である．単純な多数決符号という具体例を示そう．試験の合否を2元符号で，合格 $\to 0$，不合格 $\to 1$ と対応させて，電気信号などで受信者に送信した際に，雑音などの影響でもしも誤って逆に受信されてしまったら大問題となってしまう．そこでそうならないように，それぞれに2ビットの同じ記号を追加して，合格 $\to 000$，不合格 $\to 111$ として送信するわけである．この後から追加した2ビット (検査記号) はもちろん冗長であるが，重大な連絡をする際には万が一のときのリスク回避となり得る．例えば，入力側で0を送信したにも関わらず受信側で1を受信してしまう確率が 10^{-10} 程度のシステムの場合に，3ビットの000のうち，1つだけ誤って010と受信してしまったときは，もともとは000，つまり合格であったと誤りを訂正し得るのである．もちろん，もともとが111であり2ビットの誤りが起こって010

[1]後述される検査記号のことである．

と受信される可能性も 0 パーセントではないが，今のシステムの場合はきわめて低いわけである．さらに，安全な方法を取るならば，もう一度送りなおしてもらう (誤り検出のみにとどめる) という手法も考え得る．あるいは，追加ビット (検査記号列) を 4 ビットにするなどという手法も考え得る．本章では，このように誤りを検出したり訂正したりする仕組みを学んでいく．符号理論における「符号語」とは「情報記号」+「検査記号」のことであり，どのような仕組みでこの検査記号を情報記号に追加していくかが問題となるわけである．

7.1　誤り検出と訂正の仕組み

情報理論においては 2 元符号が基本であるので，2 を法とする演算について復習しておこう．すなわち，mod 2 においては，$0+0=0$, $0+1=1$, $1+0=1$, $1+1=0$ である．つまり $2=0 \mod 2$, $1=-1 \mod 2$ であることに後々注意しよう．そこで，複数個の誤りを検出できるパリティ検査記号の例を挙げよう．情報記号 $a_1, \cdots, a_k$ に対して

$$a_1 + \cdots + a_k = c_1 \mod 2$$

となるように検査記号 c_1 を付加した符号 $\{a_1, \cdots, a_k, c_1\}$ をパリティ符号という．$c_1 \in \{0, 1\}$ の決め方によって，偶数パリティであったり奇数パリティであったりする．

さらなる例として国際書籍番号 (ISBN) も誤り検査機能を有している．一昔前は，ISBN10 と呼ばれ，国番号，出版社，書籍，チェック桁の合計 10 桁 (情報記号が 9 桁，検査記号が 1 桁) からなり，

$$10a_9 + 9a_8 + \cdots + 2a_1 + c_1 = 0 \mod 11$$

で検査記号 c_1 が定められていた．つまり 1 桁不明の場合でも誤りの検出が可能であった．なお，後に述べるがこれは，以下のようにベクトルと行列で表現することが可能である．

$$\boldsymbol{v}H^T = 0 \mod 11$$

ただし，$\boldsymbol{v} := (a_9, \cdots, a_1, c_1)$, $H := (10, 9, \cdots, 2, 1)$，$T$ は転置記号である．この行列 H は検査行列と呼ばれる．近年では，ISBN10 ではなく，国番号の前に 978 などを追加した 13 桁の ISBN13 が用いられている．そのアルゴリズムは，

$$\boldsymbol{v} = (a_{12}, a_{11}, \cdots, a_1, c_1), \qquad H = (1,3,1,3,1,3,1,3,1,3,1,3,1)$$

に対して，$\boldsymbol{v}H^T = 0 \mod 10$ となっている．

情報記号と検査記号から構成された符号語 [2)] $\boldsymbol{v} = (v_1, v_2, \cdots, v_n)$ に加法的に雑音 $\boldsymbol{e} = (e_1, e_2, \cdots, e_n)$ が加わる通信路を考える．そのときの受信語を $\boldsymbol{u} = (u_1, u_2, \cdots, u_n)$ とする．つまり，$\boldsymbol{u} = \boldsymbol{v} + \boldsymbol{e}$ であり，2 元符号を考えるので，$v_i, e_i, u_i \in \{0, 1\}$ とする．もちろん，すべての $i = 1, \cdots, n$ に対して，$u_i = v_i + e_i$ と定義するわけである．ここで，$e_i = 0$ ならば誤りなしであり，$e_i = 1$ ならば誤りありである．

例 7.1 情報記号 $\{a_1, a_2, a_3, a_4\}$, 検査記号 c_1 の符号長 $n = 5$ の符号語 $\boldsymbol{v} = (a_1, a_2, a_3, a_4, c_1)$ を考えよう．このとき，検査記号 c_1 は次の規則で定められるとする．

$$a_1 + a_2 + a_3 + a_4 + c_1 = 0 \mod 2.$$

また，受信語 $\boldsymbol{u} = (u_1, u_2, u_3, u_4, u_5)$ は上で述べたように，$\boldsymbol{u} = \boldsymbol{v} + \boldsymbol{e}$ で定まる．ここで例えば，$\boldsymbol{v} = (1,1,0,0,0)$, $\boldsymbol{e} = (0,0,0,0,1)$ のとき，$\boldsymbol{u} = (1,1,0,0,1)$ となり

$$u_1 + u_2 + u_3 + u_4 + u_5 = 1 \mod 2$$

となって，この場合の受信語 $\boldsymbol{u}$ は符号語となり得ない．よって，どこかで誤りが発生したことに気が付くことができる．つまり 1 ビットの誤り検出は可能となる．一方で，$\boldsymbol{v} = (1,1,0,0,0)$, $\boldsymbol{e} = (0,0,0,1,1)$ のとき，$\boldsymbol{u} = (1,1,0,1,1)$ となり

$$u_1 + u_2 + u_3 + u_4 + u_5 = 0 \mod 2$$

[2)] $\boldsymbol{v} = (a_1, \cdots, a_k, c_1, \cdots, c_{n-k}) = (v_1, v_2, \cdots, v_n)$ と改めておいているだけである．

となってしまうので，2 ビットの誤り検出は不可能である．

行列表現をすると次のようになる．$\boldsymbol{v}H^T = 0 \mod 2$．ただし，検査行列は $H = (1,1,1,1,1)$ である．このとき，シンドローム (ベクトル) $\boldsymbol{s}$ を次のように計算することで，場合によっては誤り訂正に有用となる．

$$\begin{aligned} \boldsymbol{s} &= \boldsymbol{u}H^T = (\boldsymbol{v}+\boldsymbol{e})H^T \\ &= \boldsymbol{e}H^T = \begin{cases} 0 & (\text{誤りなし，または偶数誤りのとき}) \\ 1 & (\text{奇数誤りのとき}). \end{cases} \end{aligned}$$

シンドローム $\boldsymbol{s}$ は $\boldsymbol{v}$ には依存しないことが分かる．

誤りの検出だけでは不十分である場合や再送信の命令が出せない場合などにおいては誤り訂正の機能が有用となる．本章の冒頭で取り挙げた例を再び考察しよう．いわゆる多数決復号化である．

例 7.2　情報記号を 1 ビット，検査記号を 2 ビットとした 3 ビットから成る符号語 $\boldsymbol{v} = (a_1, c_1, c_2)$ を考える．合格を $(0,0,0)$, 不合格を $(1,1,1)$ で表した．今はこの 2 つの符号語しか存在しないと考えるのである．このとき，符号語は $a_1 = c_1 = c_2$ を満たす．したがって，次が成り立つ：

$$\begin{cases} a_1 + c_1 \phantom{{}+c_2} = 0 \mod 2 \\ a_1 \phantom{{}+c_1} + c_2 = 0 \mod 2. \end{cases}$$

これを行列表現すると $\boldsymbol{v}H^T = 0 \mod 2$，ただし，

$$\boldsymbol{v}H^T = 0 \mod 2, \qquad H = \begin{pmatrix} 1 & 1 & 0 \\ 1 & 0 & 1 \end{pmatrix}.$$

なお，このとき，シンドローム (ベクトル) は

$$\boldsymbol{s} = \boldsymbol{e}H^T \begin{cases} = (0,0) & (\text{誤りなし (または 3 ビット誤り) のとき}) \\ \neq (0,0) & (\text{1 ビット誤り (または 2 ビット誤り) のとき}) \end{cases}$$

である．冒頭でも述べたように 1 ビットの誤り確率が 10^{-10} 程度にきわめて低い場合は，2 ビット以上の誤りは起こらないと想定して，1 ビット誤りの場

合は結果を反転させて，誤り訂正を行うこととする[3]．

もう 1 つ例を挙げておく．

例 7.3 情報記号数 4，検査記号数 3 の符号語数 7 の $(7,4,3)$Hamming 符号である．ここで，一般に (n,k,d) 符号とは，符号長 n，情報記号数 k (検査記号数 $n-k$)，最小 Hamming 距離 d の符号を意味する．Hamming 距離についてはこの後述べる．$(7,4,3)$Hamming 符号は 1 ビット誤り訂正可能な符号として知られている．情報記号 $\{a_1,a_2,a_3,a_4\}$ に対して検査記号 $\{c_1,c_2,c_3\}$ は次の規則で定まる：

$$\begin{cases} a_1+a_2+a_3 \qquad +c_1 \qquad\qquad =0 \quad \mathrm{mod}\ 2 \\ \qquad a_2+a_3+a_4 \qquad +c_2 \qquad =0 \quad \mathrm{mod}\ 2 \\ a_1+a_2 \qquad +a_4 \qquad\qquad +c_3=0 \quad \mathrm{mod}\ 2. \end{cases}$$

これによって，符号語 $\boldsymbol{v}=(a_1,a_2,a_3,a_4,c_1,c_2,c_3)$ を構成する．また，行列表現は

$$\boldsymbol{v}H^T=0 \quad \mathrm{mod}\ 2,$$

$$H=\begin{pmatrix} 1&1&1&0&1&0&0 \\ 0&1&1&1&0&1&0 \\ 1&1&0&1&0&0&1 \end{pmatrix} =: (\boldsymbol{h}_1,\boldsymbol{h}_2,\boldsymbol{h}_3,\boldsymbol{h}_4,\boldsymbol{h}_5,\boldsymbol{h}_6,\boldsymbol{h}_7).$$

このとき，誤りなし，つまり $\boldsymbol{e}_0=(0,0,0,0,0,0,0)$ のとき，シンドローム (ベクトル) は $\boldsymbol{s}_0=(0,0,0)$ となる．さらに 1 ビット誤りがある場合，つまり $\boldsymbol{e}_j$ (j 番目のみ 1 でほかはすべて 0) のとき，$\boldsymbol{s}_j=\boldsymbol{h}_j^T$ という関係があるので，1 ビット誤りに対しては，シンドロームから訂正箇所も特定できて誤り訂正可能となる．

問題 29 すべての $j=1,\cdots,7$ で，$\boldsymbol{s}_j=\boldsymbol{h}_j^T$ が成り立つことを実際に計算して確認せよ．

---

[3] 誤り訂正することにしておいた場合に，万が一，2 ビット誤りが起こった場合は重大な問題となる．

n ビットの 2 つの系列 $\boldsymbol{x} = x_1 \cdots x_n$, $\boldsymbol{y} = y_1 \cdots y_n$ に対して，**Hamming 距離** $h(\boldsymbol{x}, \boldsymbol{y})$ を

$$h(\boldsymbol{x}, \boldsymbol{y}) := \sum_{k=1}^{n} d(x_k, y_k), \quad d(x_k, y_k) := \begin{cases} 0 & (x_k = y_k \text{ のとき}) \\ 1 & (x_k \neq y_k \text{ のとき}) \end{cases}$$

で定義する．ここで，$d(x_k, y_k)$ はいわゆる Kronecker のデルタである [4]．また，Hamming 距離は $h(\boldsymbol{x}, \boldsymbol{y}) = \sum_{k=1}^{n} |x_k - y_k|$ や $h(\boldsymbol{x}, \boldsymbol{y}) = \sum_{k=1}^{n} (x_k - y_k)^2$ などと表すこともできる．なお，$\mathbf{0} := (0, \cdots, 0)$ との Hamming 距離を **Hamming 重み** $w(\boldsymbol{x})$ という．すなわち，$w(\boldsymbol{x}) := h(\boldsymbol{x}, \mathbf{0})$ である．$w(\boldsymbol{x})$ は系列 $\boldsymbol{x}$ 中の "1" の個数を表していることが分かる．

問題 30 Hamming 距離 $h(\boldsymbol{x}, \boldsymbol{y})$ は数学的な距離の公理 5.1 を満たすことを示せ．

いま，符号 $V = \{\boldsymbol{v}_1, \cdots, \boldsymbol{v}_N\}$ の**最小 Hamming 距離**とは，次で定義される．

$$d_{\min}(V) := \min\{h(\boldsymbol{v}_i, \boldsymbol{v}_j) : i, j = 1, \cdots, N;\ i \neq j\}.$$

では，この最小 Hamming 距離と，誤り検出および訂正能力の関係について調べておこう．

命題 7.4 符号を $V = \{\boldsymbol{v}_1, \cdots, \boldsymbol{v}_N\}$ とし，各 $\boldsymbol{v}_i$ の符号長を n とする．雑音 $\{\boldsymbol{e}_1, \cdots, \boldsymbol{e}_N\}$ が加法的に加わる通信路を考える．つまり各受信語は $\boldsymbol{u}_i = \boldsymbol{v}_i + \boldsymbol{e}_i$ $(i = 1, \cdots, N)$ で表される．このとき，

(1) 各 $i = 1, \cdots, N$ に対して $w(\mathbf{e}_i) \leq t_1$ とする．t_1 個の誤り訂正が可能である必要十分条件は $d_{\min}(V) \geq 2t_1 + 1$ である．

(2) 各 $i = 1, \cdots, N$ に対して $w(\mathbf{e}_i) \leq t_2$ とする．t_2 個の誤り検出が可能である必要十分条件は $d_{\min}(V) \geq t_2 + 1$ である．

(3) 各 $i = 1, \cdots, N$ に対して $w(\mathbf{e}_i) \leq t_1 + t_2$ とする．t_1 個の誤り訂正が

---

[4] 9.1 節でも使われる．

可能であり，かつ，$t_1 + t_2$ 個の誤り検出が可能である必要十分条件は $d_{\min}(V) \geq 2t_1 + t_2 + 1$ である．

証明 (1) すべての i に対して $w(\boldsymbol{e}_i) \leq t_1$ なので，Hamming 重みは t_1，つまり，誤りベクトル $\boldsymbol{e}_i$ の 1 の個数は t_1 以下である．また，$\boldsymbol{u}_i = \boldsymbol{v}_i + \boldsymbol{e}_i$ から，受信語の取る n 次元座標は，中心 $\boldsymbol{v}_i$，半径 t_1 の n 次元超球体内部の格子点となる．したがって，すべての $i, j = 1, \cdots, N$ に対して，$h(\boldsymbol{v}_i, \boldsymbol{v}_j) \geq d_{\min}(V) \geq 2t_1 + 1$ のとき，2 つの超球体の半径は t_1 以下なので，この条件であれば交差することはない．したがって，雑音の影響で中心 (符号語の位置) から受信語がずれても，ほかの超球体内に入ることはない．自分の超球体内にあれば，中心の符号語に訂正することが可能となる．逆に t_1 個の誤り訂正が可能となるためには，明らかに $d_{\min}(V) \geq 2t_1 + 1$ が必要である．$d_{\min}(V) \geq 2t_1$ だと 2 つの円が少なくとも 1 点で接してしまいどちらの符号語 (中心) か不明となり訂正できない．球面を 2 次元平面にイメージとして下記のように図示すると分かりやすい．

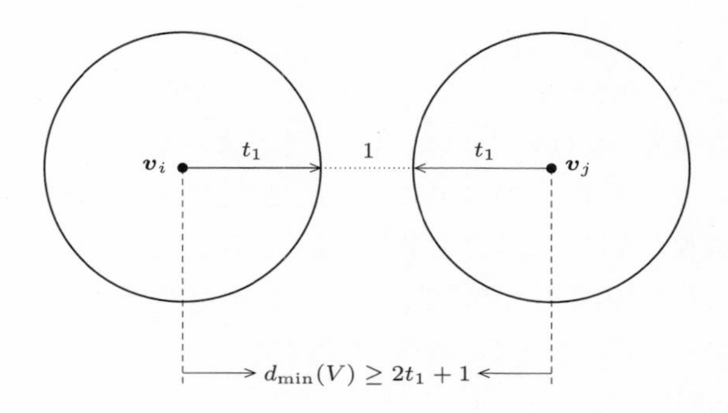

(2) (1) と同様に 2 次元平面のイメージを考える．つまり，2 つの円が交差していなければ誤り訂正が可能であったので，誤り検出も可能となる．検出のみをすれば良いので，もう少し条件を緩めることができる．その条件が，$d_{\min}(V) \geq t_2 + 1$ である．この右辺に加算された 1 がないと，受信語が円周上の点で表されるがそれが別の円の中心 (つまり，別の符号語) と一致してしまい，誤りと認識されずに，誤って受信されてしま

うことになる．したがって，最低の距離 (つまり 1) だけ離しておくことによってそれを回避している．(1) と同様に，逆も自明である．すなわち，$d_{\min}(V) = t_2$ のとき，それぞれの円が他方の円の中心を通り誤り検出できない．下図を理解の助けとされたい．

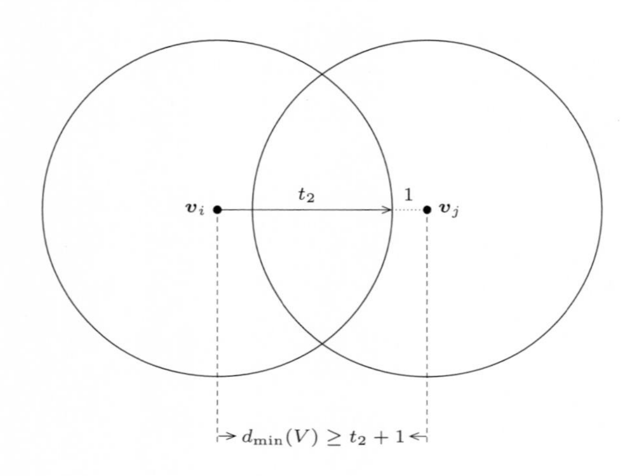

(3) まずは，t_1 個の誤り訂正可能にするためには半径 $t_1 = w(\boldsymbol{e}_i)$ 以下の 2 つの円が交差してはいけない．また，それよりも大きい円の半径を仮に $t_1 + t_2$ とした場合，(2) よりこれらは交差しても良いが最低でも距離 1 以上を確保しなければ誤り検出が可能とならない．しかし，今の場合は，半径 t_1 以下の内側の円の内部に，半径 $t_1 + t_2$ の外側の円が接してしまうと，誤って訂正されてしまう可能性がある．これらの条件を満たすのが，$d_{\min}(V) \geq 2t_1 + t_2 + 1$ である．(2) と同様に，$d_{\min}(V) = 2t_1 + t_2$ のとき，大きい円と小さい円が接してしまい正しい訂正・検出は不可能となり，逆も自明である．次ページ上の図を参考にしていただきたい．

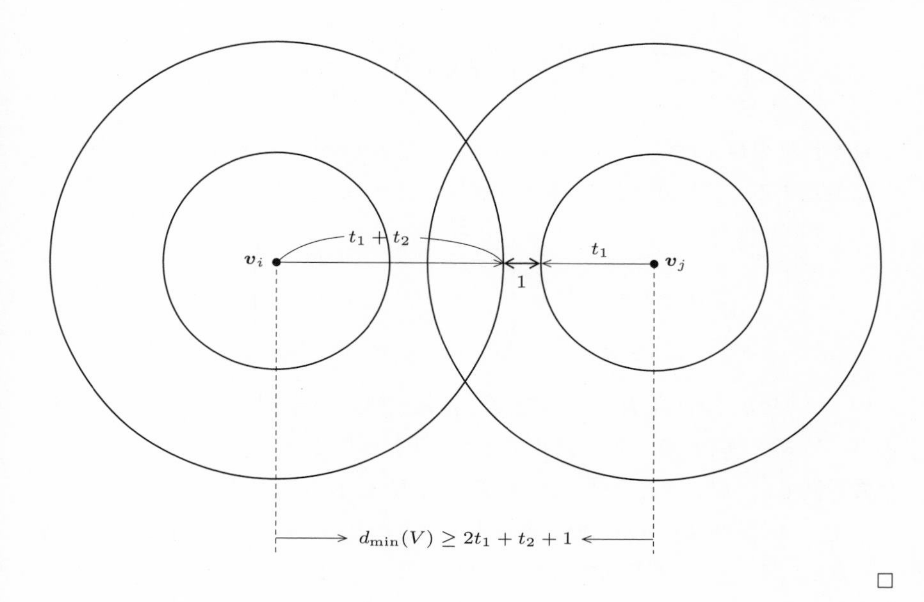

□

注 7.1 命題 7.4 (3) で，$t_2 = 0$ のとき命題 7.4 (1) が，$t_1 = 0$ のとき命題 7.4 (2) が得られる．

7.2 線形符号の基礎

すでに前節にて一部，述べているが，線形符号では，生成行列と検査行列を用いて符号語ベクトルからシンドローム (ベクトル) を計算することで誤りを検出・訂正することになる．また，前節で (n, k, d) 符号について触れたが，ここでは最小 Hamming 距離 d についてはいったん忘れて，(n, k) 符号について述べていく．n は符号語長，k は情報記号数を表す．したがって，(n, k) 符号は，検査記号数が $n - k$ となる符号語を構成していることになる．そこで，情報記号ベクトルを $\boldsymbol{a}^T = (a_1, \cdots, a_k)$，検査記号ベクトルを $\boldsymbol{c}^T = (c_1, \cdots, c_{n-k})$ とする．ここで，$j = 1, \cdots, k; i = 1, \cdots, n - k$ に対して $a_j, c_i \in \{0, 1\}$ であり，符号語は $\boldsymbol{v} = (a_1, \cdots, a_k, c_1, \cdots, c_{n-k})$ の n ビット符号である．このとき，検査記号ベクトルの各成分は，情報記号ベクトルの成分の線形結合で表される：

$$c_i = \sum_{j=1}^{k} p_{ij} a_j \mod 2, \quad p_{ij} \in \{0,1\} \qquad (i = 1, \cdots, n-k).$$

これを行列表現すれば，(以下において，$\boldsymbol{c}$ や $\boldsymbol{a}$ は縦ベクトルを表していることに注意すると) 下記のような線形の関係を持つことが分かる：

$$\boldsymbol{c} = P\boldsymbol{a}, \quad P = \begin{pmatrix} p_{11} & \cdots & p_{1k} \\ \vdots & \ddots & \vdots \\ p_{n-k,1} & \cdots & p_{n-k,k} \end{pmatrix}.$$

この $(n-k,k)$ 型行列 P をしばしば，**情報・検査記号関連行列**と呼ぶことがあり，生成行列や検査行列を定義する際に重要となる．この行列 P を用いて，**生成行列** G を $G := (I_k, P^T)$ で，**検査行列** H を $H := (P, I_{n-k})$ で定義する．ここで，I_k は (k,k) 型の単位行列を表す．このとき，G は (k,n) 型行列であり，H は $(n-k,n)$ 型行列である．このようにして構成された，情報記号数 k，検査記号数 $n-k$ の符号を (n,k) **線形符号**という．このとき，次が成り立つ．

命題 7.5 (1) 情報記号 $\boldsymbol{a}$ が与えられれば，生成行列 G を用いて，符号語 $\boldsymbol{v}$ が $\boldsymbol{v} = \boldsymbol{a}^T G$ で定まる．(行列 G によって，与えられた情報記号 $\boldsymbol{a}$ から符号語 $\boldsymbol{v}$ が生成されている．)

(2) 線形符号 V の符号語 $\boldsymbol{v}$ は $\boldsymbol{v}H^T = \boldsymbol{0}^T \mod 2$ を満たす．ただし，$\boldsymbol{0}^T = (\underbrace{0, \cdots, 0}_{n-k})$ である．(これは $\boldsymbol{v}$ が線形符号の符号語であることの必要十分条件になっている．)

(3) $GH^T = 0 \mod 2$ が成り立つ．

証明 (1) 符号語の定義[5] より $\boldsymbol{v} = (\boldsymbol{a}^T, \boldsymbol{c}^T) = (\boldsymbol{a}^T, (P\boldsymbol{a})^T) = (\boldsymbol{a}^T, \boldsymbol{a}^T P^T) = \boldsymbol{a}^T (I_k, P^T) = \boldsymbol{a}^T G$.

(2) 2 を法としているので，$1 = -1 \mod 2$ であることに注意すれば，$\boldsymbol{c} = P\boldsymbol{a}$ は $\boldsymbol{c} + P\boldsymbol{a} = 0$ と同値である．(以降，しばしば mod 2 の表記を省略する．) したがって，これを成分表記すれば，

---

[5] $\boldsymbol{a}$ や $\boldsymbol{c}$ は縦ベクトルであったので，$\boldsymbol{v}$ は横ベクトルとなることに注意しよう．

$$\begin{pmatrix} p_{11} & \cdots & p_{1k} \\ \vdots & \ddots & \vdots \\ p_{n-k,1} & \cdots & p_{n-k,k} \end{pmatrix} \begin{pmatrix} a_1 \\ \vdots \\ a_k \end{pmatrix} + \begin{pmatrix} c_1 \\ \vdots \\ c_{n-k} \end{pmatrix} = \begin{pmatrix} 0 \\ \vdots \\ 0 \end{pmatrix}$$

となり，これは $H\boldsymbol{v}^T = \mathbf{0} \mod 2$ と変形できる．この両辺の転置を取れば望まれる結果が得られる．

逆に，$\boldsymbol{v}H^T = \mathbf{0}^T \mod 2$ が成り立つとき，今の逆を辿っていけば，$\boldsymbol{c} = P\boldsymbol{a}$ となって，$\boldsymbol{v} \in V$ が線形符号の符号語であることが分かる．

(3) G および H の定義より

$$GH^T = (I_k, P^T) \begin{pmatrix} P^T \\ I_{n-k} \end{pmatrix} = P^T + P^T = 0 \quad \mod 2.$$

なお，この (3) の結果からも $0 = \boldsymbol{a}^T GH^T = \boldsymbol{v}H^T$ がでる． □

検査行列を $H = (\boldsymbol{h}_1, \cdots, \boldsymbol{h}_n)$ と列ベクトル表示する．このとき，命題 7.5 より，$\boldsymbol{v} = (a_1, \cdots, a_k, c_1, \cdots, c_{n-k})$ が符号語となるための必要十分条件は

$$\boldsymbol{v}H^T = \mathbf{0}^T \iff a_1\boldsymbol{h}_1 + \cdots + c_{n-k}\boldsymbol{h}_n = \mathbf{0}^T$$

である．

また，前節で定義した Hamming 距離と Hamming 重みについて，一般に $h(\boldsymbol{x}, \boldsymbol{y}) = w(\boldsymbol{x} + \boldsymbol{y})$ が成り立つ．ただし，$w(\boldsymbol{x}) = h(\boldsymbol{x}, \mathbf{0})$ であったことに注意する．いま，d を $\mathbf{0}$ 以外のすべての符号語に対する Hamming 重みの最小値と定義する．これにより，符号 $V = \{\boldsymbol{v}_1, \cdots, \boldsymbol{v}_N\}$ の最小 Hamming 距離

$$d_{\min}(V) = \min \{h(\boldsymbol{v}_i, \boldsymbol{v}_j) : i, j = 1, \cdots, N;\ i \neq j\} \tag{7.1}$$

に関して，次が成り立つ．

命題 7.6 (1) 線形符号 $V = \{\boldsymbol{v}_1, \cdots, \boldsymbol{v}_N\}$ に対して，$d = d_{\min}(V)$ が成り立つ．

(2) (n, k) 線形符号 $V = \{\boldsymbol{v}_1, \cdots, \boldsymbol{v}_N\}$ の検査行列 $H = (\boldsymbol{h}_1, \cdots, \boldsymbol{h}_n)$ の任意の $d-1$ 個の列ベクトルが線形独立で，d 個の列ベクトルに線形従属な組が存在するとき，V の最小 Hamming 距離は d である．

証明　(1) (7.1) は V が線形符号でも成立するので，V が線形符号のとき，任意の符号語 $\boldsymbol{v}_i$ と $\boldsymbol{v}_j$ の和 $\boldsymbol{v}_i + \boldsymbol{v}_j$ も V の符号語であり，これを $\boldsymbol{v}_l$ とおくと，

$$d_{\min}(V) = \min\{w(\boldsymbol{v}_l) : l = 1, \cdots, N;\ \boldsymbol{v}_l \neq \boldsymbol{0}\}$$

となる．この右辺は d を意味している．

(2) (1) より，線形符号では最小 Hamming 距離と最小 Hamming 重みが一致するので，任意の符号語 $\boldsymbol{v} = (a_1, \cdots, a_k, c_1, \cdots, c_{n-k}) \in V$ の最小 Hamming 重みが，$a_1, \cdots, a_k, c_1, \cdots, c_{n-k} \in \{0, 1\}$ のうち 0 でないものの個数であるので，一次関係式：

$$a_1\boldsymbol{h}_1 + \cdots + c_{n-k}\boldsymbol{h}_n = \boldsymbol{0}^T$$

を立て，線形独立 (線形従属) の定義から示されることが分かる．□

次の例で，これまでの話題の理解を深めよう．

例 7.7　2 元 $(5, 2)$ 線形符号を $\boldsymbol{c} = P\boldsymbol{a}$ で定める．ただし，

$$\boldsymbol{a}^T = (a_1, a_2), \qquad \boldsymbol{c}^T = (c_1, c_2, c_3), \qquad P = \begin{pmatrix} 1 & 0 \\ 0 & 1 \\ 1 & 1 \end{pmatrix}$$

である．したがって，生成行列 G および検査行列 H は，

$$G = \left(I_2, P^T\right) = \begin{pmatrix} 1 & 0 & 1 & 0 & 1 \\ 0 & 1 & 0 & 1 & 1 \end{pmatrix},$$

$$H = (P, I_3) = \begin{pmatrix} 1 & 0 & 1 & 0 & 0 \\ 0 & 1 & 0 & 1 & 0 \\ 1 & 1 & 0 & 0 & 1 \end{pmatrix}$$

となるので，$\boldsymbol{v} = (a_1, a_2, c_1, c_2, c_3) = (a_1, a_2)G$ である．

次に，$H = (\boldsymbol{h}_1, \boldsymbol{h}_2, \boldsymbol{h}_3, \boldsymbol{h}_4, \boldsymbol{h}_5)$ とおき，一次関係式

$$a_1\boldsymbol{h}_1 + a_2\boldsymbol{h}_2 + c_1\boldsymbol{h}_3 + c_2\boldsymbol{h}_4 + c_3\boldsymbol{h}_5 = \boldsymbol{0}^T$$

を立てれば，$\boldsymbol{h}_i$ のどの任意の 2 つのベクトルを取っても線形独立であるが，3 つのベクトルでは線形従属になる組が存在する．たとえば，$\boldsymbol{h}_2 = \boldsymbol{h}_4 + \boldsymbol{h}_5$．したがって，命題 7.6 より，この線形符号の最小 Hamming 距離は 3 であることが分かる．

本節の最後に，前節でも用いたシンドローム (ベクトル) を用いた誤り訂正の手法を述べておこう．線形符号 V の符号語 $\boldsymbol{v}$ は加法的に雑音が加わる通信路を伝送してくるものとする．つまり，受信語 $\boldsymbol{u}$ は $\boldsymbol{u} = \boldsymbol{v} + \boldsymbol{e}$ で表現される．ここでも，mod 2 は省略している．このとき，**シンドローム**は $\boldsymbol{s} := \boldsymbol{u}H^T$ で定まるベクトルと定義する．命題 7.5 により $\boldsymbol{v}H^T = \boldsymbol{0}^T$ なので

$$\boldsymbol{s} := \boldsymbol{u}H^T = (\boldsymbol{v} + \boldsymbol{e})H^T = \boldsymbol{v}H^T + \boldsymbol{e}H^T = \boldsymbol{e}H^T$$

となる．したがって，次が成り立つ．

命題 7.8 (1) シンドローム $\boldsymbol{s}$ によって誤りの有無が検出可能である．つまり，$\boldsymbol{s} = \boldsymbol{0}^T$ は「誤りなし」と同値であり，$\boldsymbol{s} \neq \boldsymbol{0}^T$ は「誤りあり」と同値である．

(2) シンドロームが $\boldsymbol{s} \neq \boldsymbol{0}^T$ のとき，誤りの個数を 1 つと仮定すれば，誤り発生個所が判明し訂正可能である．つまり，i 番目の受信記号 (ビット) に誤りが存在することと $\boldsymbol{s} = \boldsymbol{h}_i^T$ が同値である．ただし，$H = (\boldsymbol{h}_1, \cdots, \boldsymbol{h}_n)$ は検査行列の列ベクトル表示である．

証明 (1) 上記で述べたように，シンドローム $\boldsymbol{s}$ と誤りベクトル $\boldsymbol{e}$ には $\boldsymbol{s} = \boldsymbol{e}H^T$ の関係があるので明らかである．

(2) 仮に i 番目に誤りがあった場合，つまり誤りベクトルの i ビット目のみが 1 で残りはすべて 0 のとき，

$$\boldsymbol{s} = (0, \cdots, 0, \underset{i\,\text{番目}}{\overset{\frown}{1}}, 0, \cdots, 0)H^T$$

$$= (0, \cdots, 0, \overbrace{1}^{}_{i\text{ 番目}}, 0, \cdots, 0) \begin{pmatrix} \boldsymbol{h}_1^T \\ \vdots \\ \boldsymbol{h}_i^T \\ \vdots \\ \boldsymbol{h}_n^T \end{pmatrix} = \boldsymbol{h}_i^T$$

である．逆に，$\boldsymbol{s} = \boldsymbol{h}_i^T$ ならば，$\boldsymbol{e}H^T = \boldsymbol{h}_i^T$ から，$\boldsymbol{e} = (0, \cdots, 0, \underset{i\text{ 番目}}{\overset{\frown}{1}}, 0, \cdots, 0)$ となる．□

問題 31　情報・検査記号関連行列 P が

$$P = \begin{pmatrix} 1 & 0 & 1 & 1 \\ 1 & 1 & 1 & 0 \\ 0 & 1 & 1 & 1 \end{pmatrix}$$

で与えられているとき，次の各問に答えよ．

(1) 生成行列 G および検査行列 H を求めよ．

(2) 受信語として $\boldsymbol{u} = (1, 1, 1, 0, 0, 0, 1)$ を受信したときのシンドローム $\boldsymbol{s}$ を計算し，誤りがあれば正しい受信語 $\boldsymbol{u}_c$ に訂正せよ．

7.3　巡回符号の基礎

本節で紹介する巡回符号とは多項式の性質を利用したものである．前節と同様に k 個の情報記号と $n-k$ 個の検査記号を用いた (n,k) 符号を考えるが，それらのベクトルの成分の添え字を 0 からとする．理由は多項式の次数と合わせるためである．つまり，情報記号 $a_0, a_1, \cdots, a_{k-1}$ と検査記号 $c_0, c_1, \cdots, c_{n-k-1}$ に対応する符号語 $\boldsymbol{v} \in V$ を $\boldsymbol{v} = (a_{k-1}, \cdots, a_1, a_0, c_{n-k-1}, \cdots, c_1, c_0)$ と記述する．このとき，多項式表現として，情報記号多項式 $A(X)$，検査記号多項式 $C(X)$ をそれぞれ，

$$A(X) = a_{k-1}X^{k-1} + \cdots + a_1X + a_0,$$
$$C(X) = c_{n-k-1}X^{n-k-1} + \cdots + c_1X + c_0$$

とし，符号語を

$$\begin{aligned} V(X) &= A(X) \cdot X^{n-k} + C(X) \\ &= a_{k-1}X^{n-1} + \cdots + a_1X^{n-k+1} + a_0X^{n-k} \\ &\quad + c_{n-k-1}X^{n-k-1} + \cdots + c_1X + c_0 \end{aligned}$$

と定める．線形符号 V が**巡回符号**であるとは，

$$\boldsymbol{v} = (v_0, v_1, \cdots, v_{n-1}) \in V \Longrightarrow \boldsymbol{v}^{\mathrm{cyc}} = (v_{n-1}, v_0, \cdots, v_{n-2}) \in V$$

であることを言う．これを上記の多項式で表現すると，

$$\begin{aligned} V(X) &= v_0 + v_1X + \cdots + v_{n-1}X^{n-1} \\ &\Longrightarrow V^{\mathrm{cyc}}(X) = v_{n-1} + v_0X + \cdots + v_{n-2}X^{n-1} \end{aligned}$$

と 1 ビット右巡回置換が行われている．ここで，

$$\boldsymbol{v} = (v_0, v_1, \cdots, v_{n-1}) \Longleftrightarrow V(X) = v_0 + v_1X + \cdots + v_{n-1}X^{n-1}$$

などと対応づける．ただし，$\deg V(X) \leq n-1$ である．なお，$\deg V(X)$ は多項式 $V(X)$ の次数を意味する．

ここで，有限個の元からなる体は，**有限体**あるいは **Galois 体**と呼ばれる [6]．体とは，簡単にいえば，四則演算が定義されそれらの演算に対して閉じた集合である．例えば，実数体 $\mathbb{R}$ の任意の元を 2 つ取って四則演算を行ってもその演算結果は再び集合 $\mathbb{R}$ の元となっているので，$\mathbb{R}$ は体である．一方，整数の集合 $\mathbb{Z}$ については，除算について閉じていない，例えば，$2, 3 \in \mathbb{Z} \to \dfrac{2}{3} \notin \mathbb{Z}$ であるので，$\mathbb{Z}$ は体ではない．p 個の元を有する Galois 体を $GF(p)$ と表す．符号

---

[6] Galois とは，言わずと知れた数学者で，早すぎる謎の死と数学界に与えた業績の大きさとが相まって，いくつかの書籍が発売されている．Évariste Galois, 1811 年 10 月 25 日 - 1832 年 5 月 31 日．

理論では，p が素数のときが重要であり，特に，$p=2$ のとき $GF(2)=\{0,1\}$ でこれが本質的で，本書ではそれで十分である．これまで,「2 を法として」と記述してきたところを「$GF(2)$ において」と記述することになる．さらに，素数 p および整数 m に対して，Galois 体 $GF(p^m)$ が存在するとき，$GF(p^m)$ を拡大体，$GF(p)$ を基礎体という．

この記法を用いると (2 元) 線形符号や巡回符号を次のように再定義できる．符号 V が $GF(2)$ 上の線形符号であるとは，任意の $\boldsymbol{v}, \boldsymbol{v}' \in V$ および任意の $a, b \in GF(2)$ に対して，$a\boldsymbol{v} + b\boldsymbol{v}' \in V$ であることを言う．また，線形符号 V が $GF(2)$ 上の巡回符号であるとは，任意の符号語 $\boldsymbol{v} \in V$ に対応する多項式を $V(X)$ とすると，$X \cdot V(X) \mod (X^n - 1) \in V$ であることを言う．これについては，次の式変形から理解できるであろう．

$$
\begin{aligned}
V^{\mathrm{cyc}}(X) &= v_{n-1} + v_0 X + \cdots + v_{n-2} X^{n-1} \\
&= v_{n-1} + X \left(v_0 + v_1 X + \cdots + v_{n-2} X^{n-2} + v_{n-1} X^{n-1}\right) \\
&\quad - v_{n-1} X^n \\
&= X \cdot V(X) - v_{n-1} \left(X^n - 1\right) \\
&= X \cdot V(X) \mod (X^n - 1).
\end{aligned}
$$

ここで，$V(X) \mod U(X)$ は $V(X)$ を $U(X)$ で割った剰余多項式を表す．

さて，$X \cdot V(X) \mod (X^n - 1) =: V^{(1)}(X)$ とおき，2 ビット右巡回置換した $V^{(2)}(X)$ を計算してみると

$$
\begin{aligned}
&v_{n-2} + v_{n-1} X + v_0 X^2 + v_1 V^3 + \cdots + v_{n-3} X^{n-1} \\
&= v_{n-2} + v_{n-1} X - v_{n-2} X^n - v_{n-1} X^{n+1} \\
&\quad + X^2 \left(v_0 + v_1 X + \cdots v_{n-3} X^{n-3} + v_{n-2} X^{n-2} + v_{n-1} X^{n-1}\right) \\
&= X^2 \cdot V(X) - \left(v_{n-2} + v_{n-1} X\right) \left(X^n - 1\right) \\
&= X^2 \cdot V(X) \mod (X^n - 1) =: V^{(2)}(X)
\end{aligned}
$$

である．これを繰り返すと，$X^i \cdot V(X) \mod (X^n - 1) =: V^{(i)}(X)$ となることが分かる．つまり，i ビット右巡回置換した場合の $V^{(i)}(X)$ も符号多項式

(巡回符号語) である．さらに，V は線形符号なので，それらの線形結合

$$\sum_{i=0}^{n-1} w_i X^i \cdot V(X) \mod (X^n - 1) = \sum_{i=0}^{n-1} w_i V^{(i)}(X), \qquad w_i \in \{0, 1\}$$

つまり

$$\left(\sum_{i=0}^{n-1} w_i X^i\right) V(X) \mod (X^n - 1) = \sum_{i=0}^{n-1} w_i V^{(i)}(X)$$

も符号多項式 (巡回符号語) である．したがって，$W(X) = \sum_{i=0}^{n-1} w_i X^i$ とおけば，

$$W(X) \cdot V(X) \mod (X^n - 1) = \sum_{i=0}^{n-1} w_i V^{(i)}(X) \tag{7.2}$$

も符号多項式 (巡回符号語) である．以上から次が成り立つ．

命題 7.9 V を $GF(2)$ 上の巡回符号とする．

(1) 符号多項式 $V(X)$ $(\deg V(X) \leq n-1)$ および任意の多項式 $W(X)$ に対して，$W(X) \cdot V(X) \mod (X^n - 1)$ は符号多項式となる．ただし，$\deg W(X) \cdot V(X) \leq n-1$ ならば，多項式 $W(X) \cdot V(X)$ 自身が符号多項式である．

(2) 任意の多項式 $V(X)$ $(\deg V(X) \leq n-1)$ が V の符号多項式であることの必要十分条件は 2 つの多項式 $W(X), G(X)$ が存在して，$V(X) = W(X) \cdot G(X)$ と書けることである．ただし，$G(X)$ は V の 0 でない最小次数の符号多項式である．

証明 (1) (7.2) ですでに示した．

(2) (必要性)　背理法によって示す．すなわち，$V(X) = W(X) \cdot G(X)$ と表せない $V(X)$ の存在を仮定する．$G(X)$ は V の最小次数多項式であるので，$\deg G(X) \leq \deg V(X)$ である．したがって，

$$V(X) = Q(X) \cdot G(X) + R(X), \qquad 0 \neq \deg R(X) < \deg G(X)$$

である．ここで，$G(X)$ は符号多項式であり $\deg Q(X) \cdot G(X) \leq n-1$

なので，(1) の結果より $Q(X) \cdot G(X)$ は V の符号多項式である．V の線形性と $1 = -1 \mod 2$ より $0 \neq R(X) = V(X) + Q(X) \cdot G(X)$ も V の符号多項式となるが，これは $G(X)$ の次数最小性に矛盾する．よって，$V(X) = W(X) \cdot G(X)$ と書ける．

(十分性)　$G(X)$ は V の符号多項式なので，(1) によって，$W(X) \cdot G(X) \mod (X^n - 1)$ も V の符号多項式である．よって，仮定より $V(X) = W(X) \cdot G(X)$ なので $V(X) \mod (X^n - 1)$ も V の符号多項式である．ここで，$\deg V(X) = \deg W(X) \cdot G(X) \leq n - 1$ なので，$V(X)$ をより次数の高い多項式 $X^n - 1$ で割っても余りは $V(X)$ 自身である．つまり，$V(X) \mod (X^n - 1) = V(X)$ は V の符号多項式である．□

命題 7.9 により，巡回符号は符号多項式 $V(X)$ が $V(X) = W(X) \cdot G(X)$ と表されることが分かった．つまり，$V(X)$ は必ず $G(X)$ で割り切れる．ここで，

$$G(X) = g_m X^m + \cdots + g_1 X + g_0 \qquad (g_0 = g_m = 1)$$

とすると，$G(X) \neq 0$ の最高次数は m となる．いま，$\deg V(X) \leq n - 1$ なので，$\deg W(X) \leq n - m - 1$ である．ここで，命題 7.9 により，すべての符号多項式 $V(X)$ は $G(X)$ で割り切れるので，1 ビット右巡回符号

$$V^{\mathrm{cyc}}(X) = X \cdot V(X) - v_{n-1}(X^n - 1) \tag{7.3}$$

および $V(X)$ 自身も，$G(X)$ で割り切れる．したがって，$X^n - 1$ も $G(X)$ で割り切れる．すなわち，

$$X^n - 1 \mod G(X) = 0. \tag{7.4}$$

これを，$X^n - 1 | G(X)$ と記すこともある．このような符号多項式 $G(X)$ を**生成多項式**という [7]．なお，$Q(X), R(X)$ をそれぞれ，商多項式，剰余多項式

---

[7] 多項式 $p(X)$ の周期が $l \in \mathbb{N}$ とは，$p(X)|(X^l - 1)$ となる最小の $l \in \mathbb{N}$ のことである．このとき，巡回符号は次のように再々定義できる．線形符号 V のすべての符号語 $\boldsymbol{v}$ に対応する符号多項式 $V(X)$ が，その周期が n であるような m 次の多項式 $G(X)$ で割り切れるとき，符号長 n の符号 V を $G(X)$ によって生成される巡回符号という．

という.

生成多項式 $G(X)$ の定数項は 1 であることを示しておこう. まず, 符号多項式 $V(X)$ の最高次の係数 $v_{n-1} \neq 0$ として一般性を失わない. もし, $v_{n-1} = 0$ のときは, $v_{n-2} \neq 0$ として, 下記の議論をすればよい. 次に, (7.3) は, すでに述べたように, $V^{(1)}(X) = X \cdot V(X) - v_{n-1}(X^n - 1)$ であり, $V(X), V^{(1)}(X)$ は符号多項式であるので, 命題 7.9 により, ある多項式 $W(X), W^{(1)}(X)$ が存在して $V(X) = W(X) \cdot G(X)$, $V^{(1)}(X) = W^{(1)}(X) \cdot G(X)$ と書ける, つまり,

$$\left(X \cdot W(X) - W^{(1)}(X)\right) G(X) = v_{n-1}(X^n - 1)$$

と変形される. ここで, $v_{n-1} \neq 0$, つまり $v_{n-1} = 1$ なので, 上式より $G(X)$ の定数項は 1 であることが分かる.

生成多項式 $G(X)$ の性質に関して次のようにまとめておく.

命題 7.10 (n, k) 巡回符号 V の生成多項式 $G(X)$ は次の性質を有する.

(1) $(X^n - 1) \mod G(X) = 0$.

(2) $G(X) = g_{n-k}X^{n-k} + g_{n-k-1}X^{n-k-1} + \cdots + g_1 X + g_0$ と書くとき, $g_{n-k} = 1$, $g_0 = 1$ である.

(3) $G(X)$ は一意性を有する.

証明 (1) すでに (7.4) において示した.

(2) 定数項 $g_0 = 1$ はすでに上で示した. 最高次の次数 $g_{n-k} = 1$ を示す. k ビットの情報記号に対する多項式を $I(X) = i_{k-1}X^{k-1} + \cdots + i_1 X + i_0$ とし, 生成多項式 $G(X)$ の次数を m と仮定する. このとき, $X^m \cdot I(X)$ を $G(X)$ で割った商多項式および剰余多項式をそれぞれ $Q(X)$, $R(X)$ とすれば, $X^m \cdot I(X) = Q(X) \cdot G(X) + R(X)$ と表せる. ただし, $\deg R(X) \leq m - 1$ より $R(X) := r_{m-1}X^{m-1} + \cdots + r_1 X + r_0$. ここで, $1 = -1 \mod 2$ と命題 7.9 より

$$R(X) + X^m \cdot I(X) = V(X)$$

と書ける. したがって, 符号多項式 $V(X)$ の符号語 $\boldsymbol{v}$ は,

$$\boldsymbol{v} = (r_{m-1}, \cdots, r_0, i_{k-1}, \cdots, i_0)$$

のようになる[8]．$\boldsymbol{v}$ は (n,k) 符号の符号語なので符号長は n であり，$n = m+k$，つまり $m = n-k$ でなければならない．

(3) 次のような 2 つの生成多項式が存在すると仮定する．

$$G_1(X) = X^{n-k} + g_{n-k-1}^{(1)} X^{n-k-1} + \cdots + g_1^{(1)} X + 1,$$
$$G_2(X) = X^{n-k} + g_{n-k-1}^{(2)} X^{n-k-1} + \cdots + g_1^{(2)} X + 1.$$

V は線形符号なので，これらの和 $G_1(X) + G_2(X)$ も符号多項式である．ところが，$n-k$ 次の和は $1+1=2=0 \mod 2$ となり，最高次数が $n-k$ よりも小さい符号多項式が存在することになってしまう．それは，生成多項式の最高次数の最小性に矛盾する．□

注 7.2　命題 7.10 (2) の証明から組織符号の符号語 $\boldsymbol{v}$ は「検査記号 $(r_{n-k-1}, \cdots, r_0)$」+「情報符号 $(i_{k-1}, \cdots, i_0)$」となっており，線形符号と比べて，検査記号・情報符号の並び順が逆になっていることに注意する必要がある．

問題 32　2 元 $(7,4)$ 巡回符号における生成多項式 $G(X)$ を求めよ．

線形符号のときと同様に，以下では，検査多項式，シンドローム多項式と導入していく．まず，**検査多項式**は，

$$H(X) := \frac{X^n - 1}{G(X)}$$

と定義する．命題 7.9 より，任意の符号多項式 $V(X)$ は，生成多項式 $G(X)$ とある多項式 $W(X)$ を用いて，$V(X) = W(X) \cdot G(X)$ と表されるので，$G(X) \cdot H(X) = X^n - 1$ より，$W(X)(X^n - 1) = W(X) \cdot G(X) \cdot H(X) = V(X) \cdot H(X)$．したがって，任意の符号多項式 $V(X)$ と検査多項式 $H(X)$ に対して

$$V(X) \cdot H(X) \mod (X^n - 1) = 0$$

が成り立つ．

---

[8] このように表す符号を組織符号という．

ここでも，雑音が加法的に加わる通信路を考える．したがって，誤りベクトル $\boldsymbol{e} = (e_{n-1}, \cdots, e_1, e_0)$ に対応させた誤り多項式を $E(X) = e_{n-1}X^{n-1} + \cdots + e_1X + e_0$ とし，受信語 $\boldsymbol{u} = (u_{n-1}, \cdots, u_1, u_0)$ に対応させた受信多項式を $U(X) = u_{n-1}X^{n-1} + \cdots + u_1X + u_0$ とすると，$U(X) = V(X) + E(X)$ である．$V(X)$ は符号多項式である．いま，**シンドローム多項式** $S(X)$ を

$$S(X) := U(X) \mod G(X)$$

で定義すると，命題 7.9 より

$$\begin{aligned} S(X) &= (V(X) + E(X)) \mod G(X) \\ &= V(X) \mod G(X) + E(X) \mod G(X) \\ &= E(X) \mod G(X) \end{aligned}$$

となって，線形符号のときと同様に，シンドローム多項式は誤り多項式によって決まることが分かる．また,「$S(X) = 0 \iff$ 誤りなし」,「$S(X) \neq 0 \iff$ 誤りあり」となり誤り検出が可能となることが分かる．

それでは，最後に (n, k) 巡回符号 V における組織符号と非組織符号について述べつつ，それらの行列表現を与えて本章を終えることにする．すでに述べてきたように，V の符号多項式 $V(X)$ に対して，$V^{(i)}(X) := X^i \cdot V(X) \mod (X^n - 1)$ も符号多項式であったので，それらの線形結合も符号多項式である：

$$\begin{aligned} &V(X) = W(X) \cdot G(X), &&W(X) := w_{k-1}X^{k-1} + \cdots + w_1X + w_0, \\ &\deg V(X) = n - 1, &&\deg G(X) = n - k. \end{aligned}$$

ここで，$G(X)$ は生成多項式である．さらに，$W(X)$ に X^{n-k} を掛けて，$G(X)$ で割ったときの商多項式，剰余多項式をそれぞれ，$Q(X)$, $R(X)$ とすると，

$$\begin{aligned} &X^{n-k} \cdot W(X) = Q(X) \cdot G(X) + R(X) \\ &\iff X^{n-k} \cdot W(X) + R(X) = Q(X) \cdot G(X) \end{aligned} \tag{7.5}$$

である．

(i) このとき，$W(X)$ を情報記号多項式として算出した左辺の符号多項式に対応した符号語からなる符号を**組織符号**という．

(ii) 一方で，$Q(X)$ $(\deg Q(X) \leq k-1)$ を情報記号多項式として算出した右辺の符号多項式に対応した符号語からなる符号を**非組織符号**という．

組織符号には符号語の情報記号がそのまま現れるという特徴がある．

例 7.11 問題 32 で得られた，生成多項式 $G(X) = X^3 + X^2 + 1$ を用いて，$(7,4)$ 巡回符号の組織符号と非組織符号を表 7.1 に列挙する．(7.5) から，

表 7.1 (7.4) 巡回符号の組織符号 (左) と非組織符号 (右)

組織符号		非組織符号	
情報記号 $W(X)$	符号語 $X^3 \cdot W(X) + R(X)$	情報記号 $Q(X)$	符号語 $Q(X) \cdot G(X)$
0000	0000000	0000	0000000
1000	1000110	1000	1101000
0100	0100011	0100	0110100
1100	1100101	1100	1011100
0010	0010111	0010	0011010
1010	1010001	1010	1110010
0110	0110100	0110	0101110
1110	1110010	1110	1000110
0001	0001101	0001	0001101
1001	1001011	1001	1100101
0101	0101110	0101	0111001
1101	1101000	1101	1010001
0011	0011010	0011	0010111
1011	1011100	1011	1111111
0111	0111001	0111	0100011
1111	1111111	1111	1001011

$\deg W(X) = \deg Q(X) = 4$ が分かる．もちろん，情報記号数が $k = 4$ ビットで，2 元符号なので，組織符号も非組織符号も 16 種類の符号語となる．

それでは，巡回符号に対する生成行列，および検査行列の計算方法を，以下に述べる．

(i) まず，組織符号から述べる．表 7.1 を利用することもできるが，そもそも実際にはこの表を書き出すことが大変なので，計算により求めよう．まず，線形符号のときと同様に，情報・検査記号関連行列 P を用いた手法である．ただし，注 7.2 で述べたように，巡回符号の組織符号は，符号語が $\boldsymbol{v} = \boldsymbol{c} + \boldsymbol{a} = (c_1, \cdots, c_{n-k-1}, a_0, \cdots, a_{k-1})$ と線形符号と逆順になっているので，生成行列 $G_{(\mathrm{cyc})}$ と検査行列 $H_{(\mathrm{cyc})}$ も線形符号のときと異なり，P と I の順序を逆にして

$$G_{(\mathrm{cyc})} = (P^T, I_k), \qquad H_{(\mathrm{cyc})} = (I_{n-k}, P)$$

と定める．しかし，次の手法によって，この P を求めるよりも先に $G_{(\mathrm{cyc})}$ が求まってしまう．実際，$\{G(X), X \cdot G(X), X^2 \cdot G(X), X^3 \cdot G(X)\}$ がこの符号の基底となることから，

$$\begin{cases} G(X) = 1 + X^2 + X^3 & \to (1,0,1,1,0,0,0) \\ X \cdot G(X) = X + X^3 + X^4 & \to (0,1,0,1,1,0,0) \\ X^2 \cdot G(X) = X^2 + X^4 + X^5 & \to (0,0,1,0,1,1,0) \\ X^3 \cdot G(X) = X^3 + X^5 + X^6 & \to (0,0,0,1,0,1,1) \end{cases}$$

と計算する．これらから，$\tilde{G}_{(\mathrm{cyc})}$ を求めて，それを基本変形によって標準形にすればよい．すなわち，

$$\tilde{G}_{(\mathrm{cyc})} = \begin{pmatrix} 1 & 0 & 1 & 1 & 0 & 0 & 0 \\ 0 & 1 & 0 & 1 & 1 & 0 & 0 \\ 0 & 0 & 1 & 0 & 1 & 1 & 0 \\ 0 & 0 & 0 & 1 & 0 & 1 & 1 \end{pmatrix}$$

$$
\xrightarrow[\text{基本変形}]{}
\begin{pmatrix}
1 & 0 & 1 & 1 & 0 & 0 & 0 \\
1 & 1 & 1 & 0 & 1 & 0 & 0 \\
1 & 1 & 0 & 0 & 0 & 1 & 0 \\
0 & 1 & 1 & 0 & 0 & 0 & 1
\end{pmatrix}
$$

$$
= (P^T, I_4) = G_{(\mathrm{cyc})} \mod 2
$$

基本変形は，単位行列 I_4 に当たる部分を作り出すように $GF(2)$ 上で行うことに注意する．これにより，行列 P が求まって，それを用いて $H_{(\mathrm{cyc})}$ も以下のように求めることができる．

$$
P = \begin{pmatrix}
1 & 1 & 1 & 0 \\
0 & 1 & 1 & 1 \\
1 & 1 & 0 & 1
\end{pmatrix},
$$

$$
H_{(\mathrm{cyc})} = (I_3, P) = \begin{pmatrix}
1 & 0 & 0 & 1 & 1 & 1 & 0 \\
0 & 1 & 0 & 0 & 1 & 1 & 1 \\
0 & 0 & 1 & 1 & 1 & 0 & 1
\end{pmatrix}.
$$

(ii) (n, k) 巡回符号の非組織符号の場合，生成多項式 $G(X)$ と検査多項式 $H(X)$ がそれぞれ，

$$
G(X) = g_{n-k-1}X^{n-k-1} + \cdots + g_1 X + g_0,
$$

$$
H(X) = h_{k-1}X^{k-1} + \cdots + h_1 X + h_0
$$

のとき，生成行列 $\widehat{G}_{(\mathrm{cyc})}$ と検査行列 $\widehat{H}_{(cyc)}$ はそれぞれ，(k, n) 型行列，$(n-k, n)$ 型行列で，次のようになることが知られている [9]．

---

9) $\{G(X), X \cdot G(X), \cdots, X^{n-k} \cdot G(X)\}$ が線形独立であり，これらはすべて符号語であることによって，$\widehat{G}_{(\mathrm{cyc})}$ が得られる．

$$\widehat{G}_{(\mathrm{cyc})} = \begin{pmatrix} g_{n-k-1} & \cdots & g_1 & g_0 & 0 & \cdots & 0 & 0 \\ 0 & g_{n-k-1} & \cdots & g_1 & g_0 & 0 & \cdots & 0 \\ \vdots & & \vdots & & \vdots & & & \vdots \\ 0 & \cdots & 0 & 0 & g_{n-k-1} & \cdots & g_1 & g_0 \end{pmatrix},$$

$$\widehat{H}_{(\mathrm{cyc})} = \begin{pmatrix} 0 & \cdots & 0 & 0 & h_0 & h_1 & \cdots & h_{k-1} \\ 0 & \cdots & 0 & h_0 & h_1 & \cdots & h_{k-1} & 0 \\ \vdots & & \vdots & & \vdots & & & \vdots \\ h_0 & h_1 & \cdots & h_{k-1} & 0 & \cdots & 0 & 0 \end{pmatrix}.$$

したがって，今の例では，$G(X) = X^3 + X^2 + 1$ なので，

$$H(X) = \frac{X^7 - 1}{X^3 + X^2 + 1} = X^4 + X^3 + X^2 + 1$$

となり，生成行列 $\widehat{G}_{(\mathrm{cyc})}$ と検査行列 $\widehat{H}_{(\mathrm{cyc})}$ はそれぞれ，以下のように求めることができる．

$$\widehat{G}_{(cyc)} = \begin{pmatrix} 1 & 1 & 0 & 1 & 0 & 0 & 0 \\ 0 & 1 & 1 & 0 & 1 & 0 & 0 \\ 0 & 0 & 1 & 1 & 0 & 1 & 0 \\ 0 & 0 & 0 & 1 & 1 & 0 & 1 \end{pmatrix},$$

$$\widehat{H}_{(cyc)} = \begin{pmatrix} 0 & 0 & 1 & 0 & 1 & 1 & 1 \\ 0 & 1 & 0 & 1 & 1 & 1 & 0 \\ 1 & 0 & 1 & 1 & 1 & 0 & 0 \end{pmatrix}.$$

ここで，$\widehat{G}_{(\mathrm{cyc})}\widehat{H}^T_{(\mathrm{cyc})} = 0 \mod 2$ となっていることに注意せよ．

最後に，組織符号の場合に，シンドロームを用いた 1 ビット誤り訂正を行おう．例えば，受信語として $\boldsymbol{u} = (1,0,1,0,1,0,0)$ を受信したとしよう．このとき，シンドロームベクトルを計算すると

$$\boldsymbol{s} = \boldsymbol{u}H^T_{(\mathrm{cyc})} = (0,1,0) = H_{(\mathrm{cyc})}\text{の 2 列目}$$

となり 2 ビット目に誤りがあったと分かり，正しい受信語 $\boldsymbol{u}_c = (1,1,1,0,1,0,0)$ が得られる．一方，多項式を用いた手法でも $U(X) = X^4 + X^2 + 1$, $G(X) = X^3 + X^2 + 1$ として，

$$S(X) = U(X) \mod G(X) = X \longrightarrow (0,1,0) = \boldsymbol{s}$$

となって，シンドロームベクトルの結果と一致する．

問題 33　$(7,4)$ 巡回符号の生成多項式を，問題 32 で求めたもう一方の $G(X) = X^3 + X + 1$ とした場合に，例 7.11 と同様に，組織符号と非組織符号の生成行列および検査行列を求めよ．また，組織符号の場合に，受信語が $\boldsymbol{u} = (1,0,1,0,1,0,0)$ のとき，誤りがあれば受信語を訂正せよ．

第**8**章

典型系列による符号化定理の証明

情報理論における三大定理のうち，情報源符号化定理については第 4 章で，Shannon 符号の際に桁数を求める不等式を利用して可変長符号に対して導出した．通信路符号化定理については，Gallager の信頼性関数による手法を用いて，第 6 章で証明した．本章では，Csiszár と Körner [13] によって確立された典型系列を用いた手法で，固定長符号に対する情報源符号化定理の証明を与える．また，典型系列の考え方を同時典型系列に発展させ，それを用いて通信路符号化定理の証明を与える．本章の内容は，[12], [103], [65] が非常に役に立つ．

まずは，対数の弱法則を証明しよう．そのために，すでに本書でも一部用いているが，期待値や分散の復習から始める．確率論の基礎的な事柄については，例えば文献 [67], [58], [78], [84], [77] などを参照されたい．

確率変数 X の取る値を $\{x_1, x_2, \cdots, x_N\}$ とする．本章の紹介にあたっては，これで事足りるであろうとのことで，ここでは有限個の値を取ると仮定した．このとき，X の**期待値 (平均)** は，

$$E[X] := \sum_{k=1}^{N} x_k p_k$$

で定義される．ただし，$p_k := \Pr(X = x_k)$ である．

すべての $k = 1, 2, \cdots, N$ に対して $x_k \geq 0$ のとき，$X \geq 0$ と記す．つまり，X は非負実数値を取る確率変数ということである．例えば $X \geq Y$ は $X -$

$Y \geq 0$ のことであり，すべての $k = 1, 2, \cdots, N$ に対して $x_k - y_k \geq 0$ を意味する．このとき，$a, b \in \mathbb{R}$，確率変数 X, Y に対して，以下の性質が成り立つ．

- $X = a$ ならば $E[X] = a$．特に，$E[1] = 1$．
- $E[aX + bY] = aE[X] + bE[Y]$．
- $X \geq Y$ ならば $E[X] \geq E[Y]$．($Y = 0$ ならば $E[X] \geq 0$．)
- 関数 $g(x)$ に対して，$E[g(X)] = \sum_{k=1}^{N} g(x_k)p_k$．
- $X_1, \cdots, X_N$ がそれぞれ互いに独立のとき，$E[X_1 + \cdots + X_N] = E[X_1] + \cdots + E[X_N]$ である．

また，確率変数 X に対して $\mu := E[X]$ とするとき，

$$V(X) := E[(X - \mu)^2]$$

を X の**分散**という．$V(X) = \sigma^2$ などと表されることが多い．σ は標準偏差と呼ばれる．$a \in \mathbb{R}$ と確率変数 X に対して，以下の性質が成り立つ．

- $V(X + a) = V(X), \quad V(aX) = a^2 V(X)$．
- $V(X) = E[X^2] - (E[X])^2$．
- $X_1, \cdots, X_N$ がそれぞれ互いに独立で，すべての $k = 1, \cdots, N$ に対して $V(X_k) < \infty$ のとき，$V(X_1 + \cdots + X_N) = V[X_1] + \cdots + V[X_N]$ である．

本章では離散系の結果のみを用いるので，連続系や測度論的な一般の結果については触れない．

8.1 典型系列

次の **Markov の不等式**から始める．

補題 8.1 $X \geq 0$, $E[X] < \infty$ のとき，任意の $a > 0$ に対して，

$$\Pr(X \geq a) \leq \frac{1}{a} E[X].$$

証明 $x \geq a$ より $\dfrac{x}{a} \geq 1$ なので

$$\Pr(X \geq a) = \sum_{x \geq a} p(x) \leq \sum_{x \geq a} p(x)\frac{x}{a} \leq \sum_{x} p(x)\frac{x}{a} = \frac{1}{a}E[X]. \qquad \square$$

次に，**Chebyshev の不等式**を示す．

補題 8.2 $E[X^2] < \infty$ ならば，平均 $\mu := E[X]$ と任意の $a > 0$ に対して

$$\Pr(|X - \mu| \geq a) \leq \frac{1}{a^2}V(X).$$

証明 補題 8.1 を用いて，

$$\Pr(|X - \mu| \geq a) = \Pr(|X - \mu|^2 \geq a^2) \leq \frac{1}{a^2}E[|X - \mu|^2] = \frac{1}{a^2}V(X). \quad \square$$

以下では，$X_1, \cdots, X_N$ を独立同一分布に従う確率変数とする．また，$k = 1 \cdots, N$ に対して $\mu := E[X_k]$, $\sigma^2 := V(X_k) < \infty$ とする，さらに，$S_N = X_1 + \cdots + X_N$, $\overline{X_N} := \dfrac{S_N}{N}$ とおく．$\overline{X_N}$ はしばしば，**標本平均**と呼ばれる．先に紹介した期待値や分散の性質から $E[S_N] = \mu N$, $V(S_N) = \sigma^2 N$ なので，次が分かる．

$$E[\,\overline{X_N}\,] = \mu, \qquad V(\,\overline{X_N}\,) = \frac{\sigma^2}{N}. \tag{8.1}$$

したがって，補題 8.2 より次の**大数の弱法則**が導かれる．

補題 8.3 $X_1, \cdots, X_N$ を独立同一分布に従う確率変数とし，$k = 1 \cdots, N$ に対して $\sigma^2 := V(X_k) < \infty$ とする．このとき，任意の $\varepsilon > 0$ に対して

$$\Pr(|\overline{X_N} - \mu| \geq \varepsilon) \leq \frac{\sigma^2}{N\varepsilon^2}.$$

これより $\displaystyle\lim_{N\to\infty} \Pr(|\overline{X_N} - \mu| \geq \varepsilon) = 0$ で，$\varepsilon > 0$ は任意に取れるので，標本平均 $\overline{X_N}$ と各事象の平均 $\mu := E[X_k]$ の差異があるようにできる確率は 0 であることが分かる．テレビの視聴率を全世帯で調査しなくても一部の世帯を調

査すれば，近似的に全世帯の結果と同等の結果が得られることを保証することを意味しているのである．

さて，情報源 A は (3.1) のように表されているとする．ここで，確率変数列 $A_1 A_2 \cdots A_N \in A^N$ は独立同一分布に従うとする．このとき，系列 $\boldsymbol{a} := a_1 a_2 \cdots a_N \in A^N$ の生起確率は

$$\begin{aligned}\Pr(\boldsymbol{a} \in A^N) &= \Pr(A_1 = a_1)\Pr(A_2 = a_2)\cdots\Pr(A_N = a_N) \\ &= p_1 p_2 \cdots p_N := p(\boldsymbol{a})\end{aligned}$$

である．各 $a_1, \cdots, a_N$ は (3.1) における $a_1, \cdots, a_n$ のいずれかを取る．次にあらためて，確率変数 X_k $(k = 1, \cdots, N)$ を $X_k := -\log \Pr(A_k)$ とすると，各 $k = 1, \cdots, N$ に対して確率変数 X_k は同一分布に従うので，$x_i = -\log p_i$ に注意すると，すべての $k = 1, \cdots, N$ に対して，

$$\mu = E[X_k] = \sum_{i=1}^{n} p_i x_i = -\sum_{i=1}^{n} p_i \log p_i = H(A)$$

である [1)]．さらに，

$$\begin{aligned}\overline{X_N} &= \frac{1}{N}(X_1 + \cdots + X_N) = -\frac{1}{N}\log \prod_{k=1}^{N} \Pr(A_k) \\ &= -\frac{1}{N}\log p_1 p_2 \cdots p_N = -\frac{1}{N}\log p(\boldsymbol{a})\end{aligned}$$

である．したがって，補題 8.3 によって，

$$\Pr\left(\left|\frac{1}{N}\log p(\boldsymbol{a}) + H(A)\right| \geq \varepsilon\right) < \delta \tag{8.2}$$

が得られる．この性質を**漸近等分割性**という．これにより典型系列を次で定義する．典型系列とはその系列が生起する確率が高い (典型的である) という意味であり，高確率系列と言っても良い．

定義 8.4　任意の $\varepsilon > 0$ に対して，次の不等式

$$\left|\frac{1}{N}\log p(\boldsymbol{a}) + H(A)\right| \leq \varepsilon \tag{8.3}$$

[1)] 本章では，微分の計算がないので，第 6 章と異なり log の底は 2 とする．

を満たす系列 $\boldsymbol{a} \in A^N$ を**典型系列**といい，その全体を $\varLambda$ で表す．このとき，

$$\Pr\left(\left|\frac{1}{N}\log p(\boldsymbol{a}) + H(A)\right| \leq \varepsilon\right) \geq 1 - \delta \tag{8.4}$$

である．一方，不等式 (8.3) と逆向きの不等式を満たす系列 $\boldsymbol{a} \in A^N$ を**非典型系列**といい，その全体を $\varLambda^c$ で表す．このとき，(8.2) が成り立つ．

8.2 情報源符号化定理 (固定長)

固定長の情報源符号化定理を示す際に必要となる，典型系列に関する基本的な性質を調べておく．まず，(8.3) より

$$2^{-N(H(A)+\varepsilon)} \leq p(\boldsymbol{a}) \leq 2^{-N(H(A)-\varepsilon)} \tag{8.5}$$

が成り立つ．$\varepsilon \to 0$ のとき，$p(\boldsymbol{a}) \simeq 2^{-NH(A)}$ である．

問題 34 (8.5) を示せ．

次に，典型系列の個数 $|\varLambda| =: \nu$ について考えよう．まず，不等式 (8.5) より

$$1 \geq \sum_{\boldsymbol{a}\in\varLambda} p(\boldsymbol{a}) \geq \sum_{\boldsymbol{a}\in\varLambda} 2^{-N(H(A)+\varepsilon)} = \nu 2^{-N(H(A)+\varepsilon)}.$$

次に，(8.3), (8.4), (8.5) より，

$$1 - \delta \leq \sum_{\boldsymbol{a}\in\varLambda} p(\boldsymbol{a}) \leq \sum_{\boldsymbol{a}\in\varLambda} 2^{-N(H(A)-\varepsilon)} = \nu 2^{-N(H(A)-\varepsilon)}.$$

以上より

$$(1-\delta)2^{N(H(A)-\varepsilon)} \leq \nu \leq 2^{N(H(A)+\varepsilon)}. \tag{8.6}$$

したがって，$\varepsilon, \delta \to 0$ とすると，$\nu \simeq 2^{NH(A)}$ 個であることが分かる．すなわち，典型系列では長さ N のバイナリメッセージを 1 対 1 で対応付け可能である．これが固定長の情報源符号化定理を示すポイントとなる．以上をまとめると，表 8.1 のようになる．

表 8.1　典型系列の性質

	確率	個数
典型系列	$2^{-NH(A)}$	$2^{NH(A)}$
非典型系列	ほぼ 0	無数

定理 8.5　A をある定常無記憶情報源，$\varepsilon, \delta > 0$ とする．

(1) **順定理**：情報源 A は $H(A) + \varepsilon$ [ビット] 利用可能とする．そのとき，十分大きい N に対して，A からのメッセージ N 個の系列は，δ より小さい誤り確率でバイナリ系列に符号化できる．

(2) **逆定理**：情報源 A は $H(A) - \varepsilon$ [ビット] 利用可能とする．そのとき，十分大きい N に対して，A からのメッセージ N 個の系列は，$1 - \delta$ より大きい誤り確率でバイナリ系列に符号化される．

証明　(1) 十分大きい N に対して典型系列の数 ν は $\nu \leq 2^{N(H(A)+\varepsilon)}$ である．したがって，各典型系列を利用可能な $N(H(A)+\varepsilon)$ 個のバイナリ系列に 1 対 1 に誤りなく符号・復号化可能である．なお，ある系列が非典型系列として生起する確率を合計したものは (8.2) より δ 未満であり，この非典型系列の復号化において最悪の場合，すべて誤りが起こる確率はやはり δ 未満である．したがって，結局，全体の誤り確率は δ 未満である．

(2) $\eta, \xi > 0$ とする．十分大きな N に対して，全確率が η 未満の非典型系列と各系列が次の確率で生起する典型系列に区別して考える：

$$p(\boldsymbol{a}) \leq 2^{-N(H(A)-\xi)}. \tag{8.7}$$

今，情報源 A は $H(A) - \varepsilon$ [ビット] の利用が可能であるので，(8.6) より

$$(1-\delta)2^{N(H(A)-\varepsilon)} \leq \nu \leq 2^{N(H(A)+\varepsilon)}$$

を満たす ν 個，すなわち，約 $2^{NH(A)}$ 個の典型系列のすべてを上記の順定理 (1) のように 1 対 1 で $N(H(A)-\varepsilon)$ 個のバイナリ系列に対応させることはできない．しかし，(8.7) で生起する典型系列のうち $N(H(A)-\varepsilon)$ 個は正確に復号化可能である．また，非典型系列のうち，それらの系列の生起確率の合計 η 未満の系列は正確に復号化可能である．以上より，

全系列で正確に符号・復号化される確率を p_c とすると,

$$p_c < \eta + 2^{N(H(A)-\varepsilon)} 2^{-N(H(A)-\xi)} = \eta + 2^{-N(\varepsilon-\xi)}.$$

したがって, $\eta := \dfrac{\delta}{2}$, $\xi := \dfrac{\varepsilon}{2}$ とし, $2^{-N\varepsilon/2} < \dfrac{\delta}{2}$ となるような十分大きな N を取れば, $p_c < \delta$ となり, 誤り確率は $1 - p_c > 1 - \delta$ となる.

□

[定理 **8.5** の理解の助け]

(1) 順定理

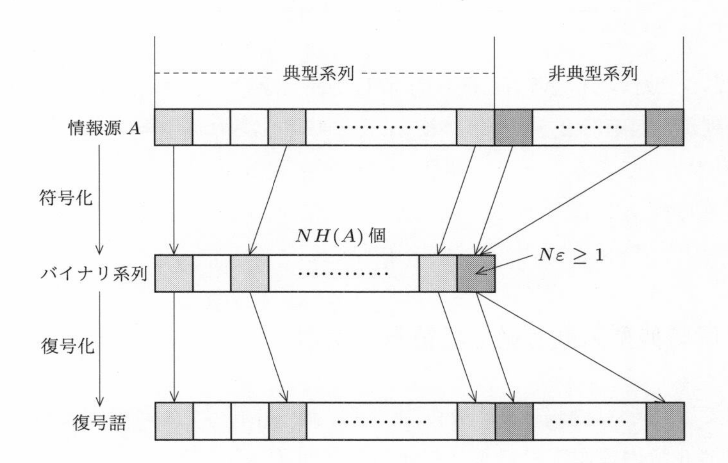

典型系列はバイナリ系列に 1 対 1 に対応可能なので誤ることはない. $\varepsilon > 0$ がどんなに小さくても, $N\varepsilon$ で 1 ビットでも稼げるくらいに N を十分に大きく取る. これによって, $N\varepsilon$ が利用可能であることのメリットが生まれる. 非典型系列の符号・復号化はすべて誤っても良いと考え, 利用可能となった $N\varepsilon$ を使う. 全部誤っても良いのだが, そもそも非典型系列の生起確率は δ 未満なので, 全系列の誤り確率は結局, δ 未満となる.

(2) 逆定理　こちらは, $H(A) - \varepsilon$ [ビット] 利用可能なので, $N(H(A) - \varepsilon)$ 個のバイナリ系列が利用可能である. 実際には, $2^{NH(A)}$ 個の典型系列と 1 対

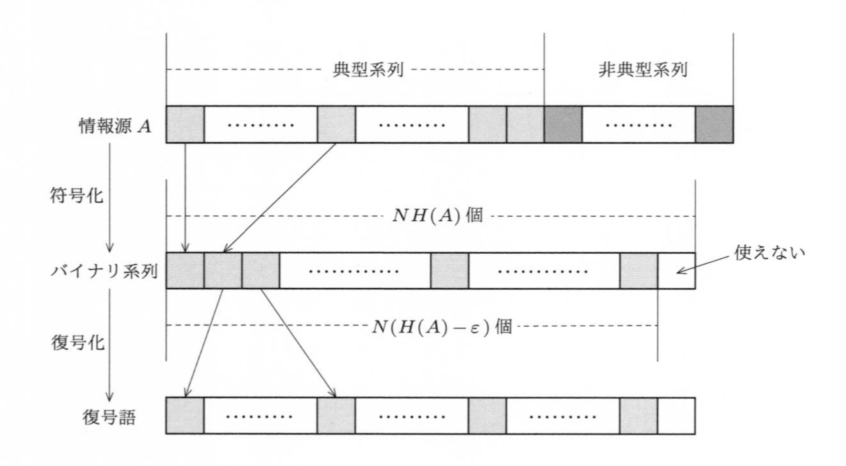

1 に対応させたいが，$N(H(A)-\varepsilon)$ 個しか使えない．したがって，$2^{N(H(A)-\varepsilon)}$ 個の系列が生起確率 $2^{-N(H(A)-\xi)}$ で正しく復号化される確率は，$2^{N(H(A)-\varepsilon)} \times 2^{-N(H(A)-\xi)}$ である．また，偶然，非典型系列が正しく復号化される確率はその生起確率 η 未満である．以上より，全系列が正しく復号化される確率は $\eta + 2^{N(H(A)-\varepsilon)} \times 2^{-N(H(A)-\xi)}$ 未満である．

8.3　同時典型系列と通信路符号化定理

本節では，同時典型系列について述べて，通信路符号化定理の別証明を紹介しよう．第 6 章の冒頭部で定義した通信路行列 $P = (p_{ij})_{i=1,\cdots,n;\, j=1,\cdots,m}$ を思い出そう．ここで，行列の成分 $p_{ij} = p(b_j|a_i) := \Pr(B = b_j|A = a_i)$ は条件付き確率であった．ただし，A, B はそれぞれ入力系，出力系の情報源である (第 6 章冒頭部参照)．本書では離散無記憶通信路のみを考えているので，入力系列 $\boldsymbol{a} := a_1 \cdots a_N \in A^N$ に対応した出力系列を $\boldsymbol{b} := b_1 \cdots b_N \in B^N$ (各 $a_k\,(k = 1,\cdots,N)$ は A の事象 $a_1,\cdots,a_n$ のいずれかであり，各 $b_l\,(l = 1,\cdots,N)$ は B の事象 $b_1,\cdots,b_m$ のいずれかである) とするとき，$P(\boldsymbol{b}|\boldsymbol{a}) = \prod_{i=1}^{N} p(b_i|a_i)$ である．また，入力系エントロピー，出力系エントロピーおよび同時エントロピーをそれぞれ，

$$H(\boldsymbol{p}) := -\sum_{i=1}^{N} p(a_i) \log p(a_i),$$
$$H(P\boldsymbol{p}) := -\sum_{j=1}^{N}\sum_{i=1}^{N} p(a_i)p(b_j|a_i) \log\left(\sum_{k=1}^{N} p(a_k)p(b_j|a_k)\right),$$
$$H(\boldsymbol{p}, P) := -\sum_{i=1}^{N}\sum_{j=1}^{N} p(a_i)p(b_j|a_i) \log p(a_i)p(b_j|a_i)$$

と記す．ただし，$\boldsymbol{p} = \{p(a_1), \cdots, p(a_N)\}$ と略記した．意味としては，$H(\boldsymbol{p}) = H(\boldsymbol{a})$, $H(P\boldsymbol{p}) = H(\boldsymbol{b})$, $H(\boldsymbol{p}, P) = H(\boldsymbol{a}, \boldsymbol{b})$ である．これらのすべてのエントロピーは，入力系の生起確率と通信路行列 (条件付き確率) で定まることが分かる．ここで，この節では相互情報量も同様な表記法で $I(\boldsymbol{p}; P) := H(\boldsymbol{p}) + H(P\boldsymbol{p}) - H(\boldsymbol{p}, P)$ と記すことにする．また，同時確率分布 $\Pr(A = a_i, B = b_j) := p(a_i, b_i)$ が分かれば，周辺分布

$$p(a_i) := \Pr(A = a_i) = \sum_{j=1}^{N} p(a_i, b_j),$$
$$p(b_j) := \Pr(B = b_j) = \sum_{i=1}^{N} p(a_i, b_j)$$

が定まる．ここで同時系列 $(\boldsymbol{a}, \boldsymbol{b}) \in A^N \times B^N$ を考えることが可能であり，$\Pr(A^N = \boldsymbol{a}) =: p(\boldsymbol{a})$ などと略記する．このとき，**同時典型系列**を次で定義する．

定義 8.6 同時系列 $(\boldsymbol{a}, \boldsymbol{b}) \in A^N \times B^N$ が同時確率分布 $p(a_i, b_j)$ に関する同時典型系列であるとは，$(\boldsymbol{a}, \boldsymbol{b}) \in \mathit{\Gamma}_\varepsilon^{(N)}$ であることを言う．ただし，

$$\mathit{\Gamma}_\varepsilon^{(N)} := \left\{(\boldsymbol{a}, \boldsymbol{b}) \in A^N \times B^N |\ \text{不等式 (8.8) を満たす}\right\}$$

である．ここで，

$$\left|\frac{1}{N}\log p(\boldsymbol{a}) + H(\boldsymbol{p})\right| \le \varepsilon, \qquad \left|\frac{1}{N}\log p(\boldsymbol{b}) + H(P\boldsymbol{p})\right| \le \varepsilon,$$
$$\left|\frac{1}{N}\log p(\boldsymbol{a}, \boldsymbol{b}) + H(\boldsymbol{p}, P)\right| \le \varepsilon. \tag{8.8}$$

同時典型系列とは，3 つのエントロピーにそれぞれの経験エントロピーが漸

近的に近づくような長さ N の系列の集合である．同時系列 $(\boldsymbol{a},\boldsymbol{b}) \in A^N \times B^N$ は，独立同一分布に従って生起すると仮定する．つまり $p(\boldsymbol{a},\boldsymbol{b}) = \prod_{i=1}^{N} p(a_i, b_i)$ とする．このとき，次の性質が成り立つ．

補題 8.7 (1) $\lim_{N\to\infty} \Pr((\boldsymbol{a},\boldsymbol{b}) \in \Gamma_\varepsilon^{(N)}) = 1$.

(2) $|\Gamma_\varepsilon^{(N)}| \leq 2^{N(H(\boldsymbol{p},P)+\varepsilon)}$.

(3) $\widetilde{\boldsymbol{a}}$ と $\widetilde{\boldsymbol{b}}$ が独立で，$p(\boldsymbol{a},\boldsymbol{b})$ と同じ周辺分布を持つとき，任意の $\varepsilon, \delta > 0$ と十分大きな N に対して

$$(1-\delta)2^{-N(I(\boldsymbol{p};P)+3\varepsilon)} \leq \Pr((\widetilde{\boldsymbol{a}},\widetilde{\boldsymbol{b}}) \in \Gamma_\varepsilon^{(N)}) \leq 2^{-N(I(\boldsymbol{p};P)-3\varepsilon)}.$$

証明 (1) 大数の弱法則により，任意の $\varepsilon > 0$ に対してある N_1 が存在して，すべての $N > N_1$ に対して

$$\Pr\left(\left|\frac{1}{N}\log p(\boldsymbol{a}) + H(\boldsymbol{p})\right| \geq \varepsilon\right) < \frac{\delta}{3}.$$

同様にして，ある N_2 が存在して，すべての $N > N_2$ に対して

$$\Pr\left(\left|\frac{1}{N}\log p(\boldsymbol{b}) + H(P\boldsymbol{p})\right| \geq \varepsilon\right) < \frac{\delta}{3}.$$

また，ある N_3 が存在して，すべての $N > N_3$ に対して

$$\Pr\left(\left|\frac{1}{N}\log p(\boldsymbol{a},\boldsymbol{b}) + H(\boldsymbol{p},P)\right| \geq \varepsilon\right) < \frac{\delta}{3}.$$

よって，$N > \max\{N_1, N_2, N_3\}$ に対して，上の 3 つの和集合の確率は任意の $\delta > 0$ より小さい．ゆえに，$\Pr(\Gamma_\varepsilon^{(N)}) \geq 1 - \delta$.

(2) (8.5) より $p(\boldsymbol{a},\boldsymbol{b}) \geq 2^{-N(H(\boldsymbol{p},P)+\varepsilon)}$ なので

$$1 = \sum_{(\boldsymbol{a},\boldsymbol{b})\in A^N\times B^N} p(\boldsymbol{a},\boldsymbol{b}) \geq \sum_{(\boldsymbol{a},\boldsymbol{b})\in \Gamma_\varepsilon^{(N)}} p(\boldsymbol{a},\boldsymbol{b}) \geq \left|\Gamma_\varepsilon^{(N)}\right| 2^{-N(H(\boldsymbol{p},P)+\varepsilon)}.$$

(3) 仮定，(8.8) における上の 2 つの不等式を変形したもの，および，上の (2) より，上界が示される．

$$\begin{aligned}\Pr((\widetilde{\boldsymbol{a}},\widetilde{\boldsymbol{b}})\in\Gamma_\varepsilon^{(N)}) &= \sum_{(\boldsymbol{a},\boldsymbol{b})\in\Gamma_\varepsilon^{(N)}} p(\boldsymbol{a})p(\boldsymbol{b}) \\ &\le \left|\Gamma_\varepsilon^{(N)}\right| 2^{-N(H(\boldsymbol{p})-\varepsilon)}2^{-N(H(P\boldsymbol{p})-\varepsilon)} \\ &\le 2^{N(H(\boldsymbol{p},P)+\varepsilon)}2^{-N(H(\boldsymbol{p})-\varepsilon)}2^{-N(H(P\boldsymbol{p})-\varepsilon)} \\ &= 2^{-N(I(\boldsymbol{p};P)-3\varepsilon)}.\end{aligned}$$

次に，下界について示す．上の (1) により，十分大きい N に対して $\Pr(\Gamma_\varepsilon^{(N)})\ge 1-\delta$ であるので，

$$1-\delta \le \sum_{(\boldsymbol{a},\boldsymbol{b})\in\Gamma_\varepsilon^{(N)}} p(\boldsymbol{a},\boldsymbol{b}) \le \left|\Gamma_\varepsilon^{(N)}\right| 2^{-N(H(\boldsymbol{p},P)-\varepsilon)}$$

から

$$\left|\Gamma_\varepsilon^{(N)}\right| \ge (1-\delta)\,2^{N(H(\boldsymbol{p},P)-\varepsilon)}$$

が言える．よって，上界のときと同様の議論により，次が言える．

$$\begin{aligned}\Pr((\widetilde{\boldsymbol{a}},\widetilde{\boldsymbol{b}})\in\Gamma_\varepsilon^{(N)}) &= \sum_{(\boldsymbol{a},\boldsymbol{b})\in\Gamma_\varepsilon^{(N)}} p(\boldsymbol{a})p(\boldsymbol{b}) \\ &\ge (1-\delta)\,2^{N(H(\boldsymbol{p},P)-\varepsilon)}2^{-N(H(\boldsymbol{p})+\varepsilon)}2^{-N(H(P\boldsymbol{p})+\varepsilon)} \\ &= (1-\delta)\,2^{-N(I(\boldsymbol{p},P)+3\varepsilon)}.\end{aligned}$$

□

この補題 8.7 より，任意の符号語が受信系列と同時典型系列になる確率はおよそ $2^{-NI(\boldsymbol{p};P)}$ であり (したがってその個数はおよそ $2^{NI(\boldsymbol{p};P)}$ 個)，もし符号語の個数がこれより少なければ，受信語をほかの符号語と誤る確率は小さくできると考えられることが理解できるであろう．では，通信路符号化定理を述べる前に，第 6 章で用いた定義や記号をいくつか復習しておこう．まず，アルファベット集合 (メッセージの集合) を $I=\{1,2,\cdots,M\}$ とする．メッセージの個数は $M=2^{NR}$ 個あり，それゆえに伝送速度 R は $R:=\dfrac{\log M}{N}$ であった．また，符号長 N の通信路符号は符号化写像 $\varphi: I\longrightarrow A^n$ と復号化写像 $\psi: B^N\longrightarrow\mathcal{C}$ の対 (φ,ψ) と定義する．ただし，$\mathcal{C}$ は $I\subset\mathcal{C}$ を満たす集合で必ずしも $\mathcal{C}=I$ ではない．本質的に第 6 章での定義と変わらないが，若干変数

などに違いがあること注意して復号誤り確率を定義しておこう．符号 (φ,ψ) を通信路 $P:A\longrightarrow B$ に適応させたときのメッセージ $k\in I$ の復号誤り確率を

$$P_{e,k}(\varphi,\psi,P):=\sum_{\boldsymbol{b}\in B^N,\,\psi(\boldsymbol{b})\neq k}\Pr(\boldsymbol{b}|\varphi(k))=1-\Pr(\psi^{-1}(k)|\varphi(k))$$

で定義する．ここで，$\psi^{-1}(k)=\{\boldsymbol{b}\in B^N:\psi(\boldsymbol{b})=k\}$ はもとの送信メッセージに復号される $\boldsymbol{b}$ の集合を表す．また，符号 (φ,ψ) の最大復号誤り確率 $P_e^{(\max)}$ と平均復号誤り確率 $\overline{P_e}$ をそれぞれ，

$$P_e^{(\max)}:=\max_{k\in I}P_{e,k}(\varphi,\psi,P),\qquad \overline{P_e}:=\frac{1}{M}\sum_{k=1}^{M}P_{e,k}(\varphi,\psi,P)$$

で定義する．上の定義から明らかなように，平均復号誤り確率はすべてのメッセージが等確率で生起するときの復号誤り確率である．また，$\overline{P_e}\leq P_e^{(\max)}$ である．最後に，無記憶通信路 $P:A\longrightarrow B$ の通信路容量 C を $C:=\max_{\boldsymbol{p}}I(\boldsymbol{p};P)$ で定める．このとき次の定理が成り立つ．

定理 8.8　無記憶通信路において，$R<C$ ならば，任意の $\delta>0$ と十分大きな符号長 N に対して，$\overline{P_e}<\delta$ となる符号 (φ,ψ) が存在する．

証明　入力アルファベット集合 I から k が選ばれ，$M=2^{NR}$ 個の符号語

$$\varphi(k)=\boldsymbol{a}_k=(a_{k,1},\cdots,a_{k,N})\in A^N\qquad(k=1,\cdots,M)$$

が確率 $p^N(\boldsymbol{a}_k)=\prod_{i=1}^{N}p(a_{k,i})$ で独立に生成される．ここで，$p(a_{k,i})$ は入力情報源 A の生起確率で [2)]，符号長 N の M 個の符号 (φ,ψ) をこの確率分布 $p(\cdot)$ に従ってランダムに構成する．したがって，ある符号化写像 φ の生起確率は

$$\Pr(\varphi)=\prod_{k=1}^{M}p^N(\boldsymbol{a}_k)=\prod_{k=1}^{M}\prod_{i=1}^{N}p(a_{k,i})$$

で定まる．

一方，復号化写像 ψ は，典型復号化法を適用する．この復号化法では，受

[2)] 各 $a_{k,i}$ は A の事象 $a_1,\cdots,a_n$ のいずれかである．

信語 $\boldsymbol{b} \in B^N$ について，条件

$$\text{任意の} k(\neq \widehat{k}) \text{に対して，} \quad (\boldsymbol{a}_{\widehat{k}}, \boldsymbol{b}) \in \Gamma_\varepsilon^{(N)} \text{ かつ } (\boldsymbol{a}_k, \boldsymbol{b}) \notin \Gamma_\varepsilon^{(N)} \tag{8.9}$$

によって出力する．つまり，受信語 $\boldsymbol{b}$ とただ1つの符号語 $\boldsymbol{a}_{\widehat{k}}$ の組が同時典型系列となっているときに限り，受信語をメッセージ $\widehat{k}$ に復号する．当然，上記の条件が満たされないときは正しく復号が行えなかったとして，典型復号化法では，どのメッセージとも一致しない数 (仮にそれを 0 とする．つまり，$\mathcal{C} = I \cup \{0\}$ である) を出力する．

次にランダムに定めた符号の集合に対して，平均復号誤り確率の期待値を見積もる．符号化写像 φ の生起確率は $\Pr(\varphi)$ であるから，

$$E\left[\overline{P_e}\right] = \sum_{\varphi} \Pr(\varphi)\overline{P_e} = \frac{1}{M}\sum_{k=1}^{M}\sum_{\varphi} \Pr(\varphi) P_{e,k}(\varphi, \psi, P)$$

である．平均復号誤り確率 $\overline{P_e}$ の期待値 $E\left[\overline{P_e}\right]$ は送信されるメッセージの特定の番号に依存しない．ゆえに，一般性を失うことなくメッセージ $k=1$ が送信されたと仮定して良い．つまり，

$$\begin{aligned}\frac{1}{M}\sum_{k=1}^{M}\sum_{\varphi} \Pr(\varphi) P_e(\varphi, \psi, P) &= \sum_{\varphi} \Pr(\varphi) P_{e,1}(\varphi, \psi, P) \\ &= \Pr(\mathrm{error}|k=1).\end{aligned}$$

ここで，$\Pr(\mathrm{error}|k=1)$ は，メッセージ $k=1$ が送信されたという仮定の下で誤り (error) が生起する確率である．したがって，

$$E\left[\overline{P_e}\right] = \Pr(\mathrm{error}|k=1) \tag{8.10}$$

であるので，この右辺を上から見積ればよい．ここで，事象 E_i を

$$E_i := \{(\boldsymbol{a}_i, \boldsymbol{b}) \in \Gamma_\varepsilon^{(N)}\} \qquad (i = 1, \cdots, M)$$

で定める．つまり，E_i は $\boldsymbol{b}$ と i 番目の符号語 $\boldsymbol{a}_i$ が同時典型系列になる事象である．典型復号化法の条件 (8.9) から，メッセージ $k=1$ を送信したという条件の下で復号誤りが生じるのは E_1^c が起こるか，$E_2 \cup E_3 \cup \cdots \cup E_M$ が起こ

るときである．ゆえに，劣加法性：$\Pr\left(\bigcup_{k=1}^{N} X_k\right) \leq \sum_{k=1}^{N} \Pr(X_k)$ より

$$\begin{aligned}\Pr(\mathrm{error}|k=1) &= \Pr(E_1^c \cup E_2 \cup E_3 \cup \cdots \cup E_M) \\ &\leq \Pr(E_1^c) + \sum_{i=2}^{M} \Pr(E_i)\end{aligned}$$

である．ここで，補題 8.7(3) により

$$\Pr(E_i) = \Pr((\boldsymbol{a}_i, \boldsymbol{b}) \in \Gamma_\varepsilon^{(N)}) \leq 2^{-N(I(\boldsymbol{p};P)-3\varepsilon)} \qquad (i \neq 1)$$

であることと，$\Pr(E_1) \geq 1-\delta$ から $\Pr(E_1^c) \leq \delta$ なので，結局，

$$\begin{aligned}\Pr(\mathrm{error}|k=1) &\leq \delta + \sum_{i=2}^{M} 2^{-N(I(\boldsymbol{p};P)-3\varepsilon)} \\ &< \delta + 2^{NR} \cdot 2^{-N(I(\boldsymbol{p};P)-3\varepsilon)} \\ &= \delta + 2^{-N(I(\boldsymbol{p};P)-R-3\varepsilon)}\end{aligned}$$

と見積もることができる．ここで，$R < I(\boldsymbol{p};P) - 3\varepsilon$ ならば，$2^{-N(I(\boldsymbol{p};P)-R-3\varepsilon)} < \delta$ となる．よって，(8.10) から

$$E\left[\,\overline{P_e}\,\right] = \Pr(\mathrm{error}|k=1) < 2\delta$$

が得られる．$\delta > 0$ は任意に小さくできるので，$R < I(\boldsymbol{p};P)$ であれば，$N \to \infty$ のとき，$E\left[\,\overline{P_e}\,\right] < 2\delta$ が成り立つ．よって，符号の中に少なくとも 1 つは，復号誤り確率を $\overline{P_e}$ が 2δ 未満のものが存在する．

最後に，入力アルファベットの生起確率分布 $p(a_i)$ を相互情報量 $I(\boldsymbol{p};P)$ が最大になるように選ぶことで，$R < I(\boldsymbol{p};P)$ の条件が $R < C$ と変わり，本定理の証明が完成する．□

以上，同時典型系列を用いて通信路符号化の順定理を証明した．逆定理については省略する．本証明にあたり，[103], [12] を参考にした．逆定理をはじめ，さらに詳しいことについてもこれらの書籍を参考にされたい．

第9章 量子情報理論

前章までで用いたビットという単位は，0 または 1 の 2 進数をランダムに取り得る 1 桁のことであった．これは，当然 0 か 1 のいずれかの値しか取り得ないものであった．そのような前提で議論された情報理論を，この章で用いるものと対比する上で，古典情報理論と呼ぶことがある．古典物理学 (Newton 力学) に従う情報理論，という意味である．本章では，量子力学を基礎とした情報理論として，量子情報理論における符号化定理に的を絞って解説する．量子力学においては，重ね合わせの原理というものがあるため，測定が完了するまでに，2 つの状態 0 と 1 のいずれかに決まらない状態が存在する．(Schrödinger の猫状態などは有名な話である．) それらを例えば状態ベクトル

$$|0\rangle := \begin{pmatrix} 1 \\ 0 \end{pmatrix} \quad \text{および} \quad |1\rangle := \begin{pmatrix} 0 \\ 1 \end{pmatrix}$$

などと表す．そのとき，$|\alpha|^2 + |\beta|^2 = 1$ を満たす $\alpha, \beta \in \mathbb{C}$ に対して状態 $|\phi\rangle := \alpha|0\rangle + \beta|1\rangle$，つまり $\mathbb{C}^2$ 上の単位ベクトルが**量子ビット**と呼ばれる．α や β は連続的に値を変えることが可能であるので無限の状態を取り得る．特に，ベクトル $|\phi\rangle$ を (量子) 状態ベクトルという．

9.1　量子力学的 (von Neumann) エントロピー

第 8 章で用いた典型系列による証明は，量子系の符号化定理に適用可能である．量子符号化定理は量子情報理論における 1 つの基礎的かつ重要な定理である．本節では，文献 [87], [82], [88], [47] の内容を紹介することが目的である．20 年以上も前の結果であるので，洋書・和書を問わず，これらの結果の良い解説書が多く出版されている．特に，[76], [51], [108] は系統立てて詳細に解説されているので大変に参考になる．また，量子論に関しては，[89] が分かりやすい．本書では，できる限り回り道をせず直線的に，量子系の符号化定理を目指しつつ，その都度，必要となる数学的な道具の定義やその性質などの紹介をしていくことにする．Shannon エントロピーをはじめ，これまで登場してきた情報量は確率分布に対して定義されてきたが，本節では最初に，密度行列に対して定義される**量子力学的 (von Neumann) エントロピー**を紹介する．本章では，有限次元の Hilbert 空間 $\mathcal{H}$，つまり作用素ではなく行列の場合に限定して話を進める．より抽象的な定義やそれに基づく研究もあるが，量子符号化定理の本質な理解には，行列の場合を考えることで十分に目的が達せられると考えるからである．まず，本節は，$n \times n$ (複素) 行列の全体を $M_n(\mathbb{C})$ で表す．**エルミート行列**の全体を $M_n^h(\mathbb{C})$ で表す．つまり，$M_n^h(\mathbb{C}) := \{X \in M_n(\mathbb{C}) : X^* = X\}$ である．以下，行列のサイズが重要でないときには単に $M_h(\mathbb{C})$ と表す．なお，量子力学の公理の 1 つとして，観測量 X は Hilbert 空間 $\mathcal{H}$ 上のエルミート行列によって表されることが知られている．また，観測量 X を測定して得られる測定値は X の固有値の 1 つであり，それは当然，実数である．本節の内容は，線形代数の良い応用になると思える．行列が積に関して非可換であることから，量子情報理論を非可換情報理論などと言うことがある．

問題 35　エルミート行列の固有値はすべて実数になることを示せ．

本節の冒頭でもすでに少し用いたが，表記法として量子物理分野ではしばしば用いられ，使い慣れると便利な Dirac によるブラケット記号を導入する．つまり，(縦) ベクトル $x \in \mathcal{H}$ を $|x\rangle$ で表し，その転置である (横) ベクトル

x^T を $\langle x|$ で表す．線形代数では 2 次形式の表記そのものであるが，後の計算をスムーズにするために次のように定義する．$X \in M_h(\mathbb{C})$ が**半正定値行列**であるとは，すべての $|x\rangle \in \mathbb{C}^n$ に対して $\langle x|X|x\rangle \geq 0$ あることを言う．そのとき，$X \geq 0$ と表記する．また，$X \in M_h(\mathbb{C})$ が**正定値行列**であるとは，すべての $|x\rangle \in \mathbb{C}^n$ に対して $\langle x|X|x\rangle > 0$ あることを言う．言い方を変えれば，可逆な (正則な) 半正定値行列は正定値行列である．そのとき，$X > 0$ と表記する．半正定値行列の全体を $M_n^+(\mathbb{C})$ と表すが，行列のサイズが重要でないときには単に $M_+(\mathbb{C})$ と表す．

問題 36　行列 $X \in M_n(\mathbb{C})$ が正則であることの定義を述べよ．また，$X, Y \in M_n(\mathbb{C})$ が正則のとき，X^{-1}, XY, X^T も正則であることを示せ．

問題 37　$\langle x|X|x\rangle > 0$ と $X \in M_h(\mathbb{C})$ の固有値がすべて正であることは同値であることを示せ．

行列 $X \in M_n(\mathbb{C})$ のトレース $\mathrm{Tr}[X]$ は，**正規直交基底** $|\varphi_k\rangle$ $(k = 1, \cdots, n)$ を用いて，$\mathrm{Tr}[X] := \sum_{k=1}^{n} \langle\varphi_k|X|\varphi_k\rangle$ で定義される．ここで，$|\varphi_k\rangle$ が直交基底であるとは，$k \neq l \Longrightarrow \langle\varphi_l|\varphi_k\rangle = 0$ であり，正規であるとは，$k = l \Longrightarrow \langle\varphi_l|\varphi_k\rangle = 1$ であることを意味する．したがって，Kronecker のデルタ

$$\delta_{kl} := \begin{cases} 1 & (k = l) \\ 0 & (k \neq l) \end{cases}$$

を用いると，$\langle\varphi_l|\varphi_k\rangle = \delta_{kl}$ である．$|\varphi_k\rangle$ として，基本ベクトル $\boldsymbol{e}_k$ (k 番目の成分のみ 1 でほかはすべて 0 のベクトル) を取れば，上で定義したトレース $\mathrm{Tr}[X]$ は行列 $X = (x_{ij})$ の対角和 $x_{11} + \cdots + x_{nn}$ となっていることが容易に理解できるであろう．トレースの性質として，α, $\beta \in \mathbb{C}$, X, Y, $Z \in M_n(\mathbb{C})$ のとき，線形性 $\mathrm{Tr}[\alpha X + \beta Y] = \alpha\,\mathrm{Tr}[X] + \beta\,\mathrm{Tr}[Y]$ および巡回性 $\mathrm{Tr}[XYZ] = \mathrm{Tr}[ZXY]$ は基本的である．また，$\overline{\mathrm{Tr}[X]} = \mathrm{Tr}[X^*]$ が成り立つ．ここで，X^* は X の共役転置を意味する．

問題 38　上で述べたトレースの性質を示せ．

(エルミート) 半正定値行列でトレースが 1 の行列を**密度行列**という．密度行列は量子力学において基本的であり，量子状態を表すことが量子力学の公理の 1 つとして知られている．量子力学的 (von Neumann) エントロピー [74] は密度行列 ρ (すなわち，$\rho^* = \rho \geq 0$, $\mathrm{Tr}[\rho] = 1$) に対して

$$S(\rho) := -\mathrm{Tr}\left[\rho \log \rho\right] \tag{9.1}$$

で定義される．(Shannon エントロピーのときと同様に，$0 \log 0 \equiv 0$ と規約する．) 以下，$S(\rho)$ を単に量子エントロピーと呼ぶことにする．量子状態 (密度行列) ρ はエルミート行列なので，ユニタリ行列を用いて $U^* \rho U = \mathbf{diag}(p_1, \cdots, p_k)$ と対角化される (ただし，$p_k \in \mathbb{R}$) ことが知られているので，ρ は固有値分解 (スペクトル分解) される．

$$\rho = \sum_{k=1}^{n} p_k |\varphi_k\rangle\langle\varphi_k|.$$

ただし，$|\varphi_k\rangle$ は正規直交基底で p_k は $|\varphi_k\rangle$ に対応する ρ の固有値である．このとき，量子エントロピーを計算してみよう．まず，関数 $f(x) := -x \ln x$ は $x = 1$ のまわりで

$$\begin{aligned} f(x) &\simeq -(x-1) - \frac{1}{2}(x-1)^2 + \frac{1}{6}(x-1)^3 - \frac{1}{12}(x-1)^4 + \cdots \\ &= -(x-1) - \sum_{n=2}^{\infty} \frac{(-1)^n}{n(n-1)}(x-1)^n \end{aligned}$$

と Taylor 展開 (多項式近似) できるので，log と ln の底の違いは定数倍のみであるから

$$\rho = \sum_{k=1}^{n} p_k |\varphi_k\rangle\langle\varphi_k| \Longrightarrow -\rho \log \rho = -\sum_{k=1}^{n} p_k \log p_k |\varphi_k\rangle\langle\varphi_k| \tag{9.2}$$

となり，$S(\rho) = -\sum_{k=1}^{n} p_k \log p_k = H(\boldsymbol{p})$ と確率分布 $\boldsymbol{p} := (p_1, \cdots, p_n)$ の Shannon エントロピーになることがわかる．

問題 39 問題 37 と密度行列の定義から $p_k \geq 0$ $(k = 1, \cdots, n)$ は自明であろう．$\sum_{k=1}^{n} p_k = 1$ を示せ．

注 9.1 $\rho = \sum_{k=1}^{n} p_k |\varphi_k\rangle\langle\varphi_k|$ のとき，$\rho^m = \sum_{k=1}^{n} p_k^m |\varphi_k\rangle\langle\varphi_k|$ である．したがって，多項式関数 $\mathbf{poly}(x) := a_0 + a_1 x + a_2 x^2 + \cdots + a_m x^m$ に対して

$$\mathbf{poly}(\rho) = \sum_{k=1}^{n} \mathbf{poly}\,(p_k)\,|\varphi_k\rangle\langle\varphi_k|$$

となる．ゆえに，一般に多項式近似可能な関数 f に対して

$$f(\rho) = \sum_{k=1}^{n} f(p_k)|\varphi_k\rangle\langle\varphi_k|$$

となる．さらに，一般に，関数 f が閉区間 I において連続ならば多項式関数 $\mathbf{poly}$ が存在して任意の ε に対して $|f(x) - \mathbf{poly}(x)| \leq \varepsilon$ となる $x \in I$ が存在することが，Stone–Weierstrass の近似定理として知られている．しかし，関数 $-x\log x$ は $(0,1]$ 上で定義されているので，$0\log 0 \equiv 0$ の規約の下で，閉区間 $[\varepsilon, 1]$ 上で関数 $-x\log x$ を定義して，$\varepsilon \downarrow 0$ とすればよい．

9.2 典型部分空間

上記で行った量子エントロピーの計算結果から Shannon エントロピーのときと同じように系列 $\boldsymbol{a} = a_1 \cdots a_N$ の生起確率 $p(\boldsymbol{a}) = p_1 \cdots p_N$ に対して，(8.3) より

$$\left|\frac{1}{N}\log \boldsymbol{p} + S(\rho)\right| \leq \varepsilon \tag{9.3}$$

なる典型系列に対して論じることに意味がある．ここで，補題 9.1 を示す準備として，$\rho^{\otimes N} := \rho \otimes \cdots \otimes \rho$ の固有値 $p(\boldsymbol{a}) := p(a_1, \cdots, a_N) = p(a_1) \cdots p(a_N)$ に対する固有ベクトル $|a_1\rangle \otimes \cdots \otimes |a_N\rangle \in \mathcal{H}^{\otimes N}$ (これを**典型状態**という) によって張られる部分空間で，系列 $\boldsymbol{a} := a_1 \cdots a_N$ が典型系列となるものを**典型部分空間** $\Lambda_\varepsilon^{(N)}$ という．つまり，

$$\Lambda_\varepsilon^{(N)} := \mathbf{span}\left\{|a_1\rangle \otimes \cdots \otimes |a_N\rangle \ : \ \left|\frac{1}{N}\log p(\boldsymbol{a}) + S\,(\rho)\right| \leq \varepsilon\right\}.$$

さらに，$\Lambda_\varepsilon^{(N)}$ への射影を $P_\varepsilon^{(N)}$ で表す．つまり，

$$P_\varepsilon^{(N)} = \sum_{\boldsymbol{a}\,:\,典型} |a_1\rangle\langle a_1| \otimes |a_2\rangle\langle a_2| \otimes \cdots \otimes |a_N\rangle\langle a_N| \tag{9.4}$$

である．テンソル積 $\otimes$ については，付録 D を参照せよ．なお，$|a_1,\cdots,a_N\rangle := |a_1\rangle \otimes \cdots \otimes |a_N\rangle$ と書いて，

$$|a_1,\cdots,a_N\rangle\langle a_1,\cdots,a_N| = |a_1\rangle\langle a_1| \otimes |a_2\rangle\langle a_2| \otimes \cdots \otimes |a_N\rangle\langle a_N|$$

となっていることに注意しよう．このとき，典型系列のときと同様に次が成り立つ．下記の補題は，[87], [76], [82] だけでなく [41] も参考になる．

補題 9.1 (1) 任意の $\varepsilon, \delta > 0$ に対して N が十分大きいとき，

$$\mathrm{Tr}[P_\varepsilon^{(N)} \rho^{\otimes N}] \geq 1 - \delta.$$

(2) 任意の $\varepsilon, \delta > 0$ と十分大きな N に対して，$|\Lambda_\varepsilon^{(N)}| := \dim \Lambda_\varepsilon^{(N)} := \mathrm{Tr}[P_\varepsilon^{(N)}]$ は

$$(1-\delta) 2^{N(S(\rho)-\varepsilon)} \leq |\Lambda_\varepsilon^{(N)}| \leq 2^{N(S(\rho)+\varepsilon)}$$

を満たす．

(3) $\mathrm{Sub}(N)$ を高々2^{NR} 次元の $\mathcal{H}^{\otimes N}$ の任意の部分空間への射影とする．ここで，$R = \dfrac{1}{N} \log \dim \mathrm{Sub}(N)$ は $R < S(\rho)$ を満たしているとする．このとき，任意の $\delta > 0$ と十分大きな N に対して

$$\mathrm{Tr}[\mathrm{Sub}(N) \rho^{\otimes N}] \leq \delta$$

が成り立つ．

証明 (1) 少し略記して $\rho = \sum_a p(a)|a\rangle\langle a|$ のとき，

$$\rho^{\otimes N} = \left(\sum_{a_1} p(a_1)|a_1\rangle\langle a_1|\right) \otimes \cdots \otimes \left(\sum_{a_N} p(a_N)|a_N\rangle\langle a_N|\right)$$

と書ける．これと (9.4) より $S(\rho) = H(\boldsymbol{p}) = H(A)$ および (8.4) より

$$\mathrm{Tr}[P_\varepsilon^{(N)} \rho^{\otimes N}] = \sum_{\boldsymbol{a}\,:\,典型} p(a_1)p(a_2)\cdots p(a_N) = \sum_{\boldsymbol{a}\,:\,典型} p(\boldsymbol{a})$$

$$= \Pr\Big(\Big|\frac{1}{N}\log p(\boldsymbol{a}) + S(\rho)\Big| \le \varepsilon\Big) \ge 1-\delta$$

である．

(2) 定義 $|\Lambda_\varepsilon^{(N)}| := \dim \Lambda_\varepsilon^{(N)} := \mathrm{Tr}[P_\varepsilon^{(N)}]$ により，$|\Lambda_\varepsilon^{(N)}|$ は $P_\varepsilon^{(N)}$ の典型系列 $a_1, \cdots, a_N$ の個数に等しいので，(8.6) と同様に示せる．

(3) 次のように分割する．

$$\begin{aligned}\mathrm{Tr}[\mathrm{Sub}(N)\rho^{\otimes N}] &= \mathrm{Tr}[\mathrm{Sub}(N)\rho^{\otimes N}P_\varepsilon^{(N)}] \\ &\quad + \mathrm{Tr}[\mathrm{Sub}(N)\rho^{\otimes N}\left(I - P_\varepsilon^{(N)}\right)].\end{aligned}$$

まず，右辺の第一項について考える．一般に射影 P は，$P^2 = P = P^*$ および $0 \le P \le I$ を満たす．$P_\varepsilon^{(N)}\rho^{\otimes N}P_\varepsilon^{(N)}$ の固有値 $P(\boldsymbol{a})$ は，$2^{-N(S(\rho)+\varepsilon)} \le P(\boldsymbol{a}) \le 2^{-N(S(\rho)-\varepsilon)}$ を満たすので，$P_\varepsilon^{(N)}\rho^{\otimes N}P_\varepsilon^{(N)} \le 2^{-N(S(\rho)-\varepsilon)}I$ である．したがって，$P_\varepsilon^{(N)}$ は射影で $\rho^{\otimes N}$ と可換なので，

$$\begin{aligned}\mathrm{Tr}[\mathrm{Sub}(N)\rho^{\otimes N}P_\varepsilon^{(N)}] &= \mathrm{Tr}[\mathrm{Sub}(N)P_\varepsilon^{(N)}\rho^{\otimes N}P_\varepsilon^{(N)}] \\ &\le 2^{-N(S(\rho)-\varepsilon)}\mathrm{Tr}[\mathrm{Sub}(N)] \\ &= 2^{-N(S(\rho)-R-\varepsilon)} \to 0 \quad (N \to \infty).\end{aligned}$$

次に右辺の第二項について考える．一般に $0 \le A \le I$, $B \ge 0$ のとき $\mathrm{Tr}[AB] = \mathrm{Tr}[B^{1/2}AB^{1/2}] \le \mathrm{Tr}[B^{1/2}IB^{1/2}] = \mathrm{Tr}[B]$ であることに注意する．$\mathrm{Sub}(N)$ は射影なので $0 \le \mathrm{Sub}(N) \le I$ であること，$\rho^{\otimes N}(I - P_\varepsilon^{(N)}) \ge 0$ であることから

$$\begin{aligned}&\mathrm{Tr}[\mathrm{Sub}(N)\rho^{\otimes N}\left(I - P_\varepsilon^{(N)}\right)] \le \mathrm{Tr}[\rho^{\otimes N}\left(I - P_\varepsilon^{(N)}\right)] \\ &= \mathrm{Tr}[\rho^{\otimes N}] - \mathrm{Tr}[\rho^{\otimes N}P_\varepsilon^{(N)}] \le 1 - (1-\delta) = \delta.\end{aligned}$$

最後の不等式は，テンソル積の性質 $\mathrm{Tr}[\rho^{\otimes N}] = \mathrm{Tr}[\rho]\cdots\mathrm{Tr}[\rho] = 1$ および (1) による．以上より，$\mathrm{Tr}[\mathrm{Sub}(N)\rho^{\otimes N}] \le \delta$ である． □

9.3 量子情報源符号化定理

それでは，Schumacher による量子情報源符号化について述べて行こう．8.2 節のアナロジーであるが，以降は，Schumacher の論文 [87] による．入力 (信号) 系 A における量子状態 (信号状態 [1]) を $\rho := \sum_{i=1}^{N} p(a_i)|a_i\rangle\langle a_i|$ とする．$\rho = |a_i\rangle\langle a_i|$ のとき，$\mathrm{rank}(\rho) = 1$ となり，このとき，**純粋状態**と呼ばれる．ρ が純粋状態のとき，$S(\rho) = 0$ である．

問題 40 ρ が純粋状態のとき，$S(\rho) = 0$ であることを示せ．

量子情報理論において，入力系 A から別の量子系 X への複写 (コピー) と転置 (置換，入れ換え) を区別して考える．まず，複写は，入力系 A の元の量子状態 (信号状態) が妨害を受けずに，別の量子系 X に

$$|a_i\rangle_A \otimes |0\rangle_X \longrightarrow |a_i\rangle_A \otimes |a_i\rangle_X$$

と変化させる．ここで，$|0\rangle_X$ は系 X の 0 状態であり，$|a_i\rangle_X$ は系 X における量子状態 (信号状態) $|a_i\rangle$ を意味する．

次に，入力系 A の任意の状態を系 X の状態に複写する装置を考える．2 つの区別可能な系 A の状態 $|a_i\rangle_A$ と $|b_i\rangle_A$ が与えられれば装置は

$$|a_i\rangle_A \otimes |0\rangle_X \longrightarrow |a_i\rangle_A \otimes |a_i\rangle_X, \qquad |b_i\rangle_A \otimes |0\rangle_X \longrightarrow |b_i\rangle_A \otimes |b_i\rangle_X$$

と動作する．このとき，量子状態 (信号状態) $|c_i\rangle_A = |a_i\rangle_A + |b_i\rangle_A$ を考える．もし，系 X の出力信号状態が忠実に複写されれば，$|c_i\rangle_X = |a_i\rangle_X + |b_i\rangle_X$ となるはずである．しかし，量子力学の原理の 1 つにより系の発展はユニタリ (ここでは線形) であるから，

$$\begin{aligned}|c_i\rangle_A \otimes |0\rangle_X &= |a_i\rangle_A \otimes |0\rangle_X + |b_i\rangle_A \otimes |0\rangle_X \\ &\longrightarrow |a_i\rangle_A \otimes |a_i\rangle_X + |b_i\rangle_A \otimes |b_i\rangle_X \neq |c_i\rangle_A \otimes |c_i\rangle_X\end{aligned}$$

である．実際，

---

[1] ρ の固有状態 $|a_i\rangle$ を信号状態と言うこともある．信号状態は一般には直交ではない．

$$
\begin{aligned}
|c_i\rangle_A \otimes |c_i\rangle_X &= (|a_i\rangle_A + |b_i\rangle_A) \otimes (|a_i\rangle_X + |b_i\rangle_X) \\
&= |a_i\rangle_A \otimes |a_i\rangle_X + |a_i\rangle_A \otimes |b_i\rangle_X \\
&\qquad + |b_i\rangle_A \otimes |a_i\rangle_X + |b_i\rangle_A \otimes |b_i\rangle_X
\end{aligned}
$$

であって，これは，$|a_i\rangle_A \otimes |a_i\rangle_X + |b_i\rangle_A \otimes |b_i\rangle_X$ に一致しない．以上により 2 つの異なる状態が忠実に複写されるならば 2 つの状態の重ね合わせは忠実に複写されないことが分かった．古典状態は直交しているので複写はすべて成功するが量子状態ではそうとは限らないことに注意しなければならない．

次に転置について考察しよう．以降，次のような入れ換え動作を本節では転置と呼ぶ．

$$
|a_i\rangle_A \otimes |0\rangle_X \longrightarrow |0\rangle_A \otimes |a_i\rangle_X
$$

複写の場合と異なって，転置後 (右側) の系 A における状態が消されて 0 状態となっていることに注意しよう．転置は系 X における内積 ${}_X\langle a_i|b_i\rangle_X = {}_A\langle a_i|b_i\rangle_A$ を保存すると仮定したとき，系 A の任意の入力信号状態に対して完全にユニタリである．転置に関するユニタリ発展 U を明記するために，系 A を表す Hilbert 空間 $\mathcal{H}_A$ に対する直交基底が系 X を表す Hilbert 空間 $\mathcal{H}_X$ に対する直交基底にどのように写像されるかをみておく．ほかの信号の動作 (発展) は線形に従う．また，ユニタリ変換 $U^* = U^{-1}$ を用いて系 X から系 A への逆転置が存在するので，転置は可逆である．ゆえに，転置という動作に基づいた通信過程を考えることが可能となる．符号化の後，入力 (信号) 系 A の信号はユニタリ発展 U を通して符号系 X に転送される．系 X は入力系から出力系へ伝えられる．符号化の後，U^* は，系 X から系 B へ量子状態 (信号状態) を復号するのに用いられる．

$$
A \xrightarrow[U]{} X \xrightarrow[U^*]{} B
$$

この符号系 X が通信過程における量子通信路であり系 A から系 B への状態遷移を表している．我々は量子情報における転置に関心があるので，この過程は量子通信路 X (X はこれまで符号系としていたが，先の考察により通信路と考えることができる) が系 A における入力信号を表すのに十分に大きい必要がある．つまり，誤りのない転置は $\dim\mathcal{H}_X \geq \dim\mathcal{H}_A$ を意味する．しかし，信号の転置は必ずしも完璧である必要はないので通信路 X を通した系 A から系 B への近似的な転置を考えればよい．また，その通信路の信頼性を評価する忠実度という指標が必要になる．この忠実度とは，古典系では誤り確率の役割に相当するものである．

さて，近似的転置とは下記のような通信過程のことである．下図の E' は E の複写である．

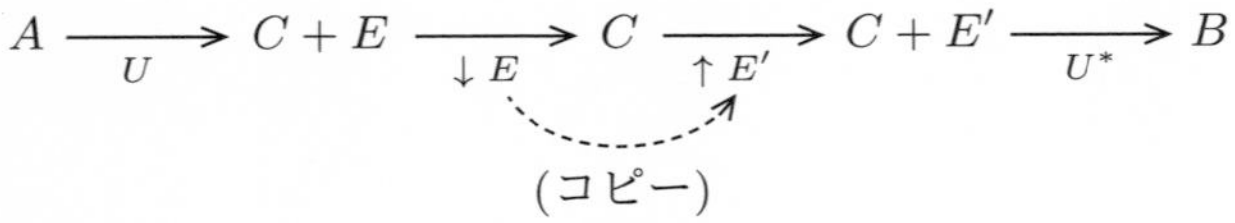

$$A \xrightarrow[U]{} C+E \xrightarrow[\downarrow E]{} C \xrightarrow[\uparrow E']{} C+E' \xrightarrow[U^*]{} B$$

(コピー)

つまり系 X は通信路 C と補助系 E の 2 つの部分系から構成されていると仮定する．上記の図にあるように通信路 C は信号を B へ復号化するのに使われ出力系に伝達される．一方，補助系 E は単に捨てられる．一般に，$\dim\mathcal{H}_C \geq \dim\mathcal{H}_A$ とは限らないので，完璧な転置が可能とは限らない．しかし，近似的な復元は可能である．このような量子通信過程を限られた通信路 C に関する系 A から系 B への近似的転置と呼ぶ．通信路 C から出力系 B への信号の復元をするために通信路 C に補助系 E' (先に捨てられた補助系 E の複写) を加える．この転送の信頼性を測るために忠実度が必要になる．

系 A の量子状態ベクトルを $|a_i\rangle := |a_i\rangle_A$ とし，$\rho_i := |a_i\rangle\langle a_i|$ とする．出力系 B の最終状態を仮に密度行列 w_i で表す．この w_i は一般に射影とは限らない．では，この最終状態 w_i は初期状態 ρ_i とどれくらい近いのであろうか？ たとえば，$w_i = \rho_i$ ならば 1 を返し，$w_i \neq \rho_i$ ならば 0 を返すような指標が望まれる．その候補として，$\mathrm{Tr}[\rho_i w_i]$ が考えられる．さらに，各 $i = 1, \cdots, N$ で平均化した

$$F := \sum_{i=1}^{N} p(a_i)\mathrm{Tr}[\rho_i w_i]$$

を忠実度として定義し，fidelity の頭文字を取って F で表す．明らかに，$0 \leq F \leq 1$ である．そして完璧に転送されたときのみ $F = 1$ となる．

それでは，先に示した量子通信過程をより詳細に見て行こう．最初の段階と

して，入力系 A から $C+E$ への符号化部分については，ユニタリ変換 U を通して達成される．もし入力系 A の状態が ρ_i であれば，$C+E$ の状態は $\varphi_i := U\rho_i U^*$ と書ける．補助系 E を捨て去るとき，残った系 C (通信路) の状態は部分トレースを用いて $\mathrm{Tr}_E[\varphi_i]$ となる．部分トレースについては，付録 D を参照のこと．次に，補助系 E' の状態を $|0\rangle_{E'}$ とすると，補助系 E' の後に合成された状態は $\psi_i := \mathrm{Tr}_E[\varphi_i] \otimes |0\rangle_{E'\,E'}\langle 0|$ となる．最後に，ユニタリ変換により，出力系 B の状態として $\xi_i := U^*\psi_i U$ と変化する．そのとき，忠実度は

$$
\begin{aligned}
F &= \sum_{i=1}^{N} p(a_i)\mathrm{Tr}[\rho_i \xi_i] = \sum_{i=1}^{N} p(a_i)\mathrm{Tr}[(U^*\varphi_i U)(U^*\psi_i U)] \\
&= \sum_{i=1}^{N} p(a_i)\mathrm{Tr}[\varphi_i \psi_i]
\end{aligned}
$$

となる．つまり，入力系 A から出力系 B への近似的転置の忠実度は 2 つの系 $C+E$ と $C+E'$ の状態 (密度行列 φ_i と ψ_i) だけを調べることでも計算可能となる．

直観的に，$\dim \mathcal{H}_C$ が十分小さければ，$F \longrightarrow 0$ となり，$\dim \mathcal{H}_C$ が十分大きければ，$F \longrightarrow 1$ となることが想像できる．これを明確化し，量子情報源符号化定理を証明する際に必要となる 2 つの補題を示す．

まずは，通信路 C の次元があまりにも小さい場合について成り立つ結果を紹介する．

補題 9.2 $\eta > 0$, $d := \dim \mathcal{H}_C$ とし，入力系 A の量子状態を

$$
\rho := \sum_{i=1}^{N} p(a_i)\rho_i = \sum_{i=1}^{N} p(a_i)|a_i\rangle_{A\,A}\langle a_i|
$$

とし，P_A を d 次元部分空間 $\mathcal{H}_A$ 上の任意の射影とする．このとき，$\mathrm{Tr}[\rho P_A] < \eta$ ならば，$F < \eta$ である．

証明 まず，補助系 E' の初期状態が純粋状態 $|0\rangle_{E'\,E'}\langle 0|$ のときを仮定して補題を示す．このとき，系 $C+E'$ の量子状態 (信号状態) ψ_i は $|c_i\rangle_C \otimes |0\rangle_{E'}$ の形の状態の部分空間である $\mathcal{H}_{C+E'} := \mathcal{H}_C \otimes \mathcal{H}_{E'}$ の d 次元部分空間のみでサポートされる．したがって，出力系 B における最終状態 ξ_i は $\mathcal{H}_B$ の d 次元

部分空間のみでサポートされる．この部分空間上の射影を P_A とする．さらに，$\xi_i := \sum_{k=1}^{d} q_k^{(i)}|x_k^{(i)}\rangle\langle x_k^{(i)}|$ とする．ここで，$|x_k^{(i)}\rangle$ $(i=1,\cdots,d)$ はこの部分空間における直交基底で，ξ_i の固有状態ベクトルである．$q_k^{(i)}$ は ξ_i の $|x_k^{(i)}\rangle$ に対応する固有値である．明らかに，$0 \leq q_k^{(i)} \leq 1$ である．射影 P_A は単に $P_A = \sum_{k=1}^{d}|x_k^{(i)}\rangle\langle x_k^{(i)}|$ と書けるので，

$$
\begin{aligned}
\mathrm{Tr}[\rho_i\xi_i] &= \mathrm{Tr}\left[\rho_i\left(\sum_{k=1}^{d} q_k^{(i)}|x_k^{(i)}\rangle\langle x_k^{(i)}|\right)\right] = \sum_{k=1}^{d} q_k^{(i)}\mathrm{Tr}\left[\rho_i|x_k^{(i)}\rangle\langle x_k^{(i)}|\right] \\
&\leq \sum_{k=1}^{d}\mathrm{Tr}\left[\rho_i|x_k^{(i)}\rangle\langle x_k^{(i)}|\right] = \mathrm{Tr}\left[\rho_i\left(\sum_{k=1}^{d}|x_k^{(i)}\rangle\langle x_k^{(i)}|\right)\right] \\
&= \mathrm{Tr}[\rho_i P_A] < \eta.
\end{aligned}
$$

となり，忠実度 F は

$$
\begin{aligned}
F &= \sum_{i=1}^{N} p(a_i)\mathrm{Tr}[\rho_i\xi_i] \leq \sum_{i=1}^{N} p(a_i)\mathrm{Tr}[\rho_i P_A] = \mathrm{Tr}\left[\left(\sum_{i=1}^{N} p(a_i)\rho_i\right)P_A\right] \\
&= \mathrm{Tr}[\rho P_A] < \eta.
\end{aligned}
$$

次に，補助系 E' の初期状態が純粋状態でなければ，最終状態 ξ_i は混合状態となり，上述の各状態 ξ_i の加重平均となるだけなので，一般の状態の場合も補題は成立する．□

注 9.2 ここで，すべての射影 P_A に対して条件 $\mathrm{Tr}[\rho P_A] < \eta$ が ρ の固有値によって表されることを示す．$\rho|n\rangle = p_n|n\rangle$ とする．ここで，$|n\rangle$ $(n=1,2,\cdots)$ は直交ベクトルである．また，$q_n := \langle n|P_A|n\rangle$ は $0 \leq q_n \leq 1$ のとき $\sum_n q_n = \mathrm{Tr}[P_A] = d$ を満たす．したがって，$\sum_n |n\rangle\langle n| = I$ より

$$
\begin{aligned}
\mathrm{Tr}[\rho P_A] &= \mathrm{Tr}\left[\rho\sum_n |n\rangle\langle n|P_A\right] = \sum_m\langle m|\rho\sum_n|n\rangle\langle n|P_A|m\rangle \\
&= \sum_{m,n}\langle m|\rho|n\rangle\langle n|P_A|m\rangle = \sum_{m,n}\langle m|p_n|n\rangle\langle n|P_A|m\rangle \\
&= \sum_{m,n} p_n\langle m|n\rangle\langle n|P_A|m\rangle = \sum_n p_n q_n.
\end{aligned}
$$

d 個の最大固有値 (仮に p_n とする) に対応する n に対して，$q_n = 1$ とし，その他の n に対して $q_n = 0$ と割り当てれば，この和は明らかに最大化される．実際に，ρ の d 個の最大固有値に対する固有状態ベクトルによって張られる部分空間への射影を P_A とすることで，この最大値を達成できる．こうして，条件 $\mathrm{Tr}[\rho P_A] < \eta$ と ρ の任意の d 個の固有値の和が η より小さいことが同値であることが分かる．

それでは，高い忠実度の近似的転置を許すだけの十分に大きな通信路 C の次元の場合について紹介する．

補題 9.3 $\eta > 0, d := \dim \mathcal{H}_C$ とし，$\mathcal{H}_A$ の d 次元部分空間上の射影 P_A が存在して，$\mathrm{Tr}[\rho P_A] > 1 - \eta$ ならば $F > 1 - 2\eta$ となる近似的転置手法が存在する．

証明 上の注 9.2 により，P_A が ρ の d 個の固有状態によって拡張された $\mathcal{H}_A$ の部分空間 Λ 上の射影であると仮定しても一般性を失わない．すなわち，$\Lambda \subset \mathcal{H}_A$ $(D := \dim \mathcal{H}_A)$，$P_A$ は Λ 上の射影，ρ は $\mathcal{H}_A$ 上の密度行列とし，Λ は ρ の固有状態 $|1\rangle, \cdots, |d\rangle$ によって張られる部分空間，$\Lambda^\perp$ は ρ の固有状態 $|d+1\rangle, \cdots, |D\rangle$ によって張られる部分空間で，Λ と直交する．したがって，$\rho = \sum_{n=1}^{D} p_n |n\rangle\langle n|$, $P_A = \sum_{n=1}^{d} |n\rangle\langle n|$ と書けて，

$$\sum_{n=1}^{d} p_n > 1 - \eta, \qquad \sum_{n=d+1}^{D} p_n < \eta$$

が成り立つ．以上の条件の下，次のような手順で証明していく．

部分空間 Λ にある ρ の固有状態が通信路 C の状態として忠実に表され，正しく出力系 B に再構築されるように転置する．$\dim \Lambda = \dim \mathcal{H}_C = d$ なので，これは実行可能である．しかし，ρ の固有状態 $|n\rangle$ は必ずしも信号状態ではない．さらに，任意の信号が Λ に実際にあるという保証はなく，したがって誤りがなく転置される保証はない．それでも Λ は信号状態の (η より小さい測度を除いて) ほとんどの重みを含んでいるので信頼性の高い忠実度を達成する部分空間 Λ に信号が十分に近づくことを示すことができる．符号化による転置

を成し遂げるユニタリ変換 U を記述するために，ρ の固有状態がどのように系 $C+E$ の直交状態に写像されるかを明示する．つまり次の写像を考える．

$$|n\rangle \longrightarrow \begin{cases} |n\rangle_C \otimes |0\rangle_E & (n=1,\cdots,d \text{ のとき}) \\ |0\rangle_C \otimes |n\rangle_E & (n=d+1,\cdots,D \text{ のとき}) \end{cases} \tag{9.5}$$

ここで，$|n\rangle_C$ と $|n\rangle_E$ はそれぞれ系 C, E の直交基底であり，$|0\rangle_C$ と $|0\rangle_E$ は固定された零状態である．ただし零状態 $|0\rangle_E$ は $|n\rangle_E$ $(n=d+1,\cdots,D)$ と直交する．Λ における状態は系 C の状態に写され，$\Lambda^{\perp}$ における状態は系 E の状態に写される．

補助系 E は捨て去られ，新しく複写 E' が系に加わる．今，系 E' は初期状態 $|0\rangle_{E'}$ にあり ρ の固有状態は次のように写像される：

$$|n\rangle \longrightarrow \begin{cases} |n\rangle_C \otimes |0\rangle_{E'} & (n=1,\cdots,d \text{ のとき}) \\ |0\rangle_C \otimes |n\rangle_{E'} & (n=d+1,\cdots,D \text{ のとき}). \end{cases} \tag{9.6}$$

最後に符号化の逆変換 U^* を用いて信号を出力系 B に復号化する．入力系 A の特定の量子状態 (信号状態) を仮に $|a\rangle_A$ として，この近似的転置手法を考える．$|a\rangle_A$ は状態の重ね合わせとして

$$|a\rangle_A = x_a|x(a)\rangle_A + y_a|y(a)\rangle_A, \qquad |x_a|^2+|y_a|^2=1 \tag{9.7}$$

とする．$|x(a)\rangle_A \in \Lambda$，$|y(a)\rangle_A \in \Lambda^{\perp}$ であり，これらは ρ の固有状態によって次のように表される．

$$|a\rangle_A = x_a\left(\sum_{n=1}^{d}\langle n|x(a)\rangle_A|n\rangle\right) + y_a\left(\sum_{n=d+1}^{D}\langle n|y(a)\rangle_A|n\rangle\right). \tag{9.8}$$

この状態は符号化転送に相当する操作 U によって状態 $|a\rangle_{C+E}$ へ写される．ただし，

$$\begin{aligned} |a\rangle_{C+E} &= x_a\left(\sum_{n=1}^{d}\langle n|x(a)\rangle_A|n\rangle_C\otimes|0\rangle_E\right) \\ &\quad + y_a\left(\sum_{n=d+1}^{D}\langle n|y(a)\rangle_A|0\rangle_C\otimes|n\rangle_E\right) \\ &=: x_a|x(a)\rangle_C\otimes|0\rangle_E + y_a|0\rangle_C\otimes|y(a)\rangle_E \end{aligned}$$

である．また，${}_E\langle y(a)|0\rangle_E = 0$ に注意する．

系 $C+E$ における量子状態は $\varphi_a := |a\rangle_{C+E\,C+E}\langle a|$ で表され，

$$\begin{aligned}\varphi_a &= |x_a|^2|x(a)\rangle_C\otimes|0\rangle_{E\,C}\langle x(a)|\otimes{}_E\langle 0| \\ &\quad + x_a\overline{y_a}|x(a)\rangle_C\otimes|0\rangle_{E\,C}\langle 0|\otimes{}_E\langle y(a)| \\ &\quad + \overline{x_a}y_a|0\rangle_C\otimes|y(a)\rangle_{E\,C}\langle x(a)|\otimes{}_E\langle 0| \\ &\quad + |y_a|^2|0\rangle_C\otimes|y(a)\rangle_{E\,C}\langle 0|\otimes{}_E\langle y(a)|\end{aligned}$$

と書ける．補助系 E が捨て去られるとき，通信路 C の状態は φ_a に対して部分トレースを取ることにより次のように得られる：

$$\mathrm{Tr}_E[\varphi_a] = |x_a|^2|x(a)\rangle_{C\,C}\langle x(a)| + |y_a|^2|0\rangle_{C\,C}\langle 0|.$$

ここに系 E' の状態 $|0\rangle_{E'}$ を加えることで

$$\begin{aligned}\psi_a &= |x_a|^2|x(a)\rangle_C\otimes|0\rangle_{E'\,C}\langle x(a)|\otimes{}_{E'}\langle 0| \\ &\quad + |y_a|^2|0\rangle_C\otimes|0\rangle_{E'\,C}\langle 0|\otimes{}_{E'}\langle 0|. \end{aligned} \tag{9.9}$$

この量子状態を復号化の操作 U^* を用いて出力系 B の状態に復号する際の忠実度 $F=\sum_a p(a)\mathrm{Tr}[\varphi_a\psi_a]$ を計算する．ここで，$|0\rangle_{E'}$ は $|0\rangle_E$ の複写であるから ${}_E\langle y(a)|0\rangle_{E'} = {}_E\langle y(a)|0\rangle_E = 0$ となり，

$$\begin{aligned}\mathrm{Tr}[\varphi_a\psi_a] &= |x_a|^4 + |x_a|^2|y_a|^2|{}_C\langle x(a)|0\rangle_C|^2 \geq |x_a|^4 = (1-|y_a|^2)^2 \\ &\geq 1-2|y_a|^2\end{aligned}$$

が得られる．したがって，忠実度 F は

$$F \geq \sum_a p(a)\,(1-2|y_a|^2) = 1-2\sum_a p(a)|y_a|^2 \tag{9.10}$$

である．ここで P_Λ は Λ 上への射影であること，(9.7) および，仮定より $\mathrm{Tr}[\rho P_\Lambda] > 1-\eta$ であることから

$$\mathrm{Tr}[\rho P_\Lambda] = \sum_a p(a)\mathrm{Tr}[\rho_a P_\Lambda] = \sum_a p(a)\mathrm{Tr}[|a\rangle_{A\,A}\langle a|P_\Lambda]$$

$$
\begin{aligned}
&= \sum_a p(a)\,{}_A\langle a|P_A|a\rangle_A = \sum_a p(a)|x_a|^2 \\
&= \sum_a p(a)\left(1-|y_a|^2\right) = 1-\sum_a p(a)|y_a|^2 > 1-\eta
\end{aligned}
$$

となり，$\sum_a p(a)|y_a|^2 < \eta$ が得られ，これと (9.10) より $F > 1-2\eta$ が示される． □

補題 9.2, 9.3 は，それぞれの場合における忠実度 F の限界を与えている．これらの補題と典型部分空間の性質を用いて，古典系における固定長の情報源符号化定理と同様に，量子情報源符号化定理を示していこう．

先に述べたように，量子情報においては量子ビットが基本的な単位となる．すべての信号は量子ビットの系列に符号化される．量子ビット系を Q で表す．量子通信路 C は系 Q の K 個の複写から構成されているので K 重テンソル積で

$$
\mathcal{H}_C := \mathcal{H}_Q^{\otimes K} = \mathcal{H}_Q \otimes \cdots \otimes \mathcal{H}_Q, \qquad \dim \mathcal{H}_C = 2^K
$$

と書く．次に量子ブロック符号について考える．そのためには拡張された量子情報源を考える必要がある．入力系 A から N 個の独立な複写からなる系を $A^{\otimes N}$ で表す．A の任意の状態は信号 a_k の確率分布 $p(a_k)$ に従って生成された状態 $\{|a_k\rangle\}$ にある．そして，合成系 $A^{\otimes N}$ は確率 $p(\boldsymbol{a}) = p(a_1)p(a_2)\cdots p(a_N)$ を有した状態 $|\boldsymbol{a}\rangle = |a_1\rangle \otimes |a_2\rangle \otimes \cdots \otimes |a_N\rangle$ にある．合成系 $A^{\otimes N}$ の量子状態 (信号状態) が上で述べた量子ビットからなる量子通信路を用いて恒等的に系 $B^{\otimes N}$ に転送されるわけである．ここで ρ_k の固有値を p_{n_k}，固有状態を $|n_k\rangle$ とすると，合成系 $A^{\otimes N}$ の密度行列は単に単純なテンソル積 $\rho^{\otimes N} = \rho_1 \otimes \cdots \otimes \rho_N$ で表される．これは，$\rho^{\otimes N}$ の固有状態が積状態 $|n_1\rangle \otimes \cdots \otimes |n_N\rangle$ であり，$\rho^{\otimes N}$ の固有値が $p_{n_1,\cdots,n_N} = p_{n_1}\cdots p_{n_N}$ であることを意味する．ここで，本章の最初に述べたように，量子エントロピー $S(\rho)$ は確率分布 $\boldsymbol{p} := \{p_1, \cdots, p_N\}$ の Shannon エントロピーと等しい．つまり，$S(\rho) = H(\boldsymbol{p})$ であったことに注意しよう．

今，入力系 A に対して密度行列 ρ の固有値 p_n $(n = 1, \cdots, D)$ は $\sum_{n=1}^{D} p_n =$

1 かつ $p_n \geq 0$ $(n = 1, \cdots, D)$ を満たしている．このとき，各量子情報源は整数 $1, \cdots, D$ をいわゆるアルファベットとして扱い，確率分布 $\boldsymbol{p}$ に対する量子エントロピー $S(\rho)$ を有した古典情報源として扱うことが可能となり得る．以上の議論から，十分大きな N に対して系列は，2 つの集合に分けることができる．1 つは $2^{NS(\rho)}$ 個の典型系列の集合 (典型部分空間) $\Lambda := \Lambda_\varepsilon^{(N)}$ であり，もう 1 つは対応する固有値が小さい和となる非典型系列の集合 (非典型部分空間) $\Lambda^\perp$ である．これらの集合は Hilbert 空間 $\mathcal{H}_{A^{\otimes N}}$ の互いに直交する部分空間である．$\dim \Lambda = 2^{NS(\rho)}$ なので，典型部分空間 Λ は $NS(\rho)$ 個の量子ビットの系列の状態に忠実に転送される．非典型部分空間 $\Lambda^\perp$ は $\rho^{\otimes N}$ に関して小さい割合しか持っていないので忠実度にあまり影響を与えない．すなわち，以下の定理が成り立つ．

定理 9.4 A を量子入力系とし，ρ をその上の密度行列とし，$\delta, \varepsilon > 0$ とする．

(1) **順定理**：入力系 A に対して $S(\rho) + \varepsilon$ (量子ビット) が利用可能であるとする．そのとき，十分大きな N に対して忠実度 $F > 1 - \delta$ となる転置手法が存在する．

(2) **逆定理**：入力系 A に対して $S(\rho) - \varepsilon$ (量子ビット) が利用可能であるとする．そのとき，十分大きな N に対してどのような転置手法を選んでも $F < \delta$ となる．

証明 (1) 量子通信路 C が $N(S(\rho) + \varepsilon)$ (量子ビット) の量子系 Q であるならば，$\dim \mathcal{H}_C = 2^{N(S(\rho)+\varepsilon)}$ であることに注意する．古典系の定理 (定理 8.5) の証明および確率分布と固有値の類似性から，十分大きな N に対して，補題 9.1 (2) より典型部分空間の次元は $|\Lambda| \leq 2^{N(S(\rho)+\varepsilon)}$ であり，$\rho^{\otimes N}$ の残りの固有値の和を $\dfrac{\delta}{2}$ より小さくすることができる．典型系列に対して，もしも正確に $|\Lambda| = \dim \mathcal{H}_C$ とする必要があるならば，いくつかの固有状態の系列を追加でき，それは残りの固有値の和を増加させない．今，典型固有状態によって拡張された $|\Lambda|$ 次元部分空間 Λ 上の射影を P_Λ とすると，補題 9.1 (1) より $\mathrm{Tr}[\rho^{\otimes N} P_\Lambda] > 1 - \dfrac{\delta}{2}$ である．よっ

て，補題 9.3 により忠実度 $F > 1 - \delta$ となる転置手法が存在する．

(2) 古典系の議論 (定理 8.5) と同様に，十分大きな N に対して系 $A^{\otimes N}$ に対する固有状態の系列，$2^{N(S(\rho)-\varepsilon)}$ 個は δ と同じくらいの和を持つ固有値を持たない．それゆえ，$\dim \mathcal{H}_C = 2^{N(S(\rho)-\varepsilon)}$ なる部分空間上のすべての射影 P_A に対して，補題 9.1 (3) より $\mathrm{Tr}[\rho^{\otimes N} P_A] < \delta$ となる．よって，補題 9.2 より転置手法をどのように選んでも忠実度は $F < \delta$ となる．

□

9.4 量子通信路符号化定理

次に，雑音を考慮した通信路に関する量子通信路符号化定理の話題に移ろう．これは，[88] と [47] で示された結果である．量子状態が純粋状態の場合には，[41] において示されている．近年では，多くの書籍でこの結果を学ぶこともできる [76], [51], [108]．本書では，Holevo の論文 [47] に従って示していくことにする．第 8 章に従うと，ここでも同時典型部分空間の導入と思われるが，後で分かるように，量子系の通信路容量は古典系の相互情報量の上界を与える Holevo 限界という量子エントロピーの差の最大値で与えられるので，典型部分空間をうまく利用すれば良い．ここでは量子通信路を次のような概念図と理解する．

$$A \ni i \mapsto \sigma_i \xrightarrow[\mathcal{T}]{} \mathcal{T}(\sigma_i) =: \rho_i \in \mathcal{S}(\mathcal{H})$$

入力アルファベットを $A := \{1, 2, \cdots, a\}$ とし，これに量子状態 σ_i を対応させ，トレースを保存する**完全正写像** $\mathcal{T}$ を通信路として，$\mathcal{T}(\sigma_i) =: \rho_i$ を出力する．ここで，ρ_i は Hilbert 空間 $\mathcal{H}$ 上の密度行列 (量子状態) 全体の集合 $\mathcal{S}(\mathcal{H})$ の元である．ここでメッセージ i は古典的な情報を有しておりこれを量子状態に対応 $A \ni i \longrightarrow \rho_i \in \mathcal{S}(\mathcal{H})$ させるので，この対応を古典–量子通信路と呼ぶことがある．完全正写像については，付録 D にて説明する．

古典系の場合と同様に量子状態 ρ_i は入力系 A 上の事前確率分布 $\boldsymbol{p} := \{p_i\}$ によって表されている．通信路の最終場面で 量子観測が行われる [2)]．数学的に

2) 量子力学における観測の議論については立ち入らない．ここで言う量子観測とは [46] の意味でのものである．

それは，Hilbert 空間 $\mathcal{H}$ における**単位分解**によって表される．つまり，$\sum_j X_j = I$ を満たす $\mathcal{H}$ 上の半正定値行列の族 $X = \{X_j\}$ によって表される．ただし，I は単位行列で，添え字 j は出力系における有限集合の要素数まで値を取る．入力で $i \in A$ が与えられたときの出力で j を得る条件付き確率は $P(j|i) = \mathrm{Tr}[\rho_i X_j]$ である．この条件付き確率と事前確率 $\boldsymbol{p} = \{p_i\}$ を用いると (6.1) のように古典情報理論における相互情報量

$$I_1(\boldsymbol{p}; X) = \sum_i \sum_j p_i P(j|i) \log \left(\frac{P(j|i)}{\sum_k p_k P(j|k)} \right)$$

が定義できる．

符号化の手順は以下のようになる．まず，メッセージ $\{1, \cdots, k, \cdots, M_n\}$ が長さ n の各単語

$$\{u^1, \cdots, u^k, \cdots, u^{M_n}\} =: \mathcal{C}^{(n)} \subset A^n$$

に対応付けられる．さらに，各単語 u^k を密度行列に対応させる：

$$\begin{array}{cccc} u^k = & i_1^k \quad \cdots \quad i_n^k & (k = 1, \cdots, M_n) \\ & \downarrow \qquad\quad \downarrow & \\ \rho_{u^k} = & \rho_{i_1^k} \otimes \cdots \otimes \rho_{i_n^k} \in \mathcal{S}\left(\mathcal{H}^{\otimes n}\right) & \end{array} \tag{9.11}$$

この種の ρ_{u^k} が M_n 個ある．

次に復号化の手順であるが，正作用素値測度 (POVM) $X^{(n)} := \{X_0, X_1, \cdots, X_{M_n}\}$ を以下のように用いる．ただし，$\sum_{k=0}^{M_n} X_k = I,\ X_k \geq 0\ (k = 0, 1, \cdots, M_n)$ である．

$$\begin{array}{ll} \text{量子観測量：} & X_0,\ X_1,\ \cdots,\ X_{M_n} \\ & \ \downarrow \quad\ \downarrow \qquad\quad \downarrow \\ \text{復号語：} & 0, \quad\ 1, \quad \cdots, M_n \end{array} \tag{9.12}$$

後の証明時に「$X_0 \longrightarrow 0$」の部分をダミーとして用いることを注意しておく．

ここでいくつかの定義をまとめておく．

定義 9.5　(1) 対 $\left(\mathcal{C}^{(n)}, X^{(n)}\right)$ を伝送速度 $R_n := \dfrac{\log M_n}{n}$ を持った符号と呼ぶ．(以降において，明らかな場合は添え字 n を省略する．)

(2) 符号 $(\mathcal{C}, X)$ の平均誤り確率およびその最小値を

$$P_e(\mathcal{C}, X) := 1 - \frac{1}{M}\sum_{k=1}^{M} \mathrm{Tr}[\rho_{u^k} X_k],$$

$$P_e(n, M) := \min_{\mathcal{C}} \min_{X} P_e(\mathcal{C}, X)$$

と定める．

(3) 量子通信路容量は

$$\begin{cases} \lim_{n\to\infty} P_e\left(n, 2^{nR}\right) = 0 & (0 \leq R < C \text{ のとき}) \\ \lim_{n\to\infty} P_e\left(n, 2^{nR}\right) \neq 0 & (R > C \text{ のとき}) \end{cases}$$

を満たす数 C として定義される．

(4) Holevo 限界を

$$\Delta S(\boldsymbol{p}) := S(\overline{\rho}) - \sum_{i=1}^{a} p_i S(\rho_i)$$

で定義する．ただし，$\overline{\rho} := \sum_{i=1}^{a} p_i \rho_i$ であり $S(\rho) = -\mathrm{Tr}[\rho \log \rho]$ は量子エントロピーである．

以上の準備の下，典型部分空間の概念を用いて次の定理を証明することが目標となる．

定理 9.6　$S(\rho_i) < \infty$ なる任意の状態 ρ_i に関する量子通信路の通信路容量は

$$C = \max_{\boldsymbol{p}} \Delta S(\boldsymbol{p}) \tag{9.13}$$

で与えられる．

古典系の通信路符号化定理では (9.13) に相当する通信路容量を定義して，定

義 9.5(3) に相当するものを導いたが，ここではその逆になっていることに注意しよう．

証明 まず，$C \le \max_{\boldsymbol{p}} S(\boldsymbol{p})$ を示す．そのためにいくつかの表記法を再掲しておこう．(9.11) で与えた単語 u^k を単に u と記す．$\boldsymbol{p} = p_{i_1} \cdots p_{i_n}$ を長さ n の単語 $u = \{i_1, \cdots, i_n\}$ に対する A^n 上の確率分布，$\rho_u = \rho_{i_1} \otimes \cdots \otimes \rho_{i_n}$ を単語 u に対する密度行列，$X = X^{(1)} \otimes \cdots \otimes X^{(n)}$ を $\mathcal{H}^{\otimes n}$ 上の量子観測量とする．これらに対して，$C_n := \sup_{\widetilde{\boldsymbol{p}}, X} I_n(\widetilde{\boldsymbol{p}}; X)$ を定める．ただし，$\boldsymbol{p}$ は独立同一分布で $\widetilde{\boldsymbol{p}} = (\boldsymbol{p}, \cdots, \boldsymbol{p})$ とする．このとき，超加法性 $C_n + C_m \le C_{n+m}$ が成り立つ．実際，

$$
\begin{aligned}
C_{n+m} &= \sup_{\widetilde{\boldsymbol{p}}, X} I_{n+m}(\widetilde{\boldsymbol{p}}; X) \\
&\ge \sup_{\widetilde{\boldsymbol{p}} = \widetilde{\boldsymbol{p}}_n \times \widetilde{\boldsymbol{p}}_m,\ X = X_n \otimes X_m} I_{n+m}\left(\widetilde{\boldsymbol{p}}_n \times \widetilde{\boldsymbol{p}}_m; X_n \otimes X_m\right) \\
&= \sup_{\widetilde{\boldsymbol{p}}_n,\, X_n} I_n(\widetilde{\boldsymbol{p}}_n; X_n) + \sup_{\widetilde{\boldsymbol{p}}_m,\, X_m} I_m(\widetilde{\boldsymbol{p}}_m; X_m) = C_n + C_m
\end{aligned}
$$

である．最初の不等式は条件が制約されるので明らかであろう．最後から 2 つ目の等号は，例えば下記のように計算されるが，一般的にも同様であるが，例えば，[86, Appendix] を参照されたい．

$$
\begin{aligned}
&I_2(\boldsymbol{p} \times \boldsymbol{p}; X \otimes X) \\
&\quad = \sum_{i,j} \sum_{k,l} p_i p_l \mathrm{Tr}[\rho_i X_j] \mathrm{Tr}[\rho_l X_k] \log\left(\frac{\mathrm{Tr}[\rho_i X_j] \mathrm{Tr}[\rho_l X_k]}{\sum_{m,n} \mathrm{Tr}[\rho_m X_j] \mathrm{Tr}[\rho_n X_k]} \right) \\
&\quad = \sum_{i,j} p_i \mathrm{Tr}[\rho_i X_j] \log\left(\frac{\mathrm{Tr}[\rho_i X_j]}{\sum_m \mathrm{Tr}[\rho_m X_j]} \right) \times \sum_{k,l} p_l \mathrm{Tr}[\rho_l X_k] \\
&\qquad + \sum_{k,l} p_l \mathrm{Tr}[\rho_l X_k] \log\left(\frac{\mathrm{Tr}[\rho_l X_k]}{\sum_n \mathrm{Tr}[\rho_n X_k]} \right) \times \sum_{i,j} p_i \mathrm{Tr}[\rho_i X_j] \\
&\quad = I_1(\boldsymbol{p}; X) + I_1(\boldsymbol{p}; X).
\end{aligned}
$$

この超加法性 $C_n + C_m \leq C_{n+m}$ から通信路容量 $C := \lim_{n\to\infty} \frac{C_n}{n}$ が存在することが示せる．すなわち，

$$\sup_{n\geq 1} \frac{C_n}{n} = \alpha \Longrightarrow \lim_{n\to\infty} \frac{C_n}{n} = \alpha$$

が成り立つ．実際，$\alpha < \infty$ のとき，任意の $\varepsilon > 0$ に対して N が存在して，$\frac{C_N}{N} > \alpha - \frac{\varepsilon}{2}$ である．$N_0 := \left\lfloor \frac{2C_N}{\varepsilon} \right\rfloor + 1$ とおくと [3)]，$n > N_0$ に対して $n = mN + l$ $(0 \leq l \leq N-1)$ とおくことで，$\frac{l}{N} < 1$ なので

$$mN + l = n > N_0 \geq \frac{2C_N}{\varepsilon} > l \cdot \frac{2C_N}{\varepsilon N}.$$

よって $mN > l\left(\frac{2C_N}{\varepsilon N} - 1\right)$ より $m > \frac{l(2C_N - \varepsilon N)}{\varepsilon N^2}$ となり，これより

$$\frac{l}{m} < \frac{\varepsilon N^2}{2C_N - \varepsilon N}.$$

したがって，

$$N + \frac{l}{m} < \frac{2NC_N}{2C_N - \varepsilon N}$$

となり

$$\frac{C_N}{N + l/m} > \frac{C_N}{N} - \frac{\varepsilon}{2}.$$

よって，

$$\begin{aligned} \frac{C_n}{n} &= \frac{C_{mN+l}}{n} \geq \frac{C_{mN} + C_l}{n} \geq \frac{mC_N}{mN + l} \\ &= \frac{C_N}{N + l/m} > \frac{C_N}{N} - \frac{\varepsilon}{2} > \alpha - \varepsilon. \end{aligned}$$

ゆえに，任意の $n \geq N_0$ に対して $\alpha \geq \frac{C_n}{n} > \alpha - \varepsilon$．よって，$\lim_{n\to\infty} \frac{C_n}{n} = \alpha$.

[3)] $\lfloor x \rfloor$ はいわゆるガウス記号で，x を超えない最大の整数を意味する．

それでは，[45] で示された不等式 $\sup_X I_1(\boldsymbol{p}; X) \leq \Delta S(\boldsymbol{p})$ (このように古典相互情報量の上界を与えているので Holevo 限界と呼ばれる．また，文献は，[76, Theorem 12.1] のほうが入手しやすいであろう) を $I_n(\widetilde{\boldsymbol{p}}; X)$ に適用する．したがって，

$$C = \lim_{n\to\infty} \frac{1}{n} \sup_{\widetilde{\boldsymbol{p}};X} I_n(\widetilde{\boldsymbol{p}}; X) \leq \lim_{n\to\infty} \frac{1}{n} \sup_{\widetilde{\boldsymbol{p}}} \Delta S(\widetilde{\boldsymbol{p}})$$
$$= \lim_{n\to\infty} \frac{1}{n} \max_{\boldsymbol{p}} (n\Delta S(\boldsymbol{p})) = \max_{\boldsymbol{p}} \Delta S(\boldsymbol{p})$$

となる．最後から 2 つ目の等号は $\Delta S(\boldsymbol{p})$ が $\boldsymbol{p}$ に対して連続かつ加法的であることによる．以上より，$C \leq \max_{\boldsymbol{p}} S(\boldsymbol{p})$ が示された．したがって，あとは $C \geq \max_{\boldsymbol{p}} S(\boldsymbol{p})$ を示せばよいことになる．

それでは，ここから，$C \geq \max_{\boldsymbol{p}} S(\boldsymbol{p})$ を以下の 4 つのステップに渡って証明していく．

(Step1) **典型部分空間：** 密度行列 $\overline{\rho} := \sum_{i=1}^{a} p_i \rho_i$ のスペクトル分解を $\overline{\rho} = \sum_{j=1}^{D} \lambda_j |e_j\rangle\langle e_j|$ とする．また，$\overline{\rho}^{\otimes n}$ のスペクトル分解を $\overline{\rho}^{\otimes n} = \sum_{J\in D^n} \lambda_J |e_J\rangle\langle e_J|$ とする．ただし，$J := (j_1, \cdots, j_n)$, $\lambda_J := \lambda_{j_1} \cdots \lambda_{j_n}$, $|e_J\rangle := |e_{j_1}\rangle \otimes \cdots \otimes |e_{j_n}\rangle$ である．$\overline{\rho}^{\otimes n}$ の典型部分空間上への射影を単に

$$P = \sum_{J\in B} |e_J\rangle\langle e_J| \tag{9.14}$$

とする．ただし，

$$B := \left\{ J \in D^n : 2^{-n(S(\overline{\rho})+\varepsilon)} < \lambda_J < 2^{-n(S(\overline{\rho})-\varepsilon)} \right\}$$

であり，系列 $J \in B$ は古典情報理論の意味で $\overline{\rho}^{\otimes n}$ の固有値 λ_J によって与えられた D^n 上の確率分布に対する典型系列である．補題 9.1(1) によって，任意の $\varepsilon, \delta > 0$ および $n \geq n_1(\boldsymbol{p}, \varepsilon, \delta)$ に対して

$$\mathrm{Tr}[\overline{\rho}^{\otimes n}(I - P)] \leq \delta \tag{9.15}$$

である．各 ρ_i が混合状態の場合に，定理の成立を示すために典型部分空間の概念を発展させる．各 ρ_i のスペクトル分解をそれぞれ $\rho_i = \sum_{j\in D}\lambda_j^i|e_j^i\rangle\langle e_j^i|$ とし，符号化手順における (9.11) の対応の下，ρ_u のスペクトル分解を $\rho_u = \sum_{J\in D^n}\lambda_J^u|e_J^u\rangle\langle e_J^u|$ とする．ただし，$\lambda_J^u := \lambda_{j_1}^{i_1}\cdots\lambda_{j_n}^{i_n}$, $|e_J^u\rangle := |e_{j_1}^{i_1}\rangle\otimes\cdots\otimes|e_{j_n}^{i_n}\rangle$ であり，ρ_u の典型部分空間上への射影を

$$P_u = \sum_{J\in B_u}|e_J^u\rangle\langle e_J^u| \tag{9.16}$$

とする．ここで，

$$B_u := \left\{J\in D^n : 2^{-n\left(\overline{S}(\rho_{(\cdot)})+\varepsilon\right)} < \lambda_J^u < 2^{-n\left(\overline{S}(\rho_{(\cdot)})-\varepsilon\right)}\right\},$$
$$\overline{S}(\rho_{(\cdot)}) := \sum_{i=1}^a p_i S(\rho_i)$$

とすると，A^n の単語 $u = i_1\cdots i_n$ に対して次の確率を定義する：

$$\Pr(u = i_1\cdots i_n) = p_{i_1}\cdots p_{i_n}. \tag{9.17}$$

そのとき，固定された十分に小さい数 $\varepsilon, \delta > 0$ と $n \geq n_2(\boldsymbol{p}, \varepsilon, \delta)$ を満たすすべての n に対して

$$E\left[\mathrm{Tr}[\rho_u(I-P_u)]\right] \leq \delta \tag{9.18}$$

が成り立つ．実際，大数の弱法則を用いて $\lim_{n\to\infty} E\left[\mathrm{Tr}[\rho_u P_u]\right] = 1$ を示せばよい．そこで，結果が (i_l, j_l) $(l = 1, \cdots, n)$ となる独立試行の系列を考える．ただし，$\Pr(i,j) = p_i\lambda_j^i$ とする．これらに対して，大数の弱法則 $\Pr\left(\left|\frac{1}{n}\sum_{l=1}^n x_l - m\right| < \varepsilon\right) \geq 1-\delta$ における確率変数 x_l を $(j_l|i_l) \to \log\lambda_{j_l}^{i_l}$ で対応させる．すると，$\sum_{l=1}^n x_l = \sum_{l=1}^n \log\lambda_{j_l}^{i_l}$ であり

$$\begin{aligned}\overline{S}(\rho_{(\cdot)}) &= \sum_{i_l} p_{i_l} S(\rho_{i_l}) = -\sum_{i_l} p_l \sum_{j_l}\lambda_{j_l}^{i_l}\log\lambda_{j_l}^{i_l}\\ &= -\sum_{i_l}\sum_{j_l} p_{i_l}\lambda_{j_l}^{i_l}\log\lambda_{j_l}^{i_l} = -\sum_{i_l}\sum_{j_l}\Pr(i_l, j_l)\log\lambda_{j_l}^{i_l}\end{aligned}$$

$$= -E\left[\log \lambda_{(\cdot)}^{(\cdot)}\right] = -m$$

なので,

$$\begin{aligned} E\left[\mathrm{Tr}[\rho_u P_u]\right] &= \Pr\left(J \in B_u\right) \\ &= \Pr\left(n\left(\overline{S}(\rho_{(\cdot)}) - \varepsilon\right) < -\log \lambda_J^u < n\left(\overline{S}(\rho_{(\cdot)}) + \varepsilon\right)\right) \\ &= \Pr\left(\left|\frac{1}{n}\sum_{l=1}^{n} \log \lambda_{j_l}^{i_l} + \overline{S}(\rho_{(\cdot)})\right| < \varepsilon\right) \geq 1 - \delta \end{aligned}$$

となり (9.18) が示せた.(ここで,注意として,各 ρ_i が純粋状態のとき,$S(\rho_i) = 0$ となるので $m = 0$.したがって,P_u は不要ということになる.) 以降,$n(\boldsymbol{p}, \varepsilon, \delta) := \max\{n_1(\boldsymbol{p}, \varepsilon, \delta), n_2(\boldsymbol{p}, \varepsilon, \delta)\}$ とおく.

(Step2) **最適復号化法**:通信路符号化定理はある量子測定に対して情報伝送効率が通信路容量 C を達成する符号が存在することを示せばよいので,以下に示すような復号化 POVM を用いて誤り確率を見積っていく.$u_1, \cdots, u_N$ を単語の系列とする.以下,簡単のため,これらを $1, \cdots, N$ と略記することがある.ここで,

$$X_u = Y^{-1/2} P P_u P Y^{-1/2}, \qquad Y := \sum_{u'=1}^{N} P P_{u'} P \tag{9.19}$$

とおく.ただし,$Y^{-1/2}$ は行列 $Y^{1/2}$ の逆行列である [4].なお,$Y^{-1/2}$ は X_u が POVM となるための一種の正規化である.このとき,$\sum_{u=1}^{N} X_u \leq I$, $X_0 = I - \sum_{u=1}^{N} X_u$ とする.これ以降の考え方は,古典系における同時典型系列の非可換版とも考えられる.つまり,射影 P_u は量子状態 ρ_u に対して典型部分空間を選択する.射影 P は量子状態に $\overline{\rho}^{\otimes n}$ 対して同じことをする.(9.14) で定義された P を用いて $|\widehat{e_J^u}\rangle = P|e_J^u\rangle$ とおくと,(9.16) から

---

[4] ここで $Y^{1/2}$ が正則ならば通常の逆行列を,(正則とは限らないので) そうでなければ 0 と約束する.

$$X_u = \widehat{Y}^{-1/2}\left(\sum_{J\in B_u}|\widehat{e^u_J}\rangle\langle\widehat{e^u_J}|\right)\widehat{Y}^{-1/2}, \qquad \widehat{Y} := \sum_{u'=1}^{N}\sum_{J\in B_{u'}}|\widehat{e^{u'}_J}\rangle\langle\widehat{e^{u'}_J}|$$

である．ここで，

$$\alpha_{(u,J),(u',J')} := \langle\widehat{e^u_J}|\left(\sum_{v=1}^{N}\sum_{K\in B_v}|\widehat{e^v_K}\rangle\langle\widehat{e^v_K}|\right)^{-1/2}|\widehat{e^{u'}_{J'}}\rangle$$

とし，$P^2 = P$ であり $PY = YP$ なので，$X_u = PX_uP$ であることを考慮して，(9.19) の復号化 POVM に対応する平均誤り確率を見積もる．そのために，一般に，観測量 Q と状態 $\rho = \sum_k \lambda_k|x_k\rangle\langle x_k|$ に対して

$$\begin{aligned}\mathrm{Tr}[\rho Q] &= \mathrm{Tr}\left[\sum_k \lambda_k|x_k\rangle\langle x_k|Q\right] = \sum_l\langle y_l|\sum_k\lambda_k|x_k\rangle\langle x_k|Q|y_l\rangle \\ &= \sum_k\lambda_k\langle x_k|Q|x_k\rangle\end{aligned}$$

が成り立つことに注意しよう．したがって，X_u および

$$\rho_u = \sum_{J\in D^n}\lambda^u_J|e^u_J\rangle\langle e^u_J|$$

に対しては

$$\mathrm{Tr}[\rho_u X_u] = \sum_{J\in D^n}\lambda^u_J\langle e^u_J|X_u|e^u_J\rangle \tag{9.20}$$

である．また，$|\widehat{e^u_J}\rangle = P|e^u_J\rangle$, $P = P^*$, $X_u = PX_uP$ より

$$\begin{aligned}\sum_{J'\in B_u}|\alpha_{(u,J),(u,J')}|^2 &= \langle\widehat{e^u_J}|\widehat{Y}^{-1/2}\sum_{J'\in B_u}|\widehat{e^u_{J'}}\rangle\langle\widehat{e^u_{J'}}|\widehat{Y}^{-1/2}|\widehat{e^u_J}\rangle \\ &= \langle\widehat{e^u_J}|X_u|\widehat{e^u_J}\rangle = \langle e^u_J|P^*X_uP|e^u_J\rangle \\ &= \langle e^u_J|PX_uP|e^u_J\rangle = \langle e^u_J|X_u|e^u_J\rangle\end{aligned} \tag{9.21}$$

よって (9.20), (9.21) より

$$\mathrm{Tr}[\rho_u X_u] = \sum_{J\in D^n}\sum_{J'\in B_u}\lambda^u_J|\alpha_{(u,J),(u,J')}|^2$$

なので，平均誤り確率は

$$P_e = \frac{1}{N}\sum_{u=1}^{N}(1-\mathrm{Tr}[\rho_u X_u])$$
$$= \frac{1}{N}\sum_{u=1}^{N}\left(1-\sum_{J\in D^n}\sum_{J'\in B_u}\lambda_J^u|\alpha_{(u,J),(u,J')}|^2\right) \tag{9.22}$$

である．ここで，$\sum_{J\in D^n}\lambda_J^u = 1$ より

$$P_e = \frac{1}{N}\sum_{u=1}^{N}\left(\sum_{J\in D^n}\lambda_J^u - \sum_{J\in D^n}\sum_{J'\in B_u}\lambda_J^u|\alpha_{(u,J),(u,J')}|^2\right)$$
$$= \frac{1}{N}\sum_{u=1}^{N}\left(\sum_{J\in B_u}\lambda_J^u + \sum_{J\notin B_u}\lambda_J^u - \sum_{J\in D^n}\sum_{J'\in B_u}\lambda_J^u|\alpha_{(u,J),(u,J')}|^2\right)$$
$$\le \frac{1}{N}\sum_{u=1}^{N}\left(\sum_{J\in B_u}\lambda_J^u + \sum_{J\notin B_u}\lambda_J^u - \sum_{J\in B_u}\lambda_J^u\alpha_{(u,J),(u,J)}^2\right)$$
$$= \frac{1}{N}\sum_{u=1}^{N}\left(\sum_{J\in B_u}\lambda_J^u\left(1-\alpha_{(u,J),(u,J)}^2\right) + \sum_{J\notin B_u}\lambda_J^u\right). \tag{9.23}$$

上記の不等式は，$J = J'$ とし，さらに J の範囲を狭くしたので，負の項が減少する．したがって上から押さえられることによる．

(Step3) **誤り確率の見積り**：まず，

$$t_{(u,J),(u',J')} = \langle\widehat{e_J^u}|\widehat{e_{J'}^{u'}}\rangle = \langle e_J^u|P|e_{J'}^{u'}\rangle \tag{9.24}$$

とおき，**Gram** 行列 $T = [t_{(u,J),(u',J')}]$ を導入する．ただし，$J \in B_u$，$J' \in B_{u'}$，$u, u' = 1, \cdots, N$ である．そのとき，$T^{1/2} = [\alpha_{(u,J),(u',J')}]$ が成り立つ．特に，

$$\alpha_{(u,J),(u,J)}^2 \le t_{(u,J),(u,J)} \le 1 \tag{9.25}$$

が成り立つ．これらを次の手順で示す．まず，一般に基底 $\{|t_k\rangle\}_{k=1,\cdots,N}$ に対して，

$$|s_k\rangle := \left(\sum_{j=1}^{N}|t_j\rangle\langle t_j|\right)^{-1/2}|t_k\rangle \qquad (k = 1, \cdots, N)$$

は正規直交基底を成す．実際，$T^{-1/2} := \left(\sum_{j=1}^{N} |t_j\rangle\langle t_j|\right)^{-1/2}$ が同じ基底 $\{|t_k\rangle\}$ において行列 $B = (b_{ij})$ を持つとする．このとき，

$$|s_k\rangle = T^{-1/2}|t_k\rangle = \sum_{i=1}^{N} b_{ik}|t_i\rangle, \qquad |s_l\rangle = T^{-1/2}|t_l\rangle = \sum_{j=1}^{N} b_{jl}|t_j\rangle.$$

よって，$T^{-1/2}$ がエルミートなので $\overline{b_{ik}} = b_{ki}$ に注意して

$$\langle s_k|s_l\rangle = \sum_{i=1}^{N}\sum_{j=1}^{N} \overline{b_{ik}}\langle t_i|t_j\rangle b_{jl} = \sum_{i=1}^{N}\sum_{j=1}^{N} b_{ki}\langle t_i|t_j\rangle b_{jl}.$$

したがって，$\langle s_k|s_l\rangle$ は行列 $T^{-1/2}\cdot T\cdot T^{-1/2} = I$ の (k,l) 成分である [5]．ゆえに，$\langle s_k|s_l\rangle = \delta_{kl}$ である．

さらに，$T = [\langle t_k|t_j\rangle]$ のとき，$T^{1/2} = [\langle s_k|t_j\rangle]$ である．実際，

$$\sum_{l=1}^{N} \langle t_k|s_l\rangle\langle s_l|t_j\rangle = \langle t_k|t_j\rangle \tag{9.26}$$

なので，これは，行列の積 $T^{1/2}\cdot T^{1/2}$ の (k,j) 成分が T の (k,j) 成分に等しいことを意味している．

したがって，$T = [t_{(u,J),(u',J')}]$, $t_{(u,J),(u',J')} = \langle \widehat{e_J^u}|\widehat{e_{J'}^{u'}}\rangle$ のとき，

$$T^{1/2} = \left[\alpha_{(u,J),(u',J')}\right],$$
$$\alpha_{(u,J),(u',J')} = \langle \widehat{e_J^u}| \left(\sum_{v=1}^{N}\sum_{K\in B_v} |\widehat{e_K^v}\rangle\langle\widehat{e_K^v}|\right)^{-1/2} |\widehat{e_{J'}^{u'}}\rangle$$

が成り立つ．また，(9.26) で (k,k) 成分に着目すると $\sum_{l=1}^{N} |\langle t_k|s_l\rangle|^2 = \langle t_k|t_k\rangle$ より $|\langle t_k|s_l\rangle|^2 \le \langle t_k|t_k\rangle \le 1$．これより (9.25) が成り立つ．

ここで $0 \le x \le 1$ のとき $1 - x^2 = (1-x)(1+x) \le 2(1-x)$ なので，(9.23) より

---

[5] ここでのエルミート内積は 275 ページの $(\star)$ 式と異なり，量子物理で多く用いられる $\langle x|y\rangle = \overline{x_1}y_1 + \cdots + \overline{x_n}y_n$ であることに注意する．すなわち，$c \in \mathbb{C}$ に対して $\langle cx|y\rangle = \overline{c}\langle x|y\rangle$, $\langle x|cy\rangle = c\langle x|y\rangle$ である．

$$P_e \leq \frac{1}{N} \sum_{u=1}^{N} \left(2 \sum_{J \in B_u} \lambda_J^u (1 - \alpha_{(u,J),(u,J)}) + \sum_{J \notin B_u} \lambda_J^u \right) \tag{9.27}$$

である．また，

$$\begin{aligned} 2(I - T^{1/2}) &= (I - T^{1/2})^2 + (I - T) \\ &= (I - T)^2 (I + T^{1/2})^{-2} + (I - T) \\ &\leq (I - T)^2 + (I - T) \end{aligned}$$

より

$$\begin{aligned} & 2 \sum_{u=1}^{N} \sum_{J \in B_u} \lambda_J^u (1 - \alpha_{(u,J),(u,J)}) = 2\mathrm{Tr}[\mathbf{diag}(\lambda_J^u)(I - T^{1/2})] \\ & \leq \mathrm{Tr}[\mathbf{diag}(\lambda_J^u)(I - T)^2] + \mathrm{Tr}[\mathbf{diag}(\lambda_J^u)(I - T)] \\ & = \mathrm{Tr}[\mathbf{diag}(\lambda_J^u)(2I - 3T + T^2)] \\ & = \sum_{u=1}^{N} \sum_{J \in B_u} \left\{ \lambda_J^u \left(2 - 3t_{(u,J),(u,J)} + \sum_{u'=1}^{N} \sum_{J' \in B_{u'}} |t_{(u,J),(u',J')}|^2 \right) \right\} \\ & = \sum_{u=1}^{N} \sum_{J \in B_u} \left\{ \lambda_J^u \left(2 - 3t_{(u,J),(u,J)} + \sum_{J' \in B_{u'}} |t_{(u,J),(u,J')}|^2 \right. \right. \\ & \qquad \left. \left. + \sum_{u \neq u'} \sum_{J' \in B_{u'}} |t_{(u,J),(u',J')}|^2 \right) \right\} \\ & = \sum_{u=1}^{N} \sum_{J \in B_u} \lambda_J^u \left(2 - 3t_{(u,J),(u,J)} + t_{(u,J),(u,J)}^2 \right. \\ & \qquad \left. + \sum_{J' \neq J} |t_{(u,J),(u,J')}|^2 + \sum_{u \neq u'} \sum_{J' \in B_{u'}} |t_{(u,J),(u',J')}|^2 \right). \end{aligned}$$

さらに，$0 \leq x \leq 1$ のとき $2 - 3x + x^2 \leq 2 - 2x$ であることと，J の範囲を D^n まで拡大させることにより

$$\begin{aligned} P_e \leq \frac{1}{N} \sum_{u=1}^{N} & \left\{ \sum_{J \in D^n} \lambda_J^u \left(2 - 2t_{(u,J),(u,J)} + \sum_{J' \neq J} |t_{(u,J),(u,J')}|^2 \right. \right. \\ & \left. \left. + \sum_{u' \neq u} \sum_{J' \in B_{u'}} |t_{(u,J),(u',J')}|^2 \right) + \sum_{J \notin B_u} \lambda_J^u \right\}. \end{aligned} \tag{9.28}$$

(9.24) での $t_{(u,J),(u',J')}$ の定義と $\langle e^u_J | e^u_{J'} \rangle = 0$ $(J \neq J')$ を考慮して，(9.28) は次のように書ける．

$$P_e \le \frac{1}{N}\sum_{u=1}^{N}\Big\{ 2\mathrm{Tr}[\rho_u(I-P)] + \mathrm{Tr}[\rho_u(I-P)P_u(I-P)] + \sum_{u'\neq u}\mathrm{Tr}[P\rho_u P P_{u'}] + \mathrm{Tr}[\rho_u(I-P_u)]\Big\} \tag{9.29}$$

ここで，$P_u \le I$, $(I-P)^2 = I-P$ だから $\mathrm{Tr}[\rho_u(I-P)P_u(I-P)] \le \mathrm{Tr}[\rho_u(I-P)]$ なので，結局

$$P_e \le \frac{1}{N}\sum_{u=1}^{N}\Big\{ 3\mathrm{Tr}[\rho_u(I-P)] + \sum_{u'\neq u}\mathrm{Tr}[P\rho_u P P_{u'}] + \mathrm{Tr}[\rho_u(I-P_u)]\Big\} \tag{9.30}$$

である．(Step3) の最後に，(9.28) ⟶ (9.29) の変形理由を各項ごとに下記にまとめておく．$\rho_u = \sum_{J\in D^n}\lambda^u_J |e^u_J\rangle\langle e^u_J|$ を思い出そう．

(i) $\mathrm{Tr}[\rho_u P_u] = \sum_{J\in B_u}\lambda^u_J$ より $\mathrm{Tr}[\rho_u(I-P_u)] = \sum_{J\notin B_u}\lambda^u_J$ である．

(ii) 定義 (9.24) より

$$\mathrm{Tr}[\rho_u P] = \sum_{J\in D^n}\lambda^u_J\langle e^u_J|P|e^u_J\rangle = \sum_{J\in D^n}\lambda^u_J t_{(u,J),(u,J)}$$

である．

(iii) 下記による．2 つ目の等号は $\sum_{J'\in D^n}|e^u_{J'}\rangle\langle e^u_{J'}| = I$ を代入している．

$$\begin{aligned}
&\mathrm{Tr}[\rho_u(I-P)P_u(I-P)]\\
&= \sum_{J\in D^n}\lambda^u_J\langle e^u_J|(I-P)P_u(I-P)|e^u_J\rangle\\
&= \sum_{J\in D^n}\lambda^u_J\Big\{\sum_{J'\in D^n}\langle e^u_J|(I-P)|e^u_{J'}\rangle\langle e^u_{J'}|P_u(I-P)|e^u_J\rangle\Big\}\\
&= \sum_{J\in D^n}\lambda^u_J\Big\{\sum_{J'\in B_u}\langle e^u_J|(I-P)|e^u_{J'}\rangle\langle e^u_{J'}|(I-P)|e^u_J\rangle\Big\}
\end{aligned}$$

$$
\begin{aligned}
&= \sum_{J\in D^n} \lambda_J^u \left\{ \sum_{J'\in B_u} \langle e_J^u - e_J^u P | e_{J'}^u \rangle \langle e_{J'}^u | e_J^u - P e_J^u \rangle \right\} \\
&= \sum_{J\in D^n} \lambda_J^u \left\{ \sum_{J'\in B_u,\ J'\neq J} |t_{(u,J),(u,J')}|^2 + (1 - t_{(u,J),(u,J)})^2 \right\} \\
&\geq \sum_{J\in D^n} \lambda_J^u \left\{ \sum_{J'\in B_u,\ J'\neq J} |t_{(u,J),(u,J')}|^2 \right\}.
\end{aligned}
$$

ただし，上から 3 つ目の等号は，

$$
\langle e_{J'}^u | P_u (I - P) | e_J^u \rangle = \begin{cases} 0 & (J' \notin B_u) \\ \langle e_{J'}^u | (I - P) | e_J^u \rangle & (J' \in B_u) \end{cases}
$$

による．また，最後の等号は $J' \neq J$ のとき $\langle e_J^u | e_{J'}^u \rangle = 0$ に注意して，

$$
\begin{aligned}
&\langle e_J^u - e_J^u P |\, e_{J'}^u \rangle \langle e_{J'}^u\, | e_J^u - P e_J^u \rangle \\
&= \begin{cases} (1 - \langle e_J^u | P | e_J^u \rangle)^2 = (1 - t_{(u,J),(u,J)})^2 & (J' = J) \\ (-\langle e_J^u | P | e_{J'}^u \rangle)(-\langle e_{J'}^u | P | e_J^u \rangle) = |t_{(u,J),(u,J')}|^2 & (J' \neq J) \end{cases}
\end{aligned}
$$

から分かる．

(iv) 下記による．3 つ目，および 4 つ目の等号はそれぞれ (9.16), (9.24) による．

$$
\begin{aligned}
\sum_{u'\neq u} \mathrm{Tr}[P\rho_u P P_{u'}] &= \sum_{u'\neq u} \mathrm{Tr}[\rho_u P P_{u'} P] \\
&= \sum_{J\in D^n} \sum_{u'\neq u} \lambda_J^u \langle e_J^u | P P_{u'} P | e_J^u \rangle \\
&= \sum_{J\in D^n} \lambda_J^u \sum_{u'\neq u} \sum_{J'\in B_{u'}} \langle e_J^u | P | e_{J'}^{u'} \rangle \langle e_{J'}^{u'} | P | e_J^u \rangle \\
&= \sum_{J\in D^n} \lambda_J^u \sum_{u'\neq u} \sum_{J'\in B_{u'}} |t_{(u,J),(u',J')}|^2.
\end{aligned}
$$

(Step4) **ランダム符号化**：ランダム符号化の仕組みについてはすでに本書で述べているが，ここでも説明しておく．例えば，M 個のメッセージを M' 個 $(M < M')$ の典型系列にランダム (でたらめ) に割り当てることを考えよう．すると，1 つ 1 つの誤り確率の計算は不可能であっても平

均の誤り確率の計算が可能になることがある．もし，平均誤り確率が ε 以下の符号があった場合，少なくとも 1 つは誤り確率が ε 以下の符号が存在することを主張できるのである．したがって，符号化定理は存在定理なのである．

さて，単語 $u_1, \cdots, u_N$ はランダムかつ独立な確率分布 (9.17) で与えられているとする．期待値 E はランダム符号化により生じた単語に対する量子状態 ρ_u の分布に対して取る．そのとき，

$$\begin{aligned} E[\rho_u] &= \sum_{J \in A^n} \Pr(u = j_1, \cdots, j_n)\rho_u \\ &= \sum_{j_1 \in A} p_{j_1}\rho_{j_1} \otimes \cdots \otimes \sum_{j_n \in A} p_{j_n}\rho_{j_n} \\ &= \overline{\rho} \otimes \cdots \otimes \overline{\rho} = \overline{\rho}^{\otimes n} \end{aligned}$$

が成り立ち，(9.30) は，$u' \neq u$ のとき，ρ_u と $P_{u'}$ の独立性により

$$\begin{aligned} E[P_e] \leq\ & 3\mathrm{Tr}[\overline{\rho}^{\otimes n}(I - P)] \\ & + (N-1)\mathrm{Tr}[P\overline{\rho}^{\otimes n}PE[P_{u'}]] + E[\mathrm{Tr}[\rho_u(I - P_u)]] \end{aligned}$$

である．ここで，不等式 (9.15), (9.18) によって

$$E[P_e] \leq 4\delta + (N-1)\mathrm{Tr}[P\overline{\rho}^{\otimes n}PE[P_{u'}]] \tag{9.31}$$

となる．また，(9.14) で定義した $P = \sum_{J \in B} |e_J\rangle\langle e_J|$ は $\overline{\rho}^{\otimes n}$ の典型部分空間への射影で $\overline{\rho}^{\otimes n}$ の固有値 λ_J は次式を満たしている．

$$2^{-n(S(\overline{\rho})+\varepsilon)} < \lambda_J < 2^{-n(S(\overline{\rho})-\varepsilon)}.$$

したがって，

$$P\overline{\rho}^{\otimes n}P = \lambda_J I < 2^{-n(S(\overline{\rho})-\varepsilon)}I. \tag{9.32}$$

次に，$P_{u'}$ はすべての $|e_J^{u'}\rangle$ によって張られた部分空間上への射影で大数の弱法則により

$$\Pr\left(\left|\frac{1}{n}\log\lambda_J^{u'}+\overline{S}(\rho_{(\cdot)})\right|<\varepsilon\right)\to 1\quad(n\to\infty)$$

を満たしている．したがって，$P_{u'}$ の射影する部分空間の次元は

$$2^{-n(\overline{S}(\rho_{(\cdot)})+\varepsilon)}<\lambda_J^{u'}<2^{-n(\overline{S}(\rho_{(\cdot)})-\varepsilon)}$$

を満たす系列 J の個数に相当し，それは高々$2^{n(\overline{S}(\rho_{(\cdot)})+\varepsilon)}$ 個である．よって，

$$E[\mathrm{Tr}[P_{u'}]]\leq 2^{n(\overline{S}(\rho_{(\cdot)})+\varepsilon)} \tag{9.33}$$

である．(補題 9.1 (2) に相当．)

したがって，(9.32), (9.33) をこの順で，(9.31) に代入することによって

$$E[P_e]\leq 4\delta+(N-1)2^{-n\left(S(\overline{\rho})-\overline{S}(\rho_{(\cdot)})-2\varepsilon\right)} \tag{9.34}$$

を得る．(9.34) は任意の $\boldsymbol{p}$ で成立しているので，Holevo 限界 $\varDelta S(\boldsymbol{p})$ を最大にする事前確率分布 $\boldsymbol{p}=\boldsymbol{p}^*$ を選べば，(9.34) は $n\geq n(\boldsymbol{p}^*,\varepsilon,\delta)$ に対して，定義 9.5 (2) において導入した平均誤り確率の最小値 $P_e(n,N)$ に関して次を導く．

$$P_e(n,N)\leq 4\delta+(N-1)2^{-n(\varDelta S(\boldsymbol{p}^*)-2\varepsilon)} \tag{9.35}$$

こうして，$n\to\infty$ のとき，$P_e\left(n,2^{n(\varDelta S(\boldsymbol{p}^*)-3\varepsilon)}\right)\to 0$ となる．ゆえに，任意の $\varepsilon>0$ に対して，定義 9.5(3) によって，

$$\varDelta S(\boldsymbol{p}^*)-3\varepsilon<C.$$

したがって，$C\geq\max_{\boldsymbol{p}}\varDelta S(\boldsymbol{p})$ が成り立ち，(9.13) が成立する． □

こうして，第 8 章で学んだ典型系列の概念を発展させた典型部分空間を用いて量子通信路符号化定理が証明された．一方で，第 6 章で用いた信頼性関数を使った量子通信路符号化の証明は可能なのだろうかと考えるのは自然なことである．私の知る限り，古典通信路符号化定理の際に導出した平均誤り確率の上界 (6.13) に相当する不等式が量子系の場合に例えば，[48, Eq. (5)] にて予想されているが，入力の信号状態が純粋状態の場合などの特別なときを除い

て，未解決のままとなっている．

付録

A　Markov 情報源

ここでは，本文で取り上げなかった記憶のある情報源について簡潔にまとめておく．4.1 節で少し触れたように，ある記号の生起確率がその記号の生起する直前の k 個の記号に依存する情報源を k 重 **Markov 情報源**という．すなわち，現在の記号 a_j の発生はそれ以前の k 個の記号列 $(a_{i_1}, a_{i_2} \cdots, a_{i_k})$ に依存するわけである．この k 個の記号列を**状態**と呼ぶ．すると，1 ステップの変化 (このような変化を**状態遷移**という) で，$(a_{i_1}, a_{i_2} \cdots, a_{i_k}) \to (a_{i_2}, \cdots, a_{i_k}, a_j)$ と遷移する．したがって，このような遷移が起こる確率 (しばしば，**状態遷移確率**と呼ばれる) は，条件付き確率 $\Pr(a_j | a_{i_1}, a_{i_2} \cdots, a_{i_k})$ で表される．つまり k 重 Markov 情報源は，条件付き確率を用いて定義される．また，状態の遷移を有向グラフで表した図を**状態遷移図** (Shannon 線図) という．ここで，より正確に時刻 τ における記号 a_j を $a_j^{(\tau)}$ と表記し，それ以前の時刻における記号列を $\boldsymbol{a}_k^{(\tau-1)} := (a_{i_1}^{(\tau-k)}, a_{i_2}^{(\tau-(k-1))} \cdots, a_{i_k}^{(\tau-1)})$ と k 個の記号を単にまとめて時刻 $\tau - 1$ にける記号列として一括して表すことにする．すると，k 重 Markov 情報源は次のように定義される．

定義 1　情報源が k 重 Markov 情報源とは，任意の τ と $N\,(\geq\, k)$ に対して，

$$\Pr(a_j^{(\tau)} | \boldsymbol{a}_N^{(\tau-1)}) = \Pr(a_j^{(\tau)} | \boldsymbol{a}_k^{(\tau-1)})$$

が成り立つことと定義する．

つまり，過去の k 個の記号列は現在の記号に影響を与えるがそれ以前の記号列はそうではないということである．$k = 1$ のとき，単純 Markov 情報源と呼ばれ 1 つ前のみの記号が影響を及ぼす．$k = 0$ のときは，無記憶情報源であ

り過去の記号は現在の記号の発生に一切影響を与えない.

k 重 Markov 情報源 $A = \{a_1, \cdots, a_n\}$ における状態は n^k 個ある. 簡単な例をあげておこう.

例 2 2 重 Markov 情報源 $A := \{a_1, a_2, a_3\}$ に対しては 9 個の状態 $s_1, \cdots, s_9$ が存在する. ただし,

$$s_1 := (a_1, a_1), \qquad s_2 := (a_1, a_2), \qquad s_3 := (a_1, a_3),$$
$$s_4 := (a_2, a_1), \qquad s_5 := (a_2, a_2), \qquad s_6 := (a_2, a_3),$$
$$s_7 := (a_3, a_1), \qquad s_8 := (a_3, a_2), \qquad s_9 := (a_3, a_3)$$

である. このとき, 遷移確率 (条件付き確率) $\Pr(a_j|s_k)$ $(j = 1, 2, 3; k = 1, \cdots, 9)$ によって 9 つの状態への遷移が与えられることになる. 例えば, 現在の記号が a_2 で過去の状態が s_3 であれば次の状態は s_8 と遷移する. ($s_3 = (a_1, a_3) \to (a_3, a_2) = s_8$)

例 2 の状態遷移図を書くのは大変なので, 5.1 節で与えた天気の例を用いる.

例 3 単純 Markov 情報源 $A = \{F, C, R\}$ の状態は 3 個であり, 次の 9 つの条件付き確率で状態遷移が決まってくる [1].

$$\Pr(F|F) = \frac{9}{10}, \qquad \Pr(C|F) = \frac{1}{20}, \qquad \Pr(R|F) = \frac{1}{20},$$
$$\Pr(F|C) = \frac{1}{10}, \qquad \Pr(C|C) = \frac{4}{5}, \qquad \Pr(R|C) = \frac{1}{10},$$
$$\Pr(F|R) = \frac{1}{10}, \qquad \Pr(C|R) = \frac{1}{10}, \qquad \Pr(R|R) = \frac{4}{5}.$$

このときの状態遷移図は次ページ上の図のようになる. 矢印に書かれた値が状態から状態へ遷移する確率である.

状態遷移図は確率遷移行列 Q と 1 対 1 で対応する. k 重 Markov 情報源 $A = \{a_1, \cdots, a_n\}$ に対しては, 時刻 τ を省略すると, 先に述べたように状

[1] その意味は明らかなので, 5.1 節とは異なり上付きのバーを除いている. この例では該当しないが, 確率が 0 の遷移の矢印は書かずに省略することが一般的である.

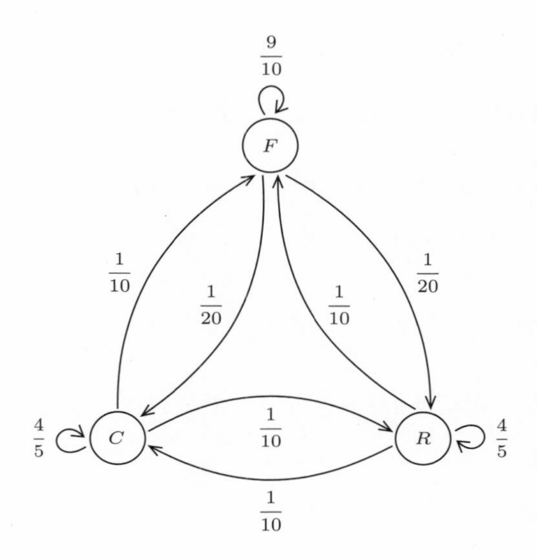

態は $(s_1, s_2, \cdots, s_{n^k})$ の n^k 個あり，遷移確率は $\Pr(a_i|s_j)$ である．ただし，$i = 1, 2, \cdots, n$, $j = 1, 2, \cdots, n^k$ である． ここで，$Q_{ij} := \Pr(a_j|s_j)$ とおき，$Q = (Q_{ij})$ を**確率遷移行列**という．一般に，確率遷移行列 Q は，$Q_{ij} \geq 0$, $\sum_{j=1}^{n^k} Q_{ij} = 1$ を満たす．$k = 1$ (単純 Markov 情報源) のとき，Q は $n \times n$ の正方行列である．以下，簡単のため $k = 1$ の場合を考える．初期確率分布を $\boldsymbol{q}^{(0)} := (q_1^{(0)}, \cdots, q_n^{(0)})$ とし，時刻 (あるいはステップ) τ における状態の確率分布を $\boldsymbol{q}^{(\tau)} = (q_1^{(\tau)}, \cdots, q_n^{(\tau)})$ とすると，$\boldsymbol{q}^{(\tau)} = \boldsymbol{q}^{(\tau-1)}Q$ である．このとき，

$$q_j^{(\tau)} = \sum_{i=1}^{n} q_i^{(0)} Q_{ij}^{(\tau)} \qquad (j = 1, \cdots, n)$$

より $\boldsymbol{q}^{(\tau)} = \boldsymbol{q}^{(0)} Q^{(\tau)} = \boldsymbol{q}^{(0)} Q^{\tau}$ である．ここで，$Q^{(\tau)} = (Q_{ij}^{(\tau)})$ であり，$Q^{(\tau)}$ は時刻 τ における確率遷移行列である．$Q^{(\tau)} = Q^{\tau}$ の証明はそれぞれの行列の各成分が等しいことで示されるが省略する．したがって，時刻 τ における状態分布について知りたければ，確率遷移行列 Q の τ 乗 Q^{τ} を求めればよいことになる．しかし，これは必ずしも容易くはなく，行列のサイズが大きくなればなるほど困難である．そのため，別の手法での計算方法を後に述べる．そ

の前に，確率遷移行列に関する一般的性質について述べておく．

命題 4　確率遷移行列 $Q=(Q_{ij})$ の固有値 λ は，$|\lambda| \le 1$ を満たす．

証明　$Q\boldsymbol{x} = \lambda\boldsymbol{x}$ ($\boldsymbol{x} \neq \boldsymbol{0}$) とし，$\boldsymbol{x} = (x_1, \cdots, x_n)^T$, $|x_l| = \max\{|x_1|, \cdots, |x_n|\}$ とすると，$\lambda x_l = \sum_{j=1}^{n} Q_{lj}x_j$. ゆえに，

$$|\lambda x_l| = |\lambda||x_l| \le \sum_{j=1}^{n} Q_{lj}|x_j| \le \sum_{j=1}^{n} Q_{lj}|x_l| = |x_l|.$$

したがって，$|x_l| > 0$ より $|\lambda| \le 1$. なお，$\boldsymbol{e} = (1, \cdots, 1)^T$ とおくと，$Q\boldsymbol{e} = \boldsymbol{e}$.　□

また，次の補題が成り立つ．

補題 5　すべての固有値の絶対値が 1 より小さい正方行列 Q_1 に対して，$\lim_{\tau\to\infty} Q_1^{\tau} = O$.

証明　任意の正方行列 Q_1 は適当な正則行列 V を用いて，

$$V^{-1}Q_1V = \begin{pmatrix} J_1 & & \\ & \ddots & \\ & & J_n \end{pmatrix}, \qquad J_i = \begin{pmatrix} \lambda_i & 1 & \\ & \ddots & 1 \\ & & \lambda_i \end{pmatrix}$$

と Jordan 標準形に変形できる [2]．ゆえに，

$$Q_1^{\tau} = V \begin{pmatrix} J_1^{\tau} & & \\ & \ddots & \\ & & J_n^{\tau} \end{pmatrix} V^{-1}$$

ここで，Jordan ブロック $J_1, \cdots, J_n$ の 1 つを

[2] Jordan 標準形に不案内な場合は例えば，[100, 8 章] を参照せよ．

$$K = \begin{pmatrix} \lambda & 1 & \\ & \ddots & 1 \\ & & \lambda \end{pmatrix} \qquad ((l, l)\text{ 型行列},\ |\lambda| < 1)$$

とすると，$K = \lambda I_l + N$, $N^k = O\ (k \geq l)$ により，

$$K^\tau = (\lambda I_l + N)^\tau = \lambda^\tau I_l + {}_\tau C_1 \lambda^{\tau-1} N + \cdots + {}_\tau C_{\tau-1} \lambda N^{\tau-1} + N^\tau.$$

したがって，一般に $\lim_{n\to\infty} n^k r^{n-1} = 0\ (k \in \mathbb{N},\ |r| < 1)$ なので，$\lim_{\tau\to\infty} K^\tau = O$. □

したがって，次が成り立つ．

定理 6 確率遷移行列 $Q = (Q_{ij})$ に対して，$\lim_{\tau\to\infty} Q^\tau =: P$ が存在する．ただし，

$$P = \begin{pmatrix} p_1 & \cdots & p_n \\ \vdots & \ddots & \vdots \\ p_1 & \cdots & p_n \end{pmatrix} \qquad \left(\sum_{i=1}^{n} p_i = 1,\ \ p_i \geq 0 \right).$$

証明 $Q\boldsymbol{e} = \boldsymbol{e}$ なので，$\boldsymbol{e}$ を第一列に持つ正則行列 U を適当に選べば，

$$U^{-1} Q U = J = \begin{pmatrix} 1 & \mathbf{0}^T \\ \mathbf{0} & Q_1 \end{pmatrix}$$

の形になる．(Q の絶対値最大の固有値 1 の一意性による．) ここで，命題 4 から Q_1 の固有値の絶対値はすべて 1 より小さいことに注意する．よって，補題 5 より

$$\lim_{\tau\to\infty} J^\tau = \begin{pmatrix} 1 & \mathbf{0}^T \\ \mathbf{0} & O \end{pmatrix}.$$

次に，U^{-1} の第 1 行を $(p_1, \cdots, p_n)$ とすれば，

$$\begin{aligned}\lim_{\tau\to\infty} Q^\tau &= U \begin{pmatrix} 1 & \mathbf{0}^T \\ \mathbf{0} & O \end{pmatrix} U^{-1} \\ &= \begin{pmatrix} 1 & * & * \\ \vdots & \ddots & * \\ 1 & * & * \end{pmatrix} \begin{pmatrix} 1 & \mathbf{0}^T \\ \mathbf{0} & O \end{pmatrix} \begin{pmatrix} p_1 & \cdots & p_n \\ * & \ddots & * \\ * & \cdots & * \end{pmatrix} \\ &= \begin{pmatrix} p_1 & \cdots & p_n \\ \vdots & \ddots & \vdots \\ p_1 & \cdots & p_n \end{pmatrix} = P.\end{aligned}$$

ここで，Q は確率遷移行列なので，それらの積 Q^τ も確率遷移行列であり，P も確率遷移行列である．ゆえに，$p_i \geq 0\ (i = 1, \cdots, n)$ および $\sum_{i=1}^{n} p_i = 1$ が成り立つ． □

問題 41　確率遷移行列の積もまた，確率遷移行列であることを示せ．

したがって，定理 6 で，$\boldsymbol{q}^* = (p_1, \cdots, p_N)$ とおけば，

$$\begin{aligned}\lim_{\tau\to\infty} \boldsymbol{q}^{(\tau)} &= \boldsymbol{q}^{(0)} \lim_{\tau\to\infty} Q^\tau = \boldsymbol{q}^{(0)} \begin{pmatrix} \boldsymbol{q}^* \\ \vdots \\ \boldsymbol{q}^* \end{pmatrix} \\ &= \left(q_1{}^{(0)}, \cdots, q_N{}^{(0)}\right) \begin{pmatrix} p_1 & \cdots & p_N \\ \vdots & \ddots & \vdots \\ p_1 & \cdots & p_N \end{pmatrix} \\ &= \left(p_1 \left(q_1{}^{(0)} + \cdots + q_N{}^{(0)}\right), \cdots, p_N \left(q_1{}^{(0)} + \cdots + q_N{}^{(0)}\right)\right) \\ &= (p_1, \cdots, p_N) = \boldsymbol{q}^*.\end{aligned}$$

この $\boldsymbol{q}^*$ はしばしば，**定常分布**あるいは**極限分布**などと呼ばれる．さらに，$\boldsymbol{q}^{(\tau)}$ の定義，$\boldsymbol{q}^{(\tau)} = \boldsymbol{q}^{(\tau-1)}Q$ の両辺の極限 $\tau \to \infty$ を取れば，$\boldsymbol{q}^* = \boldsymbol{q}^*Q$ となる．つまり，定常分布を求めるには，Q の τ 乗を求めてから極限を取らなくても，

連立方程式 $\boldsymbol{q}^* = \boldsymbol{q}^* Q$ を解くことで求めることができる.

問題 42 単純 Markov 情報源の確率遷移行列が

$$Q = \begin{pmatrix} 1-\alpha & \alpha \\ \beta & 1-\beta \end{pmatrix}$$

のとき, Q^τ および極限分布 (定常分布) $\boldsymbol{q}^*$ を求めよ. ただし, $0 < \alpha, \beta < 1$ とする.

最後に, 定理 6 と同様に次が示せる.

定理 7 確率遷移行列 $Q = (Q_{ij})$ に対して,

$$\lim_{\tau \to \infty} \frac{1}{\tau} (Q + Q^2 + \cdots + Q^\tau) =: P$$

が存在する. ただし,

$$P = \begin{pmatrix} p_1 & \cdots & p_n \\ \vdots & \ddots & \vdots \\ p_1 & \cdots & p_n \end{pmatrix} \qquad \left(\sum_{i=1}^n p_i = 1, \ p_i \geq 0 \right).$$

証明 $Q\boldsymbol{e} = \boldsymbol{e}$ なので, 定理 6 と同様に $\boldsymbol{e}$ を第一列に持つ正則行列 U を適当に選べば,

$$U^{-1} Q U = J = \begin{pmatrix} 1 & \boldsymbol{0}^T \\ \boldsymbol{0} & Q_1 \end{pmatrix}$$

の形になる. (Q の絶対値最大の固有値 1 の一意性による.) ここで, 命題 4 から Q_1 の固有値はすべて 1 より小さいことに注意する. このとき,

$$\lim_{\tau \to \infty} \frac{1}{\tau} \sum_{k=1}^{\tau} Q^k = \lim_{\tau \to \infty} U \begin{pmatrix} 1 & \boldsymbol{0}^t \\ \boldsymbol{0} & \frac{1}{\tau} \sum_{k=1}^{\tau} Q_1^k \end{pmatrix} U^{-1}.$$

Q_1 の固有値の絶対値はすべて 1 未満なので, $I - Q_1$ は正則である. したがって, 補題 5 とから,

$$\lim_{\tau\to\infty}\frac{1}{\tau}\sum_{k=1}^{\tau}Q_1^k = \lim_{\tau\to\infty}\frac{1}{\tau}Q_1\left(I+Q_1+\cdots+Q_1^{\tau-1}\right)$$
$$= \lim_{\tau\to\infty}\frac{1}{\tau}Q_1(I-Q_1)^{-1}\left(I-Q_1^{\tau}\right)=O.$$

次に，定理 6 と同様に，U^{-1} の第一行を $(p_1,\cdots,p_n)$ とすれば，

$$\lim_{\tau\to\infty}\frac{1}{\tau}\sum_{k=1}^{\tau}Q^k = U\begin{pmatrix}1 & \mathbf{0}^T\\ \mathbf{0} & O\end{pmatrix}U^{-1}$$
$$=\begin{pmatrix}1 & * & *\\ \vdots & \ddots & *\\ 1 & * & *\end{pmatrix}\begin{pmatrix}1 & \mathbf{0}^T\\ \mathbf{0} & O\end{pmatrix}\begin{pmatrix}p_1 & \cdots & p_n\\ * & \ddots & *\\ * & \cdots & *\end{pmatrix}$$
$$=\begin{pmatrix}p_1 & \cdots & p_n\\ \vdots & \ddots & \vdots\\ p_1 & \cdots & p_n\end{pmatrix}=P.$$

ここで，Q は確率遷移行列なので，それらの積 Q^τ も確率遷移行列であり，$\frac{1}{\tau}\sum_{k=1}^{\tau}Q^k$ も確率遷移行列である．したがって，P も確率遷移行列である．ゆえに，$p_i \geq 0\ (i=1,\cdots,n)$ および $\sum_{i=1}^{n}p_i=1$ が成り立つ． □

したがって，定理 7 より

$$\lim_{\tau\to\infty}\frac{1}{\tau}\left(\boldsymbol{q}^{(0)}Q+\boldsymbol{q}^{(0)}Q^2+\cdots+\boldsymbol{q}^{(0)}Q^{\tau}\right)=\boldsymbol{q}^{(0)}\begin{pmatrix}\boldsymbol{p}\\ \vdots\\ \boldsymbol{p}\end{pmatrix}=\boldsymbol{p}$$

ただし，$\boldsymbol{p} =: (p_1,\cdots,p_n)$．よって，$\boldsymbol{q}^\tau=\boldsymbol{q}^{(0)}Q^\tau$ より

$$\lim_{\tau\to\infty}\frac{1}{\tau}\left(\boldsymbol{q}^{(1)}+\boldsymbol{q}^{(2)}+\cdots+\boldsymbol{q}^{(\tau)}\right)=\boldsymbol{p}$$

となり，これはしばしば，**時間平均分布**と呼ばれる．

B いくつかの不等式のまとめ

ここでは，本文中で多用した Jensen の不等式を最初に示しておく．そのためには凸関数の定義が必要となる．このあたりの文献に関しては，主に，[52], [11] を参照したが，[59], [97] なども参考になる．

定義 8 関数 $f : [a,b] \longrightarrow \mathbb{R}$ が下に凸 (凸，convex) であるとは，任意の $x_1, x_2 \in [a,b]$，任意の $c \in [0,1]$ に対して

$$f((1-c)x_1 + cx_2) \leq (1-c)f(x_1) + cf(x_2) \tag{1}$$

$x_1 \neq x_2$ に対して式 (1) で不等号 ($<$) が成立するとき，f は (a,b) 上で狭義の凸であるという．また，$-f$ が凸のとき，f は上に凸 (凹，concave) であるという．

定理 9 閉区間 $[a,b]$ で定義された連続関数 $f(x)$ が開区間 (a,b) で微分可能であるとする．$f(x)$ が $[a,b]$ で凸関数であるための必要十分条件は，$f'(x)$ が非減少関数であること (したがって，$f(x)$ が 2 回微分可能ならば，$f''(x) \geq 0$) である [3)]．

証明 (必要性) $x_1, x_2 \in [a,b]$ で，$x_1 < x_2$ とする．式 (1) で，$\xi = (1-c)x_1 + cx_2$ とおくと，任意の $\xi \in [x_1, x_2]$ に対して

$$f(\xi) \leq f(x_1) + \frac{f(x_2) - f(x_1)}{x_2 - x_1}(\xi - x_1). \tag{2}$$

いま，$x_1 < x < x_2$ とすると，これより，

$$f(x) \leq f(x_1) + \frac{f(x_2) - f(x_1)}{x_2 - x_1}(x - x_1),$$
$$f(x) \leq f(x_2) + \frac{f(x_2) - f(x_1)}{x_2 - x_1}(x - x_2)$$

---

3) 証明のために細かく書いたが，要するに式 (1) と $f''(x) \geq 0$, $x \in (a,b)$ は同値であることを述べておきたかったのである．また，$f''(x) > 0$ は狭義凸と同値であり，$f''(x) \leq 0$ と凹 (上に凸) が同値であることも述べておく．

となるので，これより

$$\frac{f(x)-f(x_1)}{x-x_1} \le \frac{f(x_2)-f(x_1)}{x_2-x_1} \le \frac{f(x_2)-f(x)}{x_2-x}$$

が成り立つ．

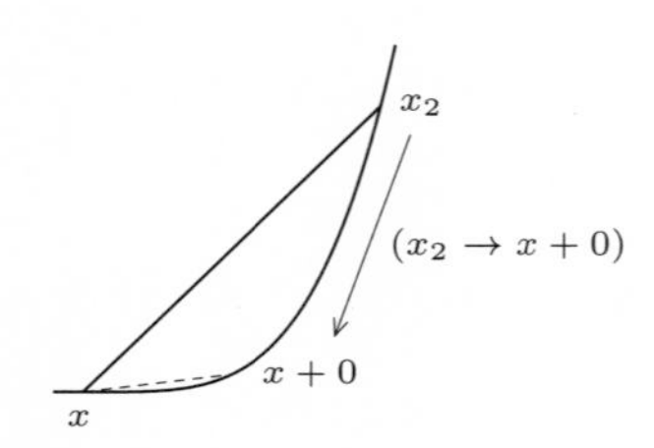

x, x_1 を固定して $x_2 \to x+0$ とすると，$\dfrac{f(x_2)-f(x)}{x_2-x}$ は f が下に凸なので，上の図のように，これ (傾き) は単調に減少していく．また，上の 2 番目の不等式により $\dfrac{f(x_2)-f(x)}{x_2-x}$ は下に有界である．したがって

$$\lim_{x_2 \to x+0} \frac{f(x_2)-f(x)}{x_2-x} = f'_+(x)$$

が存在して

$$\frac{f(x)-f(x_1)}{x-x_1} \le f'_+(x)$$

同様に x, x_2 を固定して $x_1 \to x-0$ とすると，$\dfrac{f(x_1)-f(x)}{x_1-x}$ は f が下に凸なので，これ (傾き) は単調に増加していき，上に有界である．よって，

$$\lim_{x_1 \to x-0} \frac{f(x_1)-f(x)}{x_1-x} = f'_-(x)$$

が存在して

$$f'_-(x) \le \frac{f(x_2)-f(x)}{x_2-x}.$$

(ここで，$f'_+(x)$, $f'_-(x)$ はそれぞれ x における f の右微分係数，左微分係数である．関数 $f(x)$ が点 x で微分可能であるための必要十分条件は $f'_+(x)$,$f'_-(x)$ が存在して等しいことである．)　次に，$f'_+(x)$ が非減少であることを示す．$x < x_2 < x' < x'_2$ とすると，f が下に凸であることから，

$$\begin{aligned}\frac{f(x_2)-f(x)}{x_2-x} \le \frac{f(x')-f(x)}{x'-x} &\le \frac{f(x')-f(x_2)}{x'-x_2} \\ &\le \frac{f(x'_2)-f(x_2)}{x'_2-x_2} \le \frac{f(x'_2)-f(x')}{x'_2-x'}.\end{aligned}$$

上の不等式の左辺と右辺でそれぞれ，$x_2 \to x+0$, $x'_2 \to x'+0$ とすると，$f'_+(x) \le f'_+(x')$ が成り立つ．同様にして，$f'_-(x) \le f'_-(x')$ が成り立つ．ここで仮定より，関数 f は，(a,b) で微分可能であるので，$f'_+(x) = f'_-(x) = f'(x)$．よって，$x < x'$ ならば $f'(x) \le f'(x')$，つまり，f' は非減少関数である．したがって，2 回微分可能であれば，$f''(x) \ge 0$.

(十分性)　$x_1, x_2 \in [a,b]$, $x_1 < x_2$ に対して

$$g(x) := f(x) - \left\{ f(x_1) + \frac{f(x_2)-f(x_1)}{x_2-x_1}(x-x_1) \right\} \qquad (x_1 \le x \le x_2)$$

とおくと，示すべき条件式 (2) は，$x \in [x_1, x_2]$ に対して $g(x) \le 0$ である．これより背理法で証明する．すなわち，これが成り立たないと仮定する．いま，$g(x_1) = g(x_2) = 0$ だから，ある $\eta \in (x_1, x_2)$ に対して，$g(\eta) > 0$ と仮定する．そこで，いま，$x = c$ で $g(x)$ が最大値を取るとすると，$g(c) \ge g(\eta) > 0$. ゆえに，$c \in (x_1, x_2)$ である．したがって，$g'(c) = 0$ であるが

$$g'(x) = f'(x) - \frac{f(x_2)-f(x_1)}{x_2-x_1}$$

はこの定理の仮定により非減少である．よって，$c < x < x_2$ のとき，

$g'(x) \geq g'(c) = 0$. ところが平均値の定理 [4] により

$$0 - g(c) = g(x_2) - g(c) = g'(c + \theta(x_2 - c))(x_2 - c) \qquad (0 < \theta < 1)$$

が成り立つが，左辺は負であり，一方，右辺は非負である．よって矛盾する．ゆえに，$g(x) \leq 0$ である． □

補題 10 (Jensen の不等式) 関数 $f : (a, b) \longrightarrow \mathbb{R}$ は下に凸とする．$x_1, \cdots, x_n \in (a, b)$ とし，$c_1, \cdots, c_n$ は $c_1, \cdots, c_n \geq 0$ かつ $\sum_{i=1}^{n} c_i = 1$ を満たすとする．このとき，

$$f\left(\sum_{i=1}^{n} c_i x_i\right) \leq \sum_{i=1}^{n} c_i f(x_i). \tag{3}$$

(f が上に凸のときは，逆向きの不等式が成り立つ．) さらに，f が狭義の凸で，各 i に対して $c_i > 0$ のとき，等号の成立は $x_1 = \cdots = x_n$ であるとき，かつそのときに限られる．

証明 $c_n = 1$ のときは，$c_1 = \cdots = c_{n-1} = 0$ となって，自明であるので，$c_n < 1$ とする．数学的帰納法で証明する．

(i) $n = 2$ のときは，f が凸であることの定義 8 より成立．$x_1 = x_2$ のときは明らかに式 (3) で等号が成り立つ．また，もし f が狭義の凸で，$c_1 > 0$, $c_2 > 0$ で式 (3) の等号が成立するとき，$x_1 = x_2$ である．そうでないと，$f(c_1x_1 + c_2x_2) < c_1f(x_1) + c_2f(x_2)$ となり，等号成立の仮定 $f(c_1x_1 + c_2x_2) = c_1f(x_1) + c_2f(x_2)$ に矛盾する．

(ii) 次に $n = k$ で式 (3) は成立すると仮定する．また，$c_1 + \cdots + c_{k+1} = 1$ とする．このとき，f の凸性から

---

[4] 平均値の定理を復習しておく．関数 f が閉区間 $[a, b]$ で連続で開区間 (a, b) で微分可能ならば，$\dfrac{f(b) - f(a)}{b - a} = f'(c)$ なる c が (a, b) に少なくとも 1 つ存在する．これは，次のようにも表せる：

$$f(b) - f(a) = (b - a)f'(a + \theta(b - a)) \qquad (0 < \theta < 1).$$

$$
\begin{aligned}
f\left(\sum_{i=1}^{k+1} c_i x_i\right) &= f\left((1-c_{k+1})\sum_{i=1}^{k} \frac{c_i}{1-c_{k+1}} x_i + c_{k+1}x_{k+1}\right) \\
&\leq (1-c_{k+1}) f\left(\sum_{i=1}^{k} \frac{c_i}{1-c_{k+1}} x_i\right) + c_{k+1} f(x_{k+1}).
\end{aligned}
$$

ここで，$\sum_{i=1}^{k} \frac{c_i}{1-c_{k+1}} = 1$ に注意して，帰納法の仮定より，

$$
f\left(\sum_{i=1}^{k} \frac{c_i}{1-c_{k+1}} x_i\right) \leq \frac{1}{1-c_{k+1}} \sum_{i=1}^{k} c_i f(x_i) \tag{4}
$$

なので，これらの不等式から

$$
f\left(\sum_{i=1}^{k+1} c_i x_i\right) \leq \sum_{i=1}^{k+1} c_i f(x_i)
$$

が成立する．つまり，$n = k+1$ のとき，式 (3) の成立が示された．$x_1 = \cdots = x_{k+1}$ のとき，式 (3) の等号成立は明らかである．その逆について，$n = k+1$ のとき，式 (3) の等号が成立するとし，f が狭義の凸，$c_i > 0$ $(i = 1, 2, \cdots, k+1)$ とする．このとき，式 (4) の等号が成立する．でなければ，式 (3) での等号が不成立となり仮定に反する．帰納法により $n = k$ について真であるので，$x_1 = \cdots = x_k$．これを式 (3) に代入し，次を得る．

$$
f\left(\left(\sum_{i=1}^{k} c_i\right) x_1 + c_{k+1}x_{k+1}\right) = \left(\sum_{i=1}^{k} c_i\right) f(x_1) + c_{k+1} f(x_{k+1})
$$

ここで，$n = 2$ のときの結果より $x_1 = x_{k+1}$．よって，等号条件を含めて，$n = k+1$ のときに補題は成立する． □

さらに有名どころの不等式をまとめておく．使えるだけでなく 1 度は証明も経験しておくと良い．証明もさまざまな方法が知られている．

連続関数 $f : [0, \infty) \longrightarrow [0, \infty)$ は単調増加で $f(0) = 0$ とする．そのとき，$a, b > 0$ に対して，

$$
ab \leq \int_0^a f(x)\,dx + \int_0^b f^{-1}(x)\,dx \tag{5}
$$

が成り立ち，等号は $b = f(a)$ のときかつそのときに限り成立する．これはしばしば **Young の不等式**と呼ばれる．下記の図の領域の面積の関係から成立は明らかであろう．

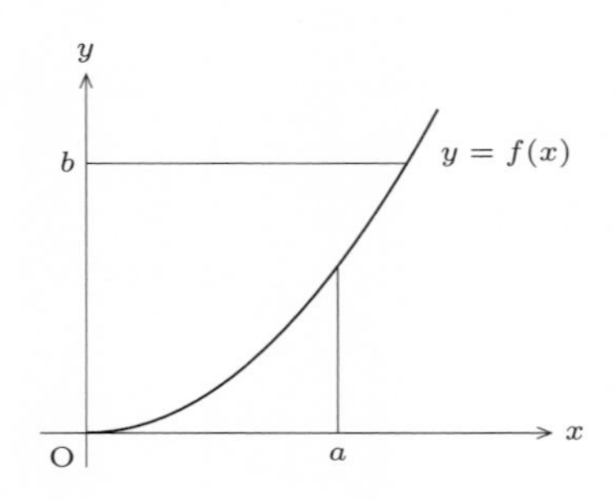

ここで，典型的な例として $f(x) = x^{p-1}$ $(x > 0,\ p > 1)$ とするとその逆関数は $f^{-1}(x) = x^{1/(p-1)}$ なので，次が得られる．

$$ab \leq \frac{a^p}{p} + \frac{b^q}{q} \qquad \left(p > 1,\ q > 1,\ \frac{1}{p} + \frac{1}{q} = 1\right). \tag{6}$$

これより $a^{1/p}b^{1/q} \leq \dfrac{a}{p} + \dfrac{b}{q}$. ここで $v = \dfrac{1}{q}$ とおけば，次を得る：

$$(1-v)a + vb \geq a^{1-v}b^v \geq \left\{(1-v)a^{-1} + vb^{-1}\right\}^{-1} \qquad (0 \leq v \leq 1) \tag{7}$$

2 つ目の不等式の導出は，1 つ目の不等式において a と b をそれぞれ $\dfrac{1}{a}$ と $\dfrac{1}{b}$ で置き換えればよい．これは，2 変数に対する重み付き算術・幾何・調和平均の不等式である．$v = \dfrac{1}{2}$ とすれば，1 つ目の不等式は，高校時代に学んだ相加・相乗平均不等式である．一般の n 変数に対する算術・幾何平均の不等式は，重みなしの場合も考慮すると 50 を超える証明法が知られている [8]．ここでは，本書で既出である不等式 (3.9) を用いて証明しておこう．

命題 11 (重み付き算術・幾何平均の不等式) $a_1, \cdots, a_n > 0$ および，$\sum_{i=1}^{n} w_i = 1$ を満たす $w_1, \cdots, w_n > 0$ に対して

$$\sum_{i=1}^{n} w_i a_i \geq \prod_{i=1}^{n} a_i^{w_i} \tag{8}$$

が成り立つ．等号は a_i $(i = 1, 2, \cdots, n)$ がすべて等しいとき，かつそのときに限り成立する．

証明　$A = \sum_{i=1}^{n} w_i a_i$ とおくと，不等式 (3.9) より各 i に対して，$\ln\left(\frac{a_i}{A}\right) \leq \frac{a_i}{A} - 1$. この両辺に w_i を掛けて，$i = 1, 2, \cdots, n$ で和を取ると，

$$\sum_{i=1}^{n} w_i \ln\left(\frac{a_i}{A}\right) \leq \frac{1}{A} \sum_{i=1}^{n} w_i a_i - \sum_{i=1}^{n} w_i.$$

よって

$$\ln \prod_{i=1}^{n} \left(\frac{a_i}{A}\right)^{w_i} \leq 0 \Longleftrightarrow \prod_{i=1}^{n} \left(\frac{a_i}{A}\right)^{w_i} \leq 1$$

ゆえに，式 (8) が示される．等号成立は，不等式 (3.9) における等号成立条件 $x = 1$ により，各 i に対して $\frac{a_i}{A} = 1$ のとき，かつそのときに限る．すなわち，a_i $(i = 1, 2, \cdots, n)$ がすべて等しいとき，かつそのときに限り成立する．　□

各 $i = 1, 2, \cdots, n$ に対して重みを $w_i = \frac{1}{n}$ とすれば，次が得られる．

系 12　(算術・幾何・調和平均の不等式)　$a_1, \cdots, a_n > 0$ に対して

$$\frac{1}{n} \sum_{i=1}^{n} a_i \geq \prod_{i=1}^{n} a_i^{1/n} \geq \frac{n}{\sum_{i=1}^{n} a_i^{-1}} \tag{9}$$

が成り立つ．等号は a_i $(i = 1, 2, \cdots, n)$ がすべて等しいとき，かつそのときに限り成立する．

問題 43　算術・幾何平均不等式を用いて，$a_n = \left(1 + \frac{1}{n}\right)^n$ が単調増加であることを示せ．

なお，命題 11 を改善する結果として，著者は次を示した [27].

命題 13　$a_1, \cdots, a_n > 0$ および，$\sum_{i=1}^{n} w_i = 1$ を満たす $w_1, \cdots, w_n > 0$ に対して

$$\sum_{i=1}^{n} w_i a_i - \prod_{i=1}^{n} a_i^{w_i} \geq n\lambda \left(\frac{1}{n} \sum_{i=1}^{n} a_i - \prod_{i=1}^{n} a_i^{1/n} \right). \tag{10}$$

ただし，$\lambda := \min\{w_1, \cdots, w_n\}$ であり，重み w_i が λ を達成する重複度が 1 と仮定すれば，等号は a_i $(i = 1, 2, \cdots, n)$ がすべて等しいとき，かつそのときに限り成立する．

等号条件を議論せずに，単純に不等式の成立だけなら，このような重複度に関する条件は不要である．

証明　$\lambda = w_j$ とする. 任意の $j = 1, \cdots, n$ に対して, 次が成り立つ.

$$\begin{aligned}
&\sum_{i=1}^{n} w_i a_i - w_j \left(\sum_{i=1}^{n} a_i - n \prod_{i=1}^{n} a_i^{1/n} \right) \\
&\quad = n w_j \left(\prod_{i=1}^{n} a_i^{1/n} \right) + \sum_{i=1,\, i \neq j}^{n} (w_i - w_j) a_i \\
&\quad \geq \prod_{i=1,\, i \neq j}^{n} \left(a_1^{1/n} \cdots a_n^{1/n} \right)^{n w_j} a_i^{w_i - w_j} \\
&\quad = a_1^{w_1} \cdots a_n^{w_n}.
\end{aligned}$$

上記の計算過程で，命題 11 を用いた．等号は，命題 11 の条件から

$$(a_1 a_2 \cdots a_n)^{1/n} = a_1 = a_2 = \cdots = a_{j-1} = a_{j+1} = \cdots = a_n$$

のとき，かつそのときに限り成立する．ゆえに，$a_1 = a_2 = \cdots = a_{j-1} = a_{j+1} = \cdots = a_n = a$ となり，上の等式から, $a_j^{1/n} a^{(n-1)/n} = a$ が得られる. こうして，$a_j = a$ が得られ証明が完結した．　□

このように，既出の結果を利用してさらなる改善を行うものを，自己改善不等式 [2] と呼ぶことがある．こうした視点を利用した結果として，拙文 [35] がある．また，算術・幾何平均不等式は凸関数に対する Jensen の不等式から直

ちに導かれる[5] ことから，命題 13 は凸解析や作用素論の研究者などによって，さらに発展した形として研究が進められている．ここでは，交流がありかつおそらく最初の発展ということで，[70] のみを引用しておこう．

さて，本書でしばしば用いた **Hölder の不等式**を示しておこう．本書では，確率分布を扱う性質上，正数に限って結果を示しておく．

命題 14　$a_1, \cdots, a_n > 0$, $b_1, \cdots, b_n > 0$, $p, q \in \mathbb{R}$ は $\dfrac{1}{p} + \dfrac{1}{q} = 1$ を満たすとする．$p, q > 1$ ならば，

$$\sum_{i=1}^{n} a_i b_i \leq \left(\sum_{i=1}^{n} a_i^p\right)^{1/p} \left(\sum_{i=1}^{n} b_i^q\right)^{1/q}. \tag{11}$$

等号[6] は，各 i に対して

$$\frac{a_i^p}{\sum_{i=1}^{n} a_i^p} = \frac{b_i^q}{\sum_{i=1}^{n} b_i^q} \tag{12}$$

が成り立つとき，かつそのときに限る．なお，$p < 0$ または $0 < p < 1$ のとき，式 (11) の逆向きの不等式が成り立つ．

証明　まず，式 (6) で，$a = a^{1/p}$, $b = b^{1/q}$ とおいた式，

$$a^{1/p} b^{1/q} \leq \frac{a}{p} + \frac{b}{q} \qquad \left(p, q > 1,\ \frac{1}{p} + \frac{1}{q} = 1\right) \tag{13}$$

で，$a = \dfrac{a_i^p}{\sum_{i=1}^{n} a_i^p}$, $b = \dfrac{b_i^q}{\sum_{i=1}^{n} b_i^q}$ とすると，

$$\frac{a_i b_i}{\left(\sum_{i=1}^{n} a_i^p\right)^{1/p} \left(\sum_{i=1}^{n} b_i^q\right)^{1/q}} \leq \frac{1}{p} \frac{a_i^p}{\sum_{i=1}^{n} a_i^p} + \frac{1}{q} \frac{b_i^q}{\sum_{i=1}^{n} b_i^q}$$

---

[5] 実際，Jensen の不等式で，$f(t) = -\ln t$ と取ればよい．

[6] この命題のように仮定 $a_1, \cdots, a_n > 0$, $b_1, \cdots, b_n > 0$ がない場合は，$\{a_i\}$, $\{b_i\}$ の一方がゼロから成る列の場合も等号成立条件となる．

この両辺を $i = 1, 2, \cdots, n$ で和を取れば，

$$\frac{\sum_{i=1}^{n} a_i b_i}{\left(\sum_{i=1}^{n} a_i^p\right)^{1/p} \left(\sum_{i=1}^{n} b_i^q\right)^{1/q}} \leq \frac{1}{p} \frac{\sum_{i=1}^{n} a_i^p}{\sum_{i=1}^{n} a_i^p} + \frac{1}{q} \frac{\sum_{i=1}^{n} b_i^q}{\sum_{i=1}^{n} b_i^q} = \frac{1}{p} + \frac{1}{q} = 1.$$

ゆえに，式 (11) が得られる．等号は，不等式 (13) での等号条件 $a = b$ により，式 (12) のとき，かつそのときに限る． □

等号成立条件 (12) は

$$a_i^p = c b_i^q \qquad (c > 0,\ i = 1, 2, \cdots, n)$$

なる定数 c が存在することと同値である．このとき，式 (12) が成り立つのは自明．一方，式 (12) を仮定すると，

$$a_i^p = \frac{\sum_{i=1}^{n} a_i^p}{\sum_{i=1}^{n} b_i^q} b_i^q = c b_i^q$$

と i に依存しない定数 $c > 0$ を用いて書ける．また，命題 14 において，もし $q < 0$ または $0 < q < 1$ などのときは，不等式 (11) の逆向きの不等式が成り立つ．さらに，$p = q = 2$ のときが有名な **Cauchy–Schwarz の不等式**：

$$\left(\sum_{i=1}^{n} a_i b_i\right)^2 \leq \left(\sum_{i=1}^{n} a_i^2\right) \left(\sum_{i=1}^{n} b_i^2\right).$$

である．Cauchy–Schwarz の不等式の直接的な証明としては，自明な 2 次不等式の成立から判別式によって示すものや，**Lagrange の恒等式**：

$$\left(\sum_{i=1}^{n} a_i b_i\right)^2 + \sum_{1 \leq i < j \leq n} (a_i b_j - a_j b_i)^2 = \left(\sum_{i=1}^{n} a_i^2\right) \left(\sum_{i=1}^{n} b_i^2\right).$$

からただちに導くものが知られている．

本書では用いないが，Hölder の不等式を利用して，次の **Minkowski の不等式**が示される．

$$\left(\sum_{i=1}^{n}(a_i+b_i)^p\right)^{1/p} \leq \left(\sum_{i=1}^{n}a_i^p\right)^{1/p} + \left(\sum_{i=1}^{n}b_i^p\right)^{1/p} \qquad (p \geq 1). \tag{14}$$

実際，$\dfrac{1}{p}+\dfrac{1}{q}=1$ に注意して Hölder の不等式を用いると

$$\begin{aligned}
\sum_{i=1}^{n}(a_i+b_i)^p &= \sum_{i=1}^{n}(a_i+b_i)(a_i+b_i)^{p-1} \\
&= \sum_{i=1}^{n}a_i(a_i+b_i)^{p-1} + \sum_{i=1}^{n}b_i(a_i+b_i)^{p-1} \\
&\leq \left(\sum_{i=1}^{n}a_i^p\right)^{1/p}\left(\sum_{i=1}^{n}(a_i+b_i)^p\right)^{1/q} + \left(\sum_{i=1}^{n}b_i^p\right)^{1/p}\left(\sum_{i=1}^{n}(a_i+b_i)^p\right)^{1/q} \\
&= \left(\sum_{i=1}^{n}(a_i+b_i)^p\right)^{1/q}\left\{\left(\sum_{i=1}^{n}a_i^p\right)^{1/p} + \left(\sum_{i=1}^{n}b_i^p\right)^{1/p}\right\}
\end{aligned}$$

となり，$p \geq 1$ のときの Minkowski の不等式が示される．

$p<0$ または $0<p<1$ の場合は，式 (14) の逆向きの不等式が成り立つ．

a_i, b_i が正数とは限らない場合は，一連の不等式は絶対値を使って表現すれば良いだけである．

ここで，凸関数に対する有名な不等式に Hermite–Hadamard 不等式があるので触れておく．次ページの上の図のように凸関数 $y=f(x)$ があるとき，$y=f(x)$ 上に異なる 2 点 $(a,f(a))$, $(b,f(b))$ を取ると，これらの中点 $\left(\dfrac{a+b}{2}, f\left(\dfrac{a+b}{2}\right)\right)$ を通り $f(x) \geq \lambda\left(x-\dfrac{a+b}{2}\right)+f\left(\dfrac{a+b}{2}\right)$ を満たす定数 λ が存在する[7]．f が微分可能なとき，λ は中点における微分係数であるが，これから導く不等式によらない．

この不等式を x で a から b まで積分すると

$$\int_a^b f(x)\,dx \geq (b-a)f\left(\frac{a+b}{2}\right) \tag{15}$$

が得られる．次に，区間 (a,b) 上に取った任意の x に対して

$$\frac{f(b)-f(a)}{b-a}(x-a)+f(a) \geq f(x)$$

[7] 念のために述べておくが，図中の 2 直線は平行に見えるがそうとは限らない．

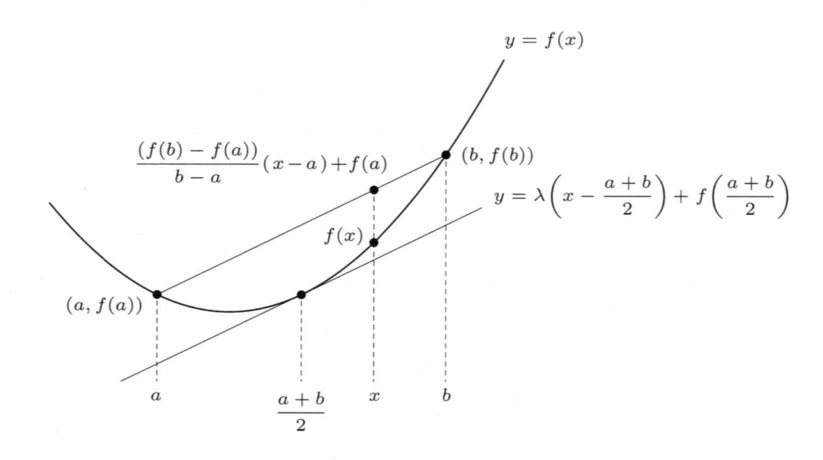

が成り立つので，この不等式を x で a から b まで積分すると

$$\frac{1}{b-a}\int_a^b f(x)\,dx \leq \frac{f(a)+f(b)}{2} \tag{16}$$

が得られる．結局，不等式 (15) と不等式 (16) から次の **Hermite–Hadamard 不等式**が導かれる [75].

$$f\left(\frac{a+b}{2}\right) \leq \frac{1}{b-a}\int_a^b f(x)\,dx \leq \frac{f(a)+f(b)}{2}. \tag{17}$$

問題 44　不等式 (15) と不等式 (16) の導出を示せ.

不等式 (17) はさらなる精密化が可能である.

命題 15　([75, Lemma 1.10.4])　$f : [a, b] \longrightarrow \mathbb{R}$ を 2 回微分可能な関数とし，$m \leq f''(x) \leq M$ $(x \in [a, b])$ を満たす定数 m, M が存在するとき，次の不等式が成り立つ.

$$\frac{m(b-a)^2}{24} \leq \frac{1}{b-a}\int_a^b f(x)\,dx - f\left(\frac{a+b}{2}\right) \leq \frac{M(b-a)^2}{24}, \tag{18}$$

$$\frac{m(b-a)^2}{12} \leq \frac{f(a)+f(b)}{2} - \frac{1}{b-a}\int_a^b f(x)\,dx \leq \frac{M(b-a)^2}{12}. \tag{19}$$

証明　$f(x) - \dfrac{mx^2}{2}$ および $\dfrac{Mx^2}{2} - f(x)$ は，条件 $m \leq f''(x) \leq M$ から，凸関数である．よって，それぞれに対して，Hermite–Hadamard 不等式の第一式を用いれば，不等式 (18) が得られ，同じく第二式を用いれば不等式 (19) が得られる． □

さて，$f(x) = \ln x$ は 2 回微分可能な関数であるので，$a = n$, $b = n + 1$ として，不等式 (19) を適用すると，

$$\frac{1}{12(n+1)^2} \leq \int_n^{n+1} \ln x\, dx - \frac{1}{2} \ln n(n+1) \leq \frac{1}{12n^2} \tag{20}$$

を得る．

問題 45　不等式 (20) の導出過程を示せ．

ここで，(2.18) の左辺を整理すると

$$\int_n^{n+1} \ln x\, dx - \frac{1}{2} \ln n(n+1) = \left(n + \frac{1}{2}\right) \ln \left(1 + \frac{1}{n}\right) - 1 < \frac{1}{12n(n+1)}$$

となっており，不等式 (20) の右辺では (2.18) を示せていないことが分かる．つまり，(2.18) の不等式の上からの評価は，不等式 (20) の右辺の評価よりタイトなものを要求されているのである．

Hermite–Hadamard 不等式の別の改良も述べておく．こちらは微分可能性は要求しない．凸関数 $f : [a, b] \longrightarrow \mathbb{R}$ に対して

$$\begin{aligned} f\left(\frac{a+b}{2}\right) &\leq \frac{1}{2}\left\{f\left(\frac{3a+b}{4}\right) + f\left(\frac{a+3b}{4}\right)\right\} \leq \frac{1}{b-a} \int_a^b f(x)\, dx \\ &\leq \frac{1}{2}\left\{f\left(\frac{a+b}{2}\right) + \frac{f(a)+f(b)}{2}\right\} \leq \frac{f(a)+f(b)}{2}. \end{aligned}$$

上の不等式の 2 番目と 3 番目の不等式は，区間 $\left[a, \dfrac{a+b}{2}\right]$ と $\left[\dfrac{a+b}{2}, b\right]$ に Hermite–Hadamard 不等式 (17) を用いて，辺々を加えると導かれる．また，1 番目と 4 番目の不等式は，凸関数の定義 8 の式 (1) より示すことができる．

最後に，Hermite–Hadamard 不等式 (17) の例を 2 つ示す．まず，凸関数

$f(x)=e^x$ を $[a,b]$ $(a\neq b)$ で適用すると

$$e^{(a+b)/2} < \frac{e^b-e^a}{b-a} < \frac{e^a+e^b}{2}$$

が得られ，$a:=\ln x$, $b:=\ln y$ とおくと，下記のように，幾何平均・対数平均・算術平均に関する大小関係が得られる (注 2.1 参照)：

$$\sqrt{xy} < \frac{y-x}{\ln y-\ln x} < \frac{x+y}{2} \qquad (x\neq y,\ x,y>0).$$

次に，凸関数 $f(x)=\dfrac{1}{1+x}$ を $[n-1,n]$ $(n\in\mathbb{N})$ に適用すると

$$\frac{1}{n+1/2} < \ln\frac{n+1}{n} < \frac{1}{2}\left(\frac{1}{n}+\frac{1}{n+1}\right) \tag{21}$$

が得られる．この 1 番目の不等式を利用して，Stirling の近似公式 $n!\simeq\sqrt{2\pi}n^{n+1/2}e^{-n}$ を導こう．そのために $a_n:=\dfrac{n!}{n^{n+1/2}e^{-n}}$ を定義する．$a_n>0$ は自明なので a_n の単調減少性を示せば，a_n が収束することを示せる．そこで，$\dfrac{a_n}{a_{n+1}}=\dfrac{1}{e}\left(\dfrac{n+1}{n}\right)^{n+1/2}$ なので, (21) の 1 番目の不等式より

$$\ln\frac{a_n}{a_{n+1}} = -1+\left(n+\frac{1}{2}\right)\ln\left(\frac{n+1}{n}\right) > 0$$

が分かるので，a_n の単調減少性が示される．よって，$\lim_{n\to\infty} a_n$ は収束値 α を持つ．つまり，$n!=\alpha n^{n+1/2}e^{-n}$ と書けるので, 補題 2.6 (Wallis の公式) より $\alpha=\sqrt{2\pi}$ が出て，$n!\simeq\sqrt{2\pi}n^{n+1/2}e^{-n}$ が導かれる．

C　さまざまなエントロピー

本書では熱力学的エントロピーや統計力学的エントロピーからはじめ主として情報エントロピーと符号化定理を中心に学んできた．物理学的なエントロピーはほかにも量子力学的エントロピー (von Neumann エントロピー) [74] がよく知られており，これと量子符号化定理についても第 9 章で触れた．

ここでは，確率分布に対するエントロピーについて主なものをまとめておく．

パラメータ拡張されたエントロピーに関する研究は古くからされており，次の **Rényi エントロピー** [85] は有名である．以下，すべて $\boldsymbol{p} \in \varDelta_n$ とする．

$$R_\alpha(\boldsymbol{p}) := \frac{1}{1-\alpha} \ln \sum_{i=1}^{n} p_i^\alpha \qquad (\alpha > 0,\ \ \alpha \neq 1).$$

簡単のため，対数の底は e とした．また，β **型エントロピー** [42], [14]

$$H_\beta(\boldsymbol{p}) := \frac{\sum_{i=1}^{n} (p_i^\beta - p_i)}{2^{1-\beta} - 1} \qquad (\beta \neq 1)$$

も知られている．このエントロピーについては，呼び方はさまざまであるようだが，この年代のものに関しては洋書 [1] が参考になる．それからしばらく経って，上記の β 型エントロピーとよく似た **Tsallis エントロピー** [99]

$$T_q(\boldsymbol{p}) := \frac{\sum_{i=1}^{n} (p_i^q - p_i)}{1-q} = -\sum_{i=1}^{n} p_i^q \ln_q p_i \qquad (q \neq 1)$$

が統計物理系の分野を中心に話題となり，現在まで多くの研究がされてきている．Tsallis エントロピーの数学的基本性質については，拙文 [22], [24] を，また公理系については，[95], [23] を，さらに包括的かつ詳細な解説については，[96] を参照すると良い．ここで，$\ln_q x := \dfrac{x^{1-q} - 1}{1-q}$ $(x > 0,\ q \neq 1)$ は q–対数関数と呼ばれ，$\lim_{q \to 1} \ln_q x = \ln x$ である．また，$\ln_q x$ は q–指数関数 $\exp_q x := (1 + (1-q)x)^{1/(1-q)}$ の逆関数である．ただし，$\exp_q x$ は $1 + (1-q)x > 0$ のときに定義される．また，

$$\lim_{q \to 1} \exp_q(x) = \lim_{r \to 0} (1 + rx)^{1/r} = \lim_{n \to \infty} \left(1 + \frac{x}{n}\right)^n = \exp x$$

である．これらのエントロピーは，次の意味で Shannon エントロピーのパラメータ拡張となっている：

$$\lim_{\alpha \to 1} R_\alpha(\boldsymbol{p}) = \lim_{\beta \to 1} H_\beta(\boldsymbol{p}) = \lim_{q \to 1} T_q(\boldsymbol{p}) = -\sum_{i=1}^{n} p_i \ln p_i.$$

少し変わった形式で Ferreri によって定義された次の Hypo エントロピー

[18] は興味深い.

$$F_\lambda(\boldsymbol{p}) := \frac{1}{\lambda}(\lambda+1)\ln(\lambda+1) - \frac{1}{\lambda}\sum_{i=1}^{n}(1+\lambda p_i)\ln(1+\lambda p_i) \qquad (\lambda > 0).$$

ここで,

$$0 \le F_\lambda(\boldsymbol{p}) \le -\sum_{i=1}^{n} p_i \ln p_i, \qquad \lim_{\lambda\to\infty} F_\lambda(\boldsymbol{p}) = -\sum_{i=1}^{n} p_i \ln p_i := H(\boldsymbol{p})$$

である. この 2 番目の不等式から **Hypo エントロピー**と名付けられた. (実際, $F_\lambda(\boldsymbol{p})$ は $\lambda > 0$ に対して単調増加である.)

さらにパラメータを増やしたエントロピーもいくつか考察された. この Hypo エントロピーと Tsallis エントロピーを統合する形で, **Tsallis–Hypo エントロピー**を [30] において次のように定義しさまざまな数学的な基本性質について調べた. すなわち, Tsallis–Hypo エントロピーを

$$H_{\lambda,q}(\boldsymbol{p}) := \frac{h(\lambda,q)}{\lambda}\left\{-(1+\lambda)\ln_q \frac{1}{1+\lambda} + \sum_{i=1}^{n}(1+\lambda p_i)\ln_q \frac{1}{1+\lambda p_i}\right\}$$
$$(\lambda > 0,\ q \ge 0)$$

で定義する. ただし, 関数 $h(\lambda,q) > 0$ は条件 $\lim_{q\to1} h(\lambda,q) = 1$ と $\lim_{\lambda\to\infty} \frac{h(\lambda,q)}{\lambda^{1-q}} = 1$ を満たす. これらの条件は, それぞれ $\lim_{q\to1} H_{\lambda,q}(\boldsymbol{p}) = F_\lambda(\boldsymbol{p})$ および $\lim_{\lambda\to\infty} H_{\lambda,q}(\boldsymbol{p}) = T_q(\boldsymbol{p})$ と同値である. また, この Tsallis–Hypo エントロピーを用いた火災問題に関する研究への応用については [71] を参照されたい.

このような複数のパラメータに対するエントロピーはほかにも知られている. 例えば, **Sharma–Mittal エントロピー** [92], [72]:

$$SM_{\{\alpha,\beta\}}(\boldsymbol{p}) = \frac{1}{\beta-1}\left\{1 - \left(\sum_{i=1}^{n} p_i^{\alpha}\right)^{(1-\beta)/(1-\alpha)}\right\} \qquad (\alpha \ne 1,\ \beta \ne 1).$$

ほかにも Borges と Roditi によって定義された **Borges–Roditi エントロピー** [7]

$$BR_{\{\alpha,\beta\}}(\boldsymbol{p}) = \sum_{i=1}^{n} \frac{p_i^{\alpha} - p_i^{\beta}}{\beta-\alpha} \qquad (\alpha \ne \beta)$$

がある．拙文 [26], [28] において，このエントロピーに関する性質を調べている．さらに，Kaniadakis, Lissia および Scarfone によって，**Kaniadakis–Lissia–Scarfone エントロピー** [56], [57] が提案された．

$$KLS_{\{k,r\}}(\boldsymbol{p}) = \sum_{i=1}^{n} p_i^{1+r}\left(\frac{p_i^k - p_i^{-k}}{2k}\right) = -\sum_{i=1}^{n} p_i Ln_{\{k,r\}} p_i.$$

ただし，$Ln_{\{k,r\}}(u) = u^r\left(\dfrac{u^k - u^{-k}}{2k}\right)$ であり，パラメータ k と r は条件

$$\left\{(k,r) : -|k| \le r \le |k|,\ 0 < |k| < \frac{1}{2}\right\}$$
$$\cup\left\{(k,r) : |k|-1 \le r \le 1-|k|,\ \frac{1}{2} \le |k| < 1\right\}$$

を満たすように取る．

パラメータを増やす方向とは異なりより一般に関数を用いたエントロピーの拡張も考えられている．多くの結果が知られているが最近の拙文 [31] にあるものを少し紹介する．ある連続な (狭義) 単調関数 $\psi : I \longrightarrow \mathbb{R}$ (ただし，$I \subset \mathbb{R}$) に対して次で定められた重み付き擬線形平均 (例えば [55, p.677])

$$M_\psi(x_1, x_2, \cdots, x_n) = \psi^{-1}\left(\sum_{j=1}^{n} p_j \psi(x_j)\right)$$

をヒントとしたものである．ただし，$\boldsymbol{p} := (p_1, \cdots, p_n) \in \varDelta_n$, $x_j \in I$ $(j = 1, \cdots, n)$ である．なお，いま $\psi(x) = x$ とすれば $M_\psi(x_1, x_2, \cdots, x_n)$ は重み付き算術平均 $A(x_1, x_2, \cdots, x_n) = \sum_{j=1}^{n} p_j x_j$ と一致する．一方 $\psi(x) = \ln x$ とすれば $M_\psi(x_1, x_2, \cdots, x_n)$ は重み付き幾何平均 $G(x_1, x_2, \cdots, x_n) = \prod_{j=1}^{n} x_j^{p_j}$ と一致する．さらに，$\psi(x) = x$ かつ $x_j = \ln_q \dfrac{1}{p_j}$ とすれば $M_\psi(x_1, x_2, \cdots, x_n)$ は Tsallis エントロピーとなる．区間 $(0, 1]$ 上の連続な (狭義) 単調関数 ϕ に対して**擬線形エントロピー** [1] は

$$I^\phi(\boldsymbol{p}) = -\ln \phi^{-1}\left(\sum_{j=1}^{n} p_j \phi(p_j)\right)$$

で定められる．$I^{\ln}(\boldsymbol{p}) = H(\boldsymbol{p})$ がすぐにわかる．同様に，区間 $(0,\infty)$ 上の連続な (狭義) 単調関数 ψ に対して

$$H^{\psi}(\boldsymbol{p}) = \ln \psi^{-1}\left(\sum_{j=1}^{n} p_j \psi\left(\frac{1}{p_j}\right)\right)$$

と定義しても $H^{\ln}(\boldsymbol{p}) = H(\boldsymbol{p})$ である．また，$H^{x^{1-\alpha}}(\boldsymbol{p}) = R_{\alpha}(\boldsymbol{p})$ である．また，$H^{\psi}(\boldsymbol{p})$ の定義において，ln ではなく $\ln_q$ を用いたものや，この方向でのさらなる一般化に関する結果については，[29], [31] やそれらの参考文献を参照されたい．

以上述べてきたさまざまなエントロピーに対して，相対エントロピーに関する研究も同時にされているがここでは割愛する．また確率分布に対してではなく密度行列 (作用素) に対して定められた量子力学的エントロピーの拡張や一般化，さらには，それ自身が作用素となる相対作用素エントロピーおよびその一般化などについても割愛する．相対作用素エントロピーの最近の結果については [Chapter7, 34] などを参照されたい．

D　第 9 章で必要な事柄

本書では，なるべく自己完結で読めるようにするために，第 9 章にて必要となるいくつかの数学的事項について，この節でまとめておく．まずは，通常の数学分野において多く用いられるエルミート内積 ($\star$) (275 ページ) が定義されたベクトル空間 (線形空間) V を内積空間という．この内積によって定まるノルム $\|x\| := \sqrt{\langle x|x\rangle}$ で完備であるとき，V は **Hilbert 空間**であるといい，$\mathcal{H}$ などで表される．ここで，一般にノルム空間 X が完備であるとは，X のベクトル列 $\{x_n\}, \{x_m\}$ が $\lim_{m,n\to\infty} \|x_n - x_m\| = 0$ (Cauchy 列) ならば，$\lim_{n\to\infty} \|x_n - x_0\| = 0$ を満たす $x_0 \in X$ が存在することを言う．

ここで，すでに第 9 章の中で用いているが，量子力学の 3 つの公理についてまとめておこう．量子力学に関する詳細は，[89] などを参照されたい．

Q1： 量子系の状態は複素 Hilbert 空間 $\mathcal{H}$ の単位ベクトル $|\varphi\rangle$ によって表

される．$|\varphi\rangle\langle\varphi|$ は純粋状態である．混合状態を含めた一般の量子状態を密度行列 ρ で表す．密度行列はトレースが 1 の正定値行列である．なお，$\mathrm{Tr}[|\varphi\rangle\langle\varphi|] = \langle\varphi|\varphi\rangle = 1$ となっている．

Q2： 物理量 (または観測量) は $\mathcal{H}$ 上の自己共役作用素 (エルミート行列) によって表される．物理量 A を測定して得られる測定値は A の固有値の 1 つである．

Q3： H を量子系のハミルトニアンとする．このとき，状態の時間発展は自己共役作用素 $\dfrac{-H}{\hbar}$ によって生成される強連続 1 パラメータユニタリ群 $\{e^{-itH/\hbar}\}_{t\in\mathbb{R}}$ によって記述される．時刻 t_0 の状態を $|\psi\rangle$ とすれは時刻 t の状態 $|\widehat{\psi}\rangle$ は $e^{-i(t-t_0)H/\hbar}\psi$ によって与えられる．つまり，$|\widehat{\psi}\rangle = U|\psi\rangle$ とユニタリ行列 U で変換されると考える．

それでは，テンソル積について解説しておこう．有限次元の 2 つの Hilbert 空間 $\mathcal{H}_1, \mathcal{H}_2$ で考える．ただし，$\dim\mathcal{H}_1 = n, \dim\mathcal{H}_2 = m$ とする．(理解を簡易にするために $\mathcal{H}_1, \mathcal{H}_2$ を数ベクトル空間 $\mathbb{C}^n, \mathbb{C}^m$ と考えても良い．) これらの 1 つの基底をそれぞれ仮に $\{|e_1\rangle, \cdots, |e_n\rangle\}, \{|f_1\rangle, \cdots, |f_m\rangle\}$ とする．このとき，$\mathcal{H}_1$ と $\mathcal{H}_2$ のテンソル積 $\mathcal{H}_1 \otimes \mathcal{H}_2$ を，$\{|e_i\rangle \otimes |f_j\rangle\}$ $(i = 1, \cdots, n; j = 1, \cdots, m)$ を基底とする nm 次元**テンソル積 Hilbert 空間 (ベクトル空間)** と定義する．また，任意の $|x\rangle \in \mathcal{H}_1$ と $|y\rangle \in \mathcal{H}_2$ に対して $|x\rangle \otimes |y\rangle$ を

$$|x\rangle := \sum_{i=1}^{n} x_i|e_i\rangle, \quad |y\rangle := \sum_{j=1}^{m} y_j|f_j\rangle$$
$$\Longrightarrow |x\rangle \otimes |y\rangle = \sum_{i=1}^{n}\sum_{j=1}^{m} x_i y_j |e_i\rangle \otimes |f_j\rangle$$

で定める．次に，$|x_i\rangle \in \mathcal{H}_1$ と $|y_j\rangle \in \mathcal{H}_2$ $(i, j = 1, 2)$ に対してテンソル積 $\mathcal{H}_1 \otimes \mathcal{H}_2$ 上の内積を次で定義する：

$$\langle x_1 \otimes y_1 | x_2 \otimes y_2\rangle = \langle x_1|x_2\rangle\langle y_1|y_2\rangle.$$

当然，$\langle x_1|x_2\rangle, \langle y_1|y_2\rangle$ はそれぞれ，$\mathcal{H}_1, \mathcal{H}_2$ 上の内積である．あとは，Hilbert 空間の元やそれに作用している行列に関する演算についてまとめておこう．X,Y をそれぞれ Hilbert 空間 $\mathcal{H}_1$, $\mathcal{H}_2$ に作用している行列，$|x\rangle \in \mathcal{H}_1, |y\rangle \in$

$\mathcal{H}_2$ とするとき，テンソル積 Hilbert 空間 $\mathcal{H}_1 \otimes \mathcal{H}_2$ に作用する行列 $X \otimes Y$ を

$$(X \otimes Y)(|x\rangle \otimes |y\rangle) = (X|x\rangle) \otimes (Y|y\rangle)$$

で定め，さらに $\alpha, \beta \in \mathbb{C}$，$|w\rangle, |z\rangle \in \mathcal{H}_1 \otimes \mathcal{H}_2$ に対して

$$(X \otimes Y)(\alpha|w\rangle + \beta|z\rangle) = \alpha(X \otimes Y)|w\rangle + \beta(X \otimes Y)|z\rangle$$

で定める．このとき，以下の等式が成り立つ．ただし，X_i, Y_j はそれぞれ Hilbert 空間 $\mathcal{H}_1$, $\mathcal{H}_2$ に作用している行列である．$(i, j = 1, 2, 3.\ )$

(i) $(X_1 + X_2) \otimes Y_1 = X_1 \otimes Y_1 + X_2 \otimes Y_1$,
$X_1 \otimes (Y_1 + Y_2) = X_1 \otimes Y_1 + X_1 \otimes Y_2$.
(ii) $X_1 \otimes (X_2 \otimes X_3) = (X_1 \otimes X_2) \otimes X_3 = X_1 \otimes X_2 \otimes X_3$.
(iii) $X_1 \otimes Y_1 = 0 \Longleftrightarrow X_1 = 0$ または $Y_1 = 0$.
(iv) $(X_1 \otimes Y_1)(X_2 \otimes Y_2) = (X_1 X_2) \otimes (Y_1 Y_2)$.
(v) $(X_1 \otimes Y_1)^T = {X_1}^T \otimes {Y_1}^T$, $(X_1 \otimes Y_1)^* = X_1^* \otimes Y_1^*$.
(vi) X_1, Y_1：可逆 $\Longrightarrow (X_1 \otimes Y_1)^{-1} = X_1^{-1} \otimes Y_1^{-1}$.
(vii) X_1, Y_1：ユニタリ $\Longrightarrow X_1 \otimes Y_1$：ユニタリ.
(viii) X_1, Y_1：正規 $\Longrightarrow X_1 \otimes Y_1$：正規.

行列の成分を考慮した場合，次のような演算となる．つまり，$X := (x_{ij})$ を (m, n) 型行列，$Y := (y_{kl})$ を (s, t) 型行列とするとき，テンソル積 $X \otimes Y$ は (ms, nt) 型の行列となり

$$X \otimes Y = \begin{pmatrix} x_{11}Y & \cdots & x_{1n}Y \\ \vdots & \ddots & \vdots \\ x_{m1}Y & \cdots & x_{mn}Y \end{pmatrix}$$

である．したがって，一般に $X \otimes Y \neq Y \otimes X$ である．

物理系に関しては 2 つの系が相互作用していて，それらが時間発展しその後，注目している系のみの情報を得たいことが多くある．そのようなときに，**部分トレース**という操作が必要になる．ここでは，その数学的定義を示しておく．

A_{12} は $\mathcal{H}_1 \otimes \mathcal{H}_2$ に作用している行列とする．このとき，系 $\mathcal{H}_2$ でこの A_{12}

の部分トレースを取ったもの $A_1 := \mathrm{Tr}_{\mathcal{H}_2}[A_{12}]$ は，任意の $\varphi, \psi \in \mathcal{H}_1$ と $\mathcal{H}_2$ 上の任意の正規直交基底 $\{|e_i\rangle\}$ $(i = 1, \cdots, n)$ に対して，次で定義される：

$$\langle\varphi|A_1|\psi\rangle = \sum_{i=1}^{n} \langle\varphi \otimes e_i|A_{12}|\psi \otimes e_i\rangle.$$

ここで，$\varphi = \psi = 1$ とし，したがって $\dim \mathcal{H}_1 = 1$ とすれば，$\mathcal{H}_1 \otimes \mathcal{H}_2 = \mathcal{H}_2$ となり，上記の定義は通常のトレースの定義に帰着されることが分かるであろう．また，実際の計算でしばしば行う形として次のようなものがあるので知っておくと有用であろう．ただし，$|x_i\rangle \in \mathcal{H}_1$, $|y_j\rangle \in \mathcal{H}_2$ $(i, j = 1, 2)$ である．

$$\mathrm{Tr}_{\mathcal{H}_1}\left[|x_1\rangle\langle x_2| \otimes |y_1\rangle\langle y_2|\right] = \left(\mathrm{Tr}_{\mathcal{H}_1}\left[|x_1\rangle\langle x_2|\right]\right)|y_1\rangle\langle y_2|.$$

完全正写像について説明していく．そのために下記に示すような物理モデルを考える．現実的にこのようなモデルを考察することがしばしばあり，開放系モデルなどと呼ばれている．ここでは 2 つの系 $\mathcal{H}_s$ と $\mathcal{H}_e$ が相互作用していると仮定する．$\mathcal{H}_s$ は注目している対象の系であり，$\mathcal{H}_e$ はそれに相互作用している環境系である．これらが相互作用したまま量子系ではユニタリ発展し，それぞれ，$\mathcal{H}_{s'}$, $\mathcal{H}_{e'}$ となる．このユニタリ発展 (時間発展) の部分をブラックボックスとして考えて，そこに何らかの写像を与えると，2 入力，2 出力のシステムであることがわかる．特に通信路においては，入力系 $\mathcal{H}_s$, 雑音系 $\mathcal{H}_e$, 出力系 $\mathcal{H}_{s'}$, 損失系 $\mathcal{H}_{e'}$ などと考えればよい．

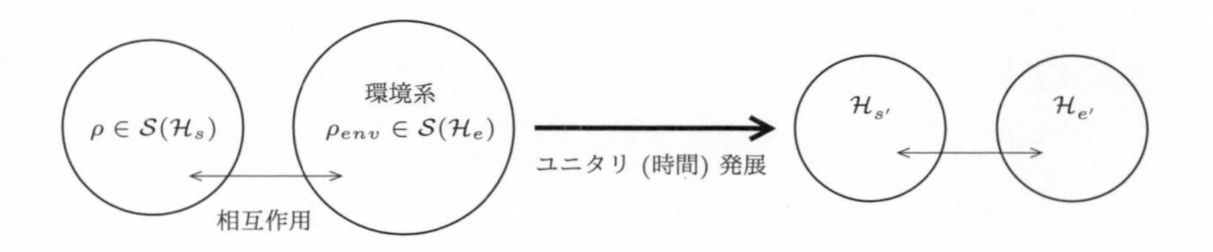

数学的には，この後に示すように完全正写像 $\mathcal{E}$ と環境系による部分トレース $\mathrm{Tr}_{\mathrm{env}}$ を用いて，

$$\mathcal{E}(\rho) = \mathrm{Tr}_{\mathrm{env}}\left[U(\rho \otimes \rho_{\mathrm{env}})U^*\right]$$

と記述される．ただし，$\mathcal{E}:\mathcal{S}(\mathcal{H}_s)\ni\rho\longmapsto\rho':=\mathcal{E}(\rho)\in\mathcal{S}(\mathcal{H}_{s'})$ である．なお，この $\mathcal{E}$ はトレースを保存することが知られている．

今考えている 2 つの系は 3 つ組 $(\mathcal{H}_s,\mathcal{S}(\mathcal{H}_s),\alpha)$, $(\mathcal{H}_{s'},\mathcal{S}(\mathcal{H}_{s'}),\alpha')$ で与えられる．系と呼んでいるのは数学的には Hilbert 空間のことであり，各状態はそれぞれの Hilbert 空間 $\mathcal{H}_s$, $\mathcal{H}_{s'}$ の状態ベクトル $|\phi\rangle$ を用いて，状態空間 $\mathcal{S}(\mathcal{H}_s)$, $\mathcal{S}(\mathcal{H}_{s'})$ におけるそれぞれの密度行列 $\rho=|\phi\rangle\langle\phi|$ を考えることになる．α, α' はパラメータである．さて，なんらかの物理変換 $\varPhi: M_n(\mathcal{H}_s)\longrightarrow M_n(\mathcal{H}_{s'})$ を考えるとき，$\varPhi$ は $M_n(\mathcal{H}_s)$ の正の元を $M_n(\mathcal{H}_{s'})$ の正の元に移す写像 (正写像) であることが要求されることがしばしばある．さらに，正写像だけでは実際には不十分な場合が多く，そのようなときに，完全正写像という概念が登場する．たとえば，自由度 n の粒子系 $\mathbb{C}^n$ を考えたときに，対象系 $\mathcal{H}_s$ との合成空間 $\mathcal{H}_s\otimes\mathbb{C}^n$ に作用する任意の元 (カップリング) は $\mathcal{H}_s$ に作用する元を成分とする (n,n) 型行列 (h_{ij}) で表されるが，$\varPhi$ が $\mathcal{H}_s$ 上で正写像であっても $(h_{ij})\longmapsto(\varPhi(h_{ij}))$ が正写像とは限らない．この困難を取り除くために，次で定義される完全正写像が必要となる．

定義 16　線形写像 $\varPhi: M_n(\mathcal{H}_s)\longrightarrow M_n(\mathcal{H}_{s'})$ が n–正であるとは，任意の $H=(h_{ij})\in M_n^+(\mathcal{H}_s)$ に対して，$\varPhi_n(H):=(\varPhi(h_{ij}))\in M_n^+(\mathcal{H}_{s'})$ のときをいう．$\varPhi$ がすべての $n\in\mathbb{N}$ に対して n–正であるとき，$\varPhi$ を**完全正写像**という．

では，先に定義した部分トレースを用いて，上記の開放系モデルの写像 $\mathcal{E}$ がどのような形になるのか見てみよう．任意の $|x\rangle,|y\rangle\in\mathcal{H}_s$ と任意の $\mathcal{H}_e$ 上の正規直交基底 $\{|e_k\rangle\}$ に対して，$\rho_{\mathrm{env}}=|e_0\rangle\langle e_0|$ (純粋状態) とおくと，部分トレースの定義により

$$
\begin{aligned}
\langle x|\mathcal{E}(\rho)|y\rangle &= \sum_k \langle x|\otimes\langle e_k|U(\rho\otimes|e_0\rangle\langle e_0|)U^*|y\rangle\otimes|e_k\rangle \\
&= \sum_{i,j,k,l,m}\langle x\otimes e_k|U|x_i\otimes e_l\rangle \\
&\quad\times\langle x_i\otimes e_l|\left(\rho\otimes|e_0\rangle\langle e_0|\right)|y_j\otimes e_m\rangle \\
&\quad\times\langle y_j\otimes e_m|U^*|y\otimes e_k\rangle
\end{aligned}
$$

$$
\begin{aligned}
&= \sum_{i,j,k} \langle x \otimes e_k | U | x_i \otimes e_0 \rangle \langle x_i | \rho | y_j \rangle \langle y_j \otimes e_0 | U^* | y \otimes e_k \rangle \\
&= \sum_{i,j,k,s,t} \langle x | x_s \rangle \langle x_s \otimes e_k | U | x_i \otimes e_0 \rangle \langle x_i | \rho | y_j \rangle \\
&\quad \times \langle y_j \otimes e_0 | U^* | y_t \otimes e_k \rangle \langle y_t | y \rangle \\
&= \langle x | \sum_k E_k \rho E_k^* | y \rangle
\end{aligned}
$$

となる．ただし，上記の変形において，$I = \sum_s |x_s\rangle\langle x_s|$ などを用いた．また，簡単のために $|a \otimes b\rangle := |a\rangle \otimes |b\rangle$ などと略記した．以上より，$|x\rangle, |y\rangle$ は任意なので

$$
\mathcal{E}(\rho) = \sum_k E_k \rho E_k^*, \qquad E_k := \sum_{i,s} |x_s\rangle\langle x_s \otimes e_k | U | x_i \otimes e_0 \rangle \langle x_i|
$$

と書ける．これはしばしば**作用素和表現**と呼ばれる．$\mathcal{E}$ はトレースを保存する完全正写像であり，量子通信路を表している．

問題の解答

問題 1　$g(p_1, p_2, p_3) = p_1 + p_2 + p_3 - 1$ として，

$$F(p_1, p_2, p_3, \lambda) = f(p_1, p_2, p_3) - \lambda g(p_1, p_2, p_3)$$

とおく．この F を極大にする p_1, p_2, p_3, λ は，

$$\frac{\partial F}{\partial p_1} = \frac{\partial F}{\partial p_2} = \frac{\partial F}{\partial p_3} = \frac{\partial F}{\partial \lambda} = 0$$

を満たす．(F：極大から f：極大は明らかであろう．）　また，拘束条件により $\dfrac{\partial F}{\partial \lambda} = p_1 + p_2 + p_3 - 1 = 0$ は常に成立する．　よって，$\dfrac{\partial F}{\partial p_1} = -\ln p_1 - 1 - \lambda = 0$ より $p_1 = 2^{-1-\lambda}$．同様にして $p_1 = p_2 = p_3 = 2^{-1-\lambda}$．よって，$p_1 + p_2 + p_3 = 1$ より $p_1 = p_2 = p_3 = \dfrac{1}{3}$．つまり等確率のとき $f(p_1, p_2, p_3)$ は最大となる．(2 階微分により $f(p_1, p_2, p_3)$ は各 p_i に対して上に凸であることも分かる．）

問題 2　系 B は $\dfrac{\Delta Q}{n}$ の熱量を得て温度は $\dfrac{T_M - T_L}{n}$ 上昇するので第一ステップのエントロピーの変化は

$$\Delta S_{B_1} = \frac{\Delta Q/n}{T_L}$$

となり，そのときの温度は $\dfrac{T_M - T_L}{n} + T_L$ へと上昇しているので第 2 ステップのエントロピーの変化は

$$\Delta S_{B_2} = \frac{\Delta Q/n}{(T_M - T_L)/n + T_L}$$

となる．こうして，

$$\begin{aligned}
\Delta S_B &= \Delta S_{B_1} + \cdots + \Delta S_{B_n} + \cdots = \lim_{n\to\infty} \sum_{k=0}^{n-1} \frac{1}{n} \frac{\Delta Q}{(T_M - T_L)\dfrac{k}{n} + T_L} \\
&= \int_0^1 \frac{\Delta Q}{(T_M - T_L)x + T_L}\, dx = \frac{\Delta Q}{T_M - T_L} \left[\ln \left| x + \frac{T_L}{T_M - T_L} \right| \right]_0^1 \\
&= \frac{\Delta Q}{T_M - T_L} \ln \frac{T_M}{T_L} > 0.
\end{aligned}$$

問題 3　(1) まず，$x>0$ のとき $\ln x \leq x-1$ が成り立つ．この不等式は情報理論でもしばしば用いる．この不等式において，$x := \dfrac{1}{t}$ とおくと，$t>0$ のとき $\ln t \geq 1-\dfrac{1}{t}$ であることに注意すると，

$$f'(t)=\frac{\ln t-(1-1/t)}{(\ln t)^2}>0$$

が示される．

(2) $t>0$ のとき

$$\frac{t+1}{2} \geq \frac{t-1}{\ln t} \geq t^{1/2} \geq \frac{2t}{t+1} \tag{†}$$

を示すのであるが，$t \geq 1$ のとき，(†) が成立していれば，t を $\dfrac{1}{t}$ で置き換えることにより $0<t \leq 1$ でも (†) が成立することが分かる．(確認せよ．)　したがって，$t \geq 1$ のとき，(†) が成立することを示せばよい．まず，$f_1(t) := (t+1)\ln t-2(t-1)$ $(t \geq 1)$ とおくと，$f_1'(t)=\ln t-\left(1-\dfrac{1}{t}\right) \geq 0$ なので，$f_1(t) \geq f_1(1)=0$. 次に，$f_2(t) := (t-1)-t^{1/2}\ln t$ $(t \geq 1)$ とおくと，$f_2'(t)=t^{-1/2}\left(t^{1/2}-1-\ln t^{1/2}\right) \geq 0$ より $f_2(t) \geq f_2(1)=0$. (もちろん，$f_2(t) := t^2-1-2t\ln t$ とおいてもよい．)　最後に，$f_3(t) := t+1-2t^{1/2}$ $(t \geq 1)$ とおくと，$f_3'(t)=1-t^{-1/2} \geq 0$ より，$f_3(t) \geq f_3(1)=0$. (微分しなくても，相加相乗平均により $f_3(t) \geq 0$ はすぐに分かる．)

問題 4　$f(t) := (1-v)+vt-t^v$ $(t>0,\ v \in [0,1])$ とおく．$f'(t)=v(1-t^{v-1})$ であるから，$0<t<1$ のとき，$f'(t)<0,\ f'(1)=0,\ t>1$ のとき $f'(t)>0$ であることが分かる．よって，f は $t=1$ で最小値を取るから $f(t) \geq f(1)=0$. 以上より $(1-v)+vt \geq t^v$ が $t>0,\ v \in [0,1]$ で成り立っていることが示された．ここで，この不等式に $t := \dfrac{b}{a}$ を代入し，両辺に $a>0$ を掛ければ最初の不等式が示される．2 つ目の不等式は，最初の不等式で，a, b をそれぞれ $\dfrac{1}{a}, \dfrac{1}{b}$ とおいてから，両辺の逆数を取れば示される．

問題 5　部分積分法による．

$$\begin{aligned}
S_n &= \int_0^{\pi/2} \sin x \cdot \sin^{n-1} x\,dx \\
&= \Big[-\cos x \sin^{n-1} x\Big]_0^{\pi/2} - \int_0^{\pi/2} (-\cos x)(n-1)\cos x \sin^{n-2} x\,dx
\end{aligned}$$

$$= (n-1)\int_0^{\pi/2} \cos^2 x \sin^{n-2} x\, dx$$

$$= (n-1)\int_0^{\pi/2} (1-\sin^2 x)\sin^{n-2} x\, dx = (n-1)(S_{n-2}-S_n)$$

より $S_n = \dfrac{n-1}{n} S_{n-2}$ が示される.

問題 6 (2.13) および (2.14) から，次が成り立つ.

$$\frac{\pi}{2}\frac{S_{2n+1}}{S_{2n}} = \frac{\dfrac{2n}{2n+1}\cdot\dfrac{2n-2}{2n-1}\cdots\dfrac{2}{3}\cdot 1}{\dfrac{2n-1}{2n}\cdot\dfrac{2n-3}{2n-2}\cdots\dfrac{1}{2}\cdot\dfrac{\pi}{2}}$$
$$= \frac{2n\cdot 2n\cdot(2n-2)(2n-2)\cdots 2\cdot 2}{(2n+1)(2n-1)\cdot(2n-1)(2n-2)\cdots 3\cdot 1}.$$

問題 7 $x > 0$ のとき，エントロピー関数 $h(x) := -x\ln x$ が上に凸であることによる．これは，$h''(x) = -x^{-1} < 0$ よりすぐにわかる．次に $\boldsymbol{w} := \{w_1, \cdots, w_m\}$, $\boldsymbol{w}' := \{w_1', \cdots, w_m'\}$, $0 \le v \le 1$ に対して，$h((1-v)w_j + vw_j') \ge (1-v)h(w_j) + vh(w_j')$ より

$$H((1-v)\boldsymbol{w} + v\boldsymbol{w}') = \sum_{j=1}^m h((1-v)w_j + vw_j')$$
$$\ge \sum_{j=1}^m (1-v)h(w_j) + vh(w_j')$$
$$= (1-v)H(\boldsymbol{w}) + cH(\boldsymbol{w}')$$

であり, 残りの 2 項は線形であるから $f\left((1-v)\boldsymbol{w} + v\boldsymbol{w}'; c, d\right) \ge (1-v)f\left(\boldsymbol{w}; c, d\right) + vf\left(\boldsymbol{w}'; c, d\right)$ が分かる.

問題 8 以下の計算により示される.

$$H(p_1+p_2, p_3) + (p_1+p_2)H\left(\frac{p_1}{p_1+p_2}, \frac{p_2}{p_1+p_2}\right)$$
$$= -(p_1+p_2)\log(p_1+p_2) - p_3\log p_3$$
$$- p_1\log\frac{p_1}{p_1+p_2} - p_2\log\frac{p_2}{p_1+p_2}$$
$$= -(p_1+p_2)\log(p_1+p_2) - p_3\log p_3 - p_1\log p_1 + p_1\log(p_1+p_2)$$
$$- p_2\log p_2 + p_1\log(p_1+p_2)$$

$$= -p_1 \log p_1 - p_2 \log p_2 - p_3 \log p_3 = H(p_1, p_2, p_3).$$

問題 9　$x > 0$ に対して $f(x) := x - 1 - \ln x$ とおくと，$f'(x) = 1 - \dfrac{1}{x}$ より $f'(x) = 0 \Longleftrightarrow x = 1$ であり，$0 < x < 1$ のとき $f'(x) < 0$, $x > 1$ のとき $f'(x) > 0$ だから $f(x)$ は $x = 1$ のとき最小値を取る．したがって $f(x) \geq f(1) = 0$．また等号成立は $x = 1$ のときかつそのときに限ることが分かる．

問題 10 (i) $H(p, 1-p) = -p \ln p - (1-p)\ln(1-p)$ であったので，$\ln 1 = 0$ および規約 $0 \ln 0 \equiv 0$ より $H(0, 1) = 0$ が分かる．

(ii) (3.10) の両辺を 0 から $1-p$ まで q で積分すると，

$$\begin{aligned}(1-p)f(p) &+ (1-p)\int_0^{1-p} f\left(\frac{q}{1-p}\right) dq \\ &= \int_0^{1-p} f(q)\, dq + \int_0^{1-p} (1-q) f\left(\frac{p}{1-q}\right)\end{aligned}$$

である．ここで，$t := \dfrac{q}{1-p}$ とおくと，

$$\int_0^{1-p} f\left(\frac{q}{1-p}\right) dq = (1-p)\int_0^1 f(t)\, dt$$

であり，$t := \dfrac{p}{1-q}$ とおくと，

$$\int_0^{1-p} (1-q) f\left(\frac{p}{1-q}\right) = p^2 \int_p^1 t^{-3} f(t)\, dt$$

なので，(3.11) が得られる．

(iii) $f(t)$ の原始関数を $F(t)$ とすると，合成関数の微分により，一般に

$$\begin{aligned}\frac{d}{dx}\int_{g(x)}^{h(x)} f(t)\, dt &= \frac{d}{dx}\Big[F(t)\Big]_{g(x)}^{h(x)} = \frac{d}{dx}\left(F(h(x)) - F(g(x))\right) \\ &= h'(x) f(h(x)) - g'(x) f(g(x))\end{aligned}$$

でるから，(3.11) の両辺を p で微分すると

$$\begin{aligned}(1-p)f'(p) &- f(p) - 2(1-p)\int_0^1 f(t)\, dt \\ &= -f(1-p) + 2p\int_p^1 t^{-3} f(t)\, dt - \frac{f(p)}{p}\end{aligned}$$

が得られる.

(iv) (iii) の注意に基づいて, (3.12) の両辺を p で微分すると

$$\begin{aligned}&-f'(p)+(1-p)f''(p)\\&\quad=-2\int_0^1 f(t)\,dt+2\int_p^1 t^{-3}f(t)\,dt-\frac{2f(p)}{p^2}-\frac{pf'(p)-f(p)}{p^2}.\end{aligned}$$

よって, 両辺に p を掛けて

$$\begin{aligned}&-pf'(p)+p(1-p)f''(p)\\&\quad=-2p\int_0^1 f(t)\,dt+2p\int_p^1 t^{-3}f(t)\,dt-f'(p)-\frac{f(p)}{p}.\end{aligned}$$

つまり

$$\begin{aligned}&p(1-p)f''(p)\\&\quad=-2p\int_0^1 f(t)\,dt+2p\int_p^1 t^{-3}f(t)\,dt-(1-p)f'(p)-\frac{f(p)}{p}.\end{aligned}$$

ここで, (3.12) より

$$\begin{aligned}&-2p\int_0^1 f(t)dt+2p\int_p^1 t^{-3}f(t)\,dt-(1-p)f'(p)-\frac{f(p)}{p}\\&\quad=-2\int_0^1 f(t)\,dt.\end{aligned}$$

だから, (3.13) が得られる.

(v) (3.13) の両辺を p で不定積分すると

$$\begin{aligned}f'(p)&=-\lambda\int\frac{1}{p(1-p)}\,dp=-\lambda\int_0^1\left(\frac{1}{p}+\frac{1}{1-p}\right)dp\\&=-\lambda\left\{\ln p-\ln(1-p)+C\right\}.\end{aligned}$$

この両辺をさらに p で不定積分すると

$$\begin{aligned}f(p)&=-\lambda\left\{\int(\ln p-\ln(1-p))\,dp+Cp+D\right\}\\&=-\lambda\left\{p\ln p+(1-p)\ln(1-p)+Cp+D\right\}\end{aligned}$$

が導かれ, 積分定数を $c_1:=-\lambda C$, $c_2:=-\lambda D$ と置き換えれば (3.14) が得られる.

(vi) 対称性 $f(p)=f(1-p)$ より $c_1p+c_2=c_1(1-p)+c_2$ となり，これより任意の $p\geq 0$ に対して $c_1(2p-1)=0$ が成り立たなければならないので，$c_1=0$ がでる．また，(i) で示したように $f(0)=0$ だから，規約 $0\ln 0\equiv 0$ より $0=f(0)=c_2$ がでる．

(vii) 以下のように計算される．

$$\begin{aligned}
&-\lambda\sum_{j=1}^{n-1}q_k\log q_k-\lambda(q_n+q_{n+1})\log(q_n+q_{n+1})\\
&\quad-\lambda\left(q_n\log\frac{q_n}{q_n+q_{n+1}}+q_{n+1}\log\frac{q_{n+1}}{q_n+q_{n+1}}\right)\\
&=-\lambda\sum_{j=1}^{n-1}q_k\log q_k-\lambda q_n\log q_n-\lambda q_{n+1}\log q_{n+1}\\
&=-\lambda\sum_{j=1}^{n+1}q_j\log q_j.
\end{aligned}$$

(viii) 証明中で，次の結果

$$H(p_1,p_2)=-\lambda\left(p_1\log p_1+p_2\log p_2\right)$$

が得られたときに正規性 $H\left(\frac{1}{2},\frac{1}{2}\right)=1$ を用いると $\lambda=1$ が導出できる．

問題 11　$0.8\times 2=1.6$, $0.6\times 2=1.2$, $0.2\times 2=0.4$, $0.4\times 2=0.8$, $\cdots$ なので，$(0.8)_{10}=\left(0.\dot{1}10\dot{0}\right)_2$ である．また，$0.9\times 2=1.8$, $0.8\times 2=1.6$, $0.6\times 2=1.2$, $0.2\times 2=0.4$, $0.4\times 2=0.8$, $\cdots$ なので，$(0.9)_{10}=\left(0.1\dot{1}10\dot{0}\right)_2$ である．次に

$$-\log_2 0.07=\log_2\frac{100}{7}=\frac{\log_{10}\frac{100}{7}}{\log_{10}2}=\frac{2-\log_{10}7}{\log_{10}2}$$

なので，$\log_{10}7$ を見積もる．$\log_{10}6<\log_{10}7<\log_{10}8$ であり，

$$\begin{aligned}
&\log_{10}8\simeq 3\log_{10}2\simeq 3\times 0.3010\simeq 0.903,\\
&\log_{10}6=\log_{10}2+\log_{10}3\simeq 0.3010+0.4771\simeq 0.7781
\end{aligned}$$

なので，

$$3.644518\simeq\frac{2-0.903}{0.301}<-\log_2 0.07<\frac{2-0.7781}{0.301}\simeq 4.059468$$

となって，これを満たす整数は 4 (桁) と求まる．

問題 12

表 1 情報源 A に対する Shannon 符号

記号	p_j	Q_k	2 進数展開	l_j	符号語
a_1	$\frac{1}{4}$	0	$(0.\dot{0})_2$	2	00
a_2	$\frac{1}{4}$	$\frac{1}{4}$	$(0.01\dot{0})_2$	2	01
a_3	$\frac{1}{8}$	$\frac{1}{2}$	$(0.1\dot{0})_2$	3	100
a_4	$\frac{1}{8}$	$\frac{5}{8}$	$(0.101\dot{0})_2$	3	101
a_5	$\frac{1}{8}$	$\frac{3}{4}$	$(0.11\dot{0})_2$	3	110
a_6	$\frac{1}{16}$	$\frac{7}{8}$	$(0.111\dot{0})_2$	4	1110
a_7	$\frac{1}{16}$	$\frac{15}{16}$	$(0.1111\dot{0})_2$	4	1111
		1	$(0.\dot{1})_2$		

平均符号長 $= 2.625$

表 2 情報源 A に対する Fano 符号

1 次	2 次	3 次	4 次	符号語	符号長
$\frac{1}{2}$	$\frac{1}{4}$			00	2
	$\frac{1}{4}$			01	2
$\frac{1}{2}$	$\frac{1}{4}$	$\frac{1}{8}$		100	3
		$\frac{1}{8}$		101	3
	$\frac{1}{4}$	$\frac{1}{8}$		110	3
		$\frac{1}{8}$	$\frac{1}{16}$	1110	4
			$\frac{1}{16}$	1111	4

平均符号長 $= 2.625$

表 3　情報源 A' に対する Shannon 符号

記号	p_j	Q_k	2 進数展開	l_j	符号語
a_1	0.5	0	$(0.\dot{0})_2$	1	0
a_2	0.25	0.5	$(0.1\dot{0})_2$	2	10
a_3	0.15	0.75	$(0.11\dot{0})_2$	4	1100
a_4	0.1	0.9	$(0.1\dot{1}10\dot{0})_2$	4	1110
		1	$(0.\dot{1})_2$		

平均符号長 $= 1.85$

表 4　情報源 A' に対する Fano 符号

1 次	2 次	3 次	符号語	符号長
0.5			0	1
0.5	0.25		10	2
	0.25	0.15	110	3
		0.1	111	3

平均符号長 $= 1.75$

情報源 A の生起確率は全て 2^{-l} の形で表されており理想的に符号化され Shannon 符号も Fano 符号も同一となった．一方，A' はより現実的な場合で生起確率が 2^{-l} の形で表せないものが含まれており，Shannon 符号と Fano 符号は異なるものとなった．

以下は，Shannon 符号のアルゴリズムをもとに C 言語による問題を解答させるプログラムである．20 年近く前に書いたものである．紹介した 4 つの符号化の中でアルゴリズム自体は細かい計算があって複雑であるが，プログラムを作成するにはあまり苦労はしない．古いフォルダーをいろいろ探していたら，Fano 符号のプログラムも出てきたが，Shannon 符号のプログラムより長いので記載するのは自重した．もっとも当時もプログラミングの能力はかなり低かったので良いプログラムとは言えないと思われる．

```
#include<stdio.h>
#include<math.h>
#define N 7
void shannon(double q,double qs);
void main(void){
```

```
        double q[N]={0.25,0.25,0.125,0.125,0.125,0.0625,0.0625};
        double qs=0,n;
        int i,j;
        for(i=0;i<N;i++){
                printf("a%d:%lf =",i+1,q[i]);
                shannon(q[i],qs);
                qs+=q[i];
        }
}
void shannon(double q,double qs){
        double n;
        int i;
        n=-1*log(q)/log(2.0);
        i=n;
        if((n-i) != 0) i+=1;
        for(;i>0;i--){
                qs*=2;
                if(qs >= 1){
                        printf("1");
                        qs--;
                }
                else printf("0");
        }
      printf("\n");
}
```

問題 13　$\boldsymbol{a} := (a_1, \cdots, a_k) \in A^k$ とすると，無記憶の場合,

$$\Pr(\boldsymbol{a}) = \Pr(a_1, \cdots, a_k) = \Pr(a_1) \cdot \cdots \cdot \Pr(a_k)$$

なので，k 次拡大情報源 A^k に対するエントロピーは

$$\begin{aligned}
H\left(A^k\right) &:= -\sum_{\boldsymbol{a}\in A^k} \Pr(\boldsymbol{a}) \log \Pr(\boldsymbol{a}) = -\sum_{\boldsymbol{a}\in A^k} \Pr(\boldsymbol{a}) \log \Pr(a_1) \cdots \Pr(a_k) \\
&= -\sum_{(a_1,\cdots,a_k)\in A^k} \Pr(a_1, \cdots, a_k) \log \Pr(a_1) \\
&\quad - \cdots - \sum_{(a_1,\cdots,a_k)\in A^k} \Pr(a_1, \cdots, a_k) \log \Pr(a_k)
\end{aligned}$$

$$= -\sum_{a_1 \in A} \Pr(a_1) \log \Pr(a_1) - \cdots - \sum_{a_k \in A} \Pr(a_k) \log \Pr(a_k)$$

$$= H(A) + \cdots + H(A) = kH(A)$$

と計算される.

問題 14　A の符号語の割り当ては

$$a_1 \to 01, \quad a_2 \to 11, \quad a_3 \to 000, \quad a_4 \to 001, \quad a_5 \to 100, \quad a_6 \to 101$$

である．また，A' の符号語の割り当ては

$$a_1 \to 01, \quad a_2 \to 10, \quad a_3 \to 000, \quad a_4 \to 001, \quad a_5 \to 110, \quad a_6 \to 111$$

である．Huffman 符号は有名な符号化法のため，ネット上で多くのプログラムソースを見つけることができると思われるので参考にされると良いであろう．また，Fano 符号のプログラムを作成することも薦める．こちらのほうが，Huffman 符号より作成しやすいかもしれない．書籍では，[102], [20] などが参考になると思われる.

問題 15　それぞれ,

$$(\tau, l, \alpha):\ (0,0,2)_{10},\ (0,0,1)_{10},\ (0,1,1)_{10},\ (4,2,0)_{10},\ (0,0,2)_{10},$$
$$(0,1,0)_{10},\ (3,1,2)_{10},\ (2,3,2)_{10},$$
$$(\tau, l, \alpha):\ (0,0,1)_{10},\ (5,1,0)_{10},\ (4,2,0)_{10},\ (0,1,2)_{10},\ (5,1,0)_{10},$$
$$(0,2,0)_{10},\ (1,2,2)_{10}$$

を 2 進数にして並べたもの

$$\boldsymbol{s}_{77} = 0000010, 0000001, 0000101, 1001000, 0000010, 0000100, 0110110,$$
$$0101110,$$
$$\boldsymbol{t}_{77} = 0000001, 1010100, 1001000, 0000110, 1010100, 0001000, 0011010$$

が求める符号語である.

問題 16　それぞれの符号語は下記のようになる.

$$\boldsymbol{s}'_{78} = 10, 001, 0000, 1000, 10010, 01100, 00110, 11010, 000100,$$
$$\boldsymbol{t}'_{78} = 01, 100, 1000, 0110, 00010, 00000, 11000, 11010, 100000.$$

参考のために作成された辞書を表 5 に示しておく.

表 5 記号列 $\boldsymbol{s}'$, $\boldsymbol{t}'$ に対する LZ78 符号の辞書

$\boldsymbol{s}'$

辞書番号	登録単語
0	(空列)
1	2
2	1
3	0
4	10
5	102
6	00
7	22
8	002
9	20

$\boldsymbol{t}'$

辞書番号	登録単語
0	(空列)
1	1
2	10
3	100
4	12
5	2
6	0
7	00
8	02
9	020

問題 17 この手の証明は複雑な方 (今の場合は右辺) から計算してくのが常套手段である. $p(b_j|a_i) = \dfrac{p(a_i, b_j)}{p(a_i)}$ であるから,

$$
\begin{aligned}
H(A) + H(B|A) &= -\sum_{i=1}^{n} p(a_i) \log p(a_i) - \sum_{i=1}^{n}\sum_{j=1}^{m} p(a_i, b_j) \log p(p_j|a_i) \\
&= -\sum_{i=1}^{n}\sum_{j=1}^{m} p(a_i, b_j) \log p(a_i) - \sum_{i=1}^{n}\sum_{j=1}^{m} p(a_i, b_j) \log p(p_j|a_i) \\
&= -\sum_{i=1}^{n}\sum_{j=1}^{m} p(a_i, b_j) \left(\log p(a_i) + \log p(p_j|a_i)\right) \\
&= -\sum_{i=1}^{n}\sum_{j=1}^{m} p(a_i, b_j) \log p(a_i, b_j) = H(A, B).
\end{aligned}
$$

なお, 2 つ目の等号は $p(x, y) = p(y, x)$ から $H(A, B) = H(B, A)$ であり, 最初の等号が示せれば, $H(A, B) = H(B, A) = H(B) + H(A|B)$ となることから示せる.

問題 18 まず, 注意として, Shannon の補助定理は 1 つの添え字に関して和を取っているが, 不等式 (5.3) を示す際には, $H(A, B)$ の定義から明らかなように 2 つの添え字に関する和となる. しかし, 有限和であるので, 2 つの添え字に関する和の足し合わせを, 添え字による名前付けを 1 つの添え字で通して付け替えることが可能である

ので，補題 3.5 を用いて証明可能である．すなわち，

$$
\begin{aligned}
H(A,B) &= -\sum_{i=1}^{n}\sum_{j=1}^{m} p(a_i,b_j)\log p(a_i,b_j) \\
&\le -\sum_{i=1}^{n}\sum_{j=1}^{m} p(a_i,b_j)\log p(a_i)p(b_j) \\
&= -\sum_{i=1}^{n}\sum_{j=1}^{m} p(a_i,b_j)\log p(a_i) - \sum_{i=1}^{n}\sum_{j=1}^{m} p(a_i,b_j)\log p(b_j) \\
&= -\sum_{i=1}^{n} p(a_i)\log p(a_i) - \sum_{j=1}^{m} p(b_j)\log p(b_j) = H(A)+H(B).
\end{aligned}
$$

問題 19　まず，最初の不等式は条件付きエントロピーの定義から自明である．念のため，$p(a_i,p_j)\ge 0$ かつ $-\log p(a_i|b_j)\ge 0$ がすべての $i=1,\cdots,n; j=1,\cdots,m$ に対して成り立っているからである．次に，2 つ目の不等式は，

$$
\begin{aligned}
H(A|B) &= H(A,B)-H(B) \quad ((5.2)\text{ より}) \\
&\le H(A) \quad ((5.3)\text{ より})
\end{aligned}
$$

によって示される．さらに，最後の不等式は連鎖則 (5.2) と条件付エントロピーの非負性から自明である．最後に，不等式 (5.4) において，A と B の役割を入れ替えた結果も当然成り立つ．これらの大小関係と (5.5) における $I(A;B)$ との関係をベン図を用いて理解しておくと良いであろう．

問題 20　二重確率遷移行列 $W=(w_{ij})$ を $n\times m$ 行列とし，$m\ne n$ とする．行列 W の全成分の和を 2 通りの計算の仕方で求める．

(1) 各行の成分の合計を求めてから，それらを足し合わせる．つまり，第 i 行 $(i=1,\cdots,n)$ の和は，二重確率遷移行列の定義から $\sum_{j=1}^{m} w_{ij}=1$ であるから，行列 W の全成分の和は $\sum_{j=1}^{m}\sum_{i=1}^{n} w_{ij}=\sum_{i=1}^{n}1=n$ である．

(2) 各列の成分の合計を求めてから，それらを足し合わせる．つまり，第 j 列 $(j=1,\cdots,m)$ の和は，二重確率遷移行列の定義から $\sum_{i=1}^{n} w_{ij}=1$ であるから，行列 W の全成分の和は $\sum_{j=1}^{m}\sum_{i=1}^{n} w_{ij}=\sum_{j=1}^{m}1=m$ である．

上記の 2 通りで計算した W の全成分の和は等しくなければならない，つまり $m=n$ でなければならない．つまり，最初の仮定 $m\ne n$ に矛盾するので，背理法により $m=n$ であることがわかる．

問題 21　$l(p) := 1 - |1-2p|$ とおくと，$l(1-p) = l(p)$ かつ $H_b(1-p) = H_b(p)$ であるので，$H_b(p)$ も $l(p)$ も $p = \dfrac{1}{2}$ で対称であるから，

$$H_b(p) \geq 2p \qquad \left(0 \leq p \leq \frac{1}{2}\right)$$

を示せばよい．そこで，

$$f(p) := -\frac{1}{\ln 2}\left(p \ln p + (1-p)\ln(1-p)\right) - 2p \qquad \left(0 \leq p \leq \frac{1}{2}\right)$$

とおく．

$$f'(p) = \frac{1}{\ln 2}\left(-\ln p + \ln(1-p)\right) - 2.$$

$f''(p) = -\dfrac{1}{\ln 2}\left(\dfrac{1}{p} + \dfrac{1}{1-p}\right) \leq 0$ より上に凸．また，規約 $0 \log 0 \equiv 0$ から $f(0) = f\left(\dfrac{1}{2}\right) = 0$ なので，$0 \leq p \leq \dfrac{1}{2}$ において，$f(p) \geq 0$．よって，$0 \leq p \leq \dfrac{1}{2}$ において，$H_b(p) \geq 2p$．したがって，目的の不等式が成り立つことが示された．

問題 22　まず $\dfrac{dH_b(x)}{dx} = \log \dfrac{(1-x)}{x}$ なので，接線 ℓ の方程式は，

$$y = \left(\log \frac{1-q}{q}\right)(x-q) + H_b(q)$$

と求まる．接線 ℓ において $x = p$ としたときの y 座標が $H_b^{(\mathrm{cross})}(p,q)$ であるので，

$$\begin{aligned}
&H_b^{(\mathrm{cross})}(p,q) - H_b(p) \\
&\quad = \left(\log \frac{1-q}{q}\right)(p-q) + H_b(q) + p \log p \\
&\qquad + (1-p)\log(1-p) \\
&\quad = (p-q)(\log(1-q) - \log q) - q \log q \\
&\qquad - (1-q)\log(1-q) + p \log p + (1-p)\log(1-p) \\
&\quad = p \log(1-q) - p \log q - q \log(1-q) \\
&\qquad - (1-q)\log(1-q) + p \log p + (1-p)\log(1-p) \\
&\quad = -(1-p)\log(1-q) - p \log q + p \log p + (1-p)\log(1-p) \\
&\quad = p \log \frac{p}{q} + (1-p)\log \frac{1-p}{1-q} = D_b(p|q).
\end{aligned}$$

問題 23　y で微分しやすいように対数を差の形に分けて対数の底を e に変換しておく：

$$g(x,y) = \frac{1}{\ln 2}\left(x\ln x - x\ln y + (1-x)\ln(1-x) - (1-x)\ln(1-y)\right) \\ - \frac{4}{2\ln 2}(x-y)^2.$$

これを y で微分すると

$$\frac{dg(x,y)}{dy} = \frac{1}{\ln 2}\left(-\frac{x}{y} + \frac{1-x}{1-y}\right) + \frac{4}{\ln 2}(x-y) = \frac{(y-x)}{\ln 2}\left(\frac{1}{y(1-y)} - 4\right)$$

となる．また，任意の $y \in \mathbb{R}$ に対して $\left(y - \frac{1}{2}\right)^2 \geq 0$ なので，$y(1-y) \leq \frac{1}{4}$ が成り立つ．

問題 24　一様分布のとき

$$H(f) = -\int_0^a \frac{1}{a}\ln\frac{1}{a}\,dx = -\left[\frac{x}{a}\ln\frac{1}{a}\right]_0^a = \ln a.$$

正規分布のとき

$$\begin{aligned}
H(f) &= -\int_{-\infty}^{\infty} \frac{1}{\sqrt{2\pi\sigma^2}}\exp\left(-\frac{(x-\mu)^2}{2\sigma^2}\right)\left\{\ln\frac{1}{\sqrt{2\pi\sigma^2}} - \frac{(x-\mu)^2}{2\sigma^2}\right\}dx \\
&= \ln\sqrt{2\pi\sigma^2}\int_{-\infty}^{\infty}\frac{1}{\sqrt{2\pi\sigma^2}}\exp\left(-\frac{(x-\mu)^2}{2\sigma^2}\right)dx \\
&\quad + \frac{1}{2\sigma^2}\int_{-\infty}^{\infty}\frac{(x-\mu)^2}{\sqrt{2\pi\sigma^2}}\exp\left(-\frac{(x-\mu)^2}{2\sigma^2}\right)dx \\
&= \ln\sqrt{2\pi\sigma^2}\int_{-\infty}^{\infty} f(x)\,dx + \frac{1}{2\sigma^2}\int_{-\infty}^{\infty}(x-\mu)^2 f(x)\,dx \\
&= \ln\sqrt{2\pi\sigma^2} + \frac{1}{2} = \ln\sqrt{2\pi e\sigma^2}.
\end{aligned}$$

問題 25　たいていの微分積分の教科書に載っている問題である．変数変換により示すべき式は

$$\int_0^{\infty} e^{-x^2}dx = \frac{\sqrt{\pi}}{2}$$

となる．解答のポイントとして，変数変換 $x = f(u,v)$，$y = g(u,v)$ によって (x,y) の変域 D が (u,v) の変域 D' に対応するならば

$$\iint_D F(x,y)\,dxdy = \iint_{D'} F(f(u,v), g(u,v))|J|\,dudv.$$

ただし，

$$J = \det\begin{pmatrix} \dfrac{\partial x}{\partial u} & \dfrac{\partial x}{\partial v} \\ \dfrac{\partial y}{\partial u} & \dfrac{\partial y}{\partial v} \end{pmatrix}$$

をヤコビアンという．本問題でも適用する例として，極座標変換：$x = r\cos\theta$，$y = r\sin\theta$ のとき，$J = r$ なので

$$\iint_D F(x, y)\,dxdy = \iint_{D'} F(r\cos\theta, r\sin\theta)r\,drd\theta$$

となる．(以下を読めば分かるように，e^{-x^2} の原始関数は分からないが，xe^{-x^2} なら簡単に分かる点も隠れたポイントである．)

さて，

$$F(a) = \int_0^a e^{-x^2}\,dx$$

とおくと，

$$\begin{aligned} F(a)^2 &= \int_0^a e^{-x^2}\,dx \int_0^a e^{-y^2}\,dy \\ &= \iint_M e^{-(x^2+y^2)}dxdy \qquad (M : 0 \leq x \leq a,\, 0 \leq y \leq a). \end{aligned}$$

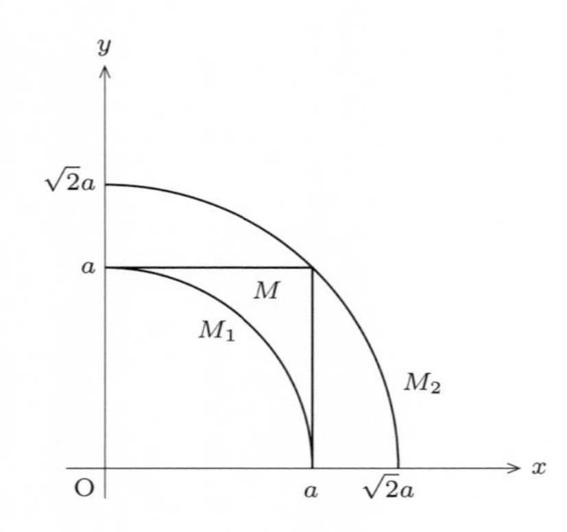

上の図を参考に，M_1, M_2 をそれぞれ，中心を原点に持つ，半径 a, $\sqrt{2}a$ の四分円とすれば，

$$\iint_{M_1} e^{-(x^2+y^2)}dxdy \leq \iint_{M} e^{-(x^2+y^2)}dxdy \leq \iint_{M_2} e^{-(x^2+y^2)}dxdy.$$

$D_1 = \left\{0 \leq r \leq a,\ 0 \leq \theta \leq \dfrac{\pi}{2}\right\}$ などに注意して，極座標に変換すれば

$$\iint_{M_1} e^{-(x^2+y^2)}dxdy = \iint_{D_1} e^{-r^2} r\,drd\theta = \int_0^a re^{-r^2}dr \int_0^{\pi/2} d\theta$$
$$= \frac{\pi}{2}\left[-\frac{1}{2}e^{-r^2}\right]_0^a = \frac{\pi}{4}\left(1-e^{-a^2}\right).$$

同様にして

$$\iint_{M_2} e^{-(x^2+y^2)}dxdy = \frac{\pi}{4}\left(1-e^{-2a^2}\right).$$

したがって，

$$\frac{\pi}{4}\left(1-e^{-a^2}\right) \leq F(a)^2 \leq \frac{\pi}{4}\left(1-e^{-2a^2}\right).$$

最後に，$a \to \infty$ とすれば，$\displaystyle\lim_{a\to\infty} F(a)^2 = \frac{\pi}{4}$. よって，$\displaystyle\int_0^\infty e^{-x^2}dx = \frac{\sqrt{\pi}}{2}$.

問題 26　以下のように計算される．

$$\sum_{i=1}^{n}\sum_{j=1}^{m} p(a_i)p(b_j|a_i)\log\frac{p(b_j|a_i)}{\sum_{k=1}^{n} p(a_k)p(b_j|a_k)}$$
$$= \sum_{i=1}^{n}\sum_{j=1}^{m} p(a_i,b_j)\log p(b_j|a_i) - \sum_{i=1}^{n}\sum_{j=1}^{m} p(a_i,b_j)\log p(b_j)$$
$$= H(B) - H(B|A) = H(A) - H(A|B).$$

この右辺はたしかに (5.1) で定義された相互情報量 $(A;B)$ と一致する．最後の等号では，(5.2) を用いた．

問題 27　まず，$y = b^{1/(1+s)}$ の両辺の自然対数を取って $\ln y = \dfrac{1}{1+s}\ln b$. これを s で微分して $\dfrac{y'}{y} = -\dfrac{1}{(1+s)^2}\ln b$. よって，$y' = -\dfrac{1}{(1+s)^2}b^{1/(1+s)}\ln b$ となる．同様に，$\ln y = (1+s)\ln h(s)$ を s で微分して $\dfrac{y'}{y} = \ln h(s) + (1+s)\dfrac{h'(s)}{h(s)}$ より，$y' = h(s)^{1+s}\ln h(s) + (1+s)h(s)^s h'(s)$ となる．

問題 28　(6.12) および (6.4) を代入すると，

$$
\begin{aligned}
&\max_{p(\boldsymbol{x})} \sum_{\boldsymbol{y}\in B^N} \left\{ \sum_{\boldsymbol{x}\in A^N} P(\boldsymbol{x})P(\boldsymbol{y}|\boldsymbol{x})^{1/q} \right\}^q \\
&= \max_{p(x_1,\cdots,x_N)} \sum_{y_1\in B} \cdots \sum_{y_N\in B} \left\{ \sum_{x_1\in A} \cdots \sum_{x_N\in A} p(x_1)\cdots p(x_N)p(y_1|x_1)^{1/q} \right. \\
&\qquad\qquad \left. \times\cdots\times p(y_N|x_N)^{1/q} \right\}^q \\
&= \max_{p(x_1)} \cdots \max_{p(x_N)} \sum_{y_1\in B} \cdots \sum_{y_N\in B} \left\{ \sum_{x_1\in A} p(x_1)p(y_1|x_1)^{1/q} \right. \\
&\qquad\qquad \left. \times\cdots\times \sum_{x_N\in A} p(x_N)p(y_N|x_N)^{1/q} \right\}^q \\
&= \max_{p(x_1)} \sum_{y_1\in B} \left\{ \sum_{x_1\in A} p(x_1)p(y_1|x_1)^{1/q} \right\}^q \\
&\quad \times\cdots\times \max_{p(x_N)} \sum_{y_N\in B} \left\{ \sum_{x_N\in A} p(x_N)p(y_N|x_N)^{1/q} \right\}^q \\
&= \left\{ \max_{\boldsymbol{p}} \left(\sum_{j=1}^m \left(\sum_{i=1}^n p_i P_{ji}^{1/q} \right)^q \right) \right\}^N .
\end{aligned}
$$

最後の等号は，$p(\cdot)$ および $p(\cdot|\cdot)$ がそれぞれ同一分布であるので，$\boldsymbol{p} := p(x_k)$, $P_{ji} := p(y_k|x_k)$, $(k = 1,\cdots,N)$ とした．ただし，$\boldsymbol{p} := \{p_1,\cdots,p_n\}$ で，P_{ji} の i,j は $i = 1\cdots,n; j = 1,\cdots m$ を取る．

問題 29

$$
\begin{aligned}
&\boldsymbol{e}_1 = 1000000 \to \boldsymbol{s}_1 = 101 = \boldsymbol{h}_1^T, \qquad \boldsymbol{e}_2 = 0100000 \to \boldsymbol{s}_2 = 111 = \boldsymbol{h}_2^T, \\
&\boldsymbol{e}_3 = 0010000 \to \boldsymbol{s}_3 = 110 = \boldsymbol{h}_3^T, \qquad \boldsymbol{e}_4 = 0001000 \to \boldsymbol{s}_4 = 011 = \boldsymbol{h}_4^T, \\
&\boldsymbol{e}_5 = 0000100 \to \boldsymbol{s}_5 = 100 = \boldsymbol{h}_5^T, \qquad \boldsymbol{e}_6 = 0000010 \to \boldsymbol{s}_6 = 010 = \boldsymbol{h}_6^T \\
&\boldsymbol{e}_7 = 0000001 \to \boldsymbol{s}_7 = 001 = \boldsymbol{h}_7^T
\end{aligned}
$$

問題 30　まず，$h(\boldsymbol{x},\boldsymbol{x}) = 0$ は自明である．次に，$h(\boldsymbol{x},\boldsymbol{y}) = 0$ のとき，すべての成分が等しいことを意味するので，$\boldsymbol{x} = \boldsymbol{y}$ である．さらに，対称性 $h(\boldsymbol{x},\boldsymbol{y}) = h(\boldsymbol{y},\boldsymbol{x})$ も自明である．最後に，三角不等式を示す．任意の k に対して，

$$
d(x_k,y_k) + d(y_k,z_k) \begin{cases} = d(y_k,z_k) = d(x_k,z_k) & (x_k = y_k \text{ のとき}) \\ \geq 1 \geq d(x_k,z_k) & (x_k \neq y_k \text{ のとき}). \end{cases}
$$

ここで，$d(x_k,z_k)$ は 0 または 1 であることに注意すると，

$$d(x_k, y_k) + d(y_k, z_k) \geq d(x_k, z_k).$$

よって，この両辺の k に関する和を取れば，

$$h(\boldsymbol{x}, \boldsymbol{y}) + h(\boldsymbol{y}, \boldsymbol{z}) \geq h(\boldsymbol{x}, \boldsymbol{z}).$$

問題 31 (1)

$$G = (I_4, P^T) = \begin{pmatrix} 1 & 0 & 0 & 0 & 1 & 1 & 0 \\ 0 & 1 & 0 & 0 & 0 & 1 & 1 \\ 0 & 0 & 1 & 0 & 1 & 1 & 1 \\ 0 & 0 & 0 & 1 & 1 & 0 & 1 \end{pmatrix},$$

$$H = (P, I_3) = \begin{pmatrix} 1 & 0 & 1 & 1 & 1 & 0 & 0 \\ 1 & 1 & 1 & 0 & 0 & 1 & 0 \\ 0 & 1 & 1 & 1 & 0 & 0 & 1 \end{pmatrix}.$$

(2)

$$\boldsymbol{s} = \boldsymbol{u}H^T = (1,1,1,0,0,0,1) \begin{pmatrix} 1 & 1 & 0 \\ 0 & 1 & 1 \\ 1 & 1 & 1 \\ 1 & 0 & 1 \\ 1 & 0 & 0 \\ 0 & 1 & 0 \\ 0 & 0 & 1 \end{pmatrix} = (0,1,1) = \boldsymbol{h}_2.$$

よって，2 ビット目に誤りがあったので，$\boldsymbol{u}_c = (1,0,1,0,0,0,1)$ が正しい受信語である．

問題 32 因数分解をする．2 つ目の等号は，$GF(2)$ 上での意味であることに注意する．

$$\begin{aligned} X^7 - 1 &= (X-1)(X^6 + X^5 + X^4 + X^3 + X^2 + X + 1) \\ &= (X-1)(X^3 + X^2 + 1)(X^3 + X + 1). \end{aligned}$$

$\deg G(X) = n - k = 7 - 4 = 3$ なので，$G(X) = X^3 + X^2 + 1$ または $G(X) = X^3 + X + 1$ である．

問題 33 (i) 組織符号の場合を考える．生成多項式 $G(X)$ から基底 $\{G(X), X\cdot G(X), X^2\cdot G(X), X^3\cdot G(X)\}$ を求め，それによって $\widetilde{G}_{(\mathrm{cyc})}$ を書き出して，基本変形により $G_{(\mathrm{cyc})}$ を求めればよい．まず，簡単な計算により

$$\left\{\begin{array}{rl} G(X) = 1 + X + X^3 & \to (1,1,0,1,0,0,0) \\ X\cdot G(X) = X + X^2 + X^4 & \to (0,1,1,0,1,0,0) \\ X^2\cdot G(X) = X^2 + X^3 + X^5 & \to (0,0,1,1,0,1,0) \\ X^3\cdot G(X) = X^3 + X^4 + X^6 & \to (0,0,0,1,1,0,1) \end{array}\right.$$

となる．これらから，$\widetilde{G}_{(\mathrm{cyc})}$ を求めて，それを基本変形によって標準形にすればよい．すなわち，

$$\widetilde{G}_{(\mathrm{cyc})} = \begin{pmatrix} 1 & 1 & 0 & 1 & 0 & 0 & 0 \\ 0 & 1 & 1 & 0 & 1 & 0 & 0 \\ 0 & 0 & 1 & 1 & 0 & 1 & 0 \\ 0 & 0 & 0 & 1 & 1 & 0 & 1 \end{pmatrix}$$

$$\xrightarrow[\text{基本変形}]{} \begin{pmatrix} 1 & 1 & 0 & 1 & 0 & 0 & 0 \\ 0 & 1 & 1 & 0 & 1 & 0 & 0 \\ 1 & 1 & 1 & 0 & 0 & 1 & 0 \\ 1 & 0 & 1 & 0 & 0 & 0 & 1 \end{pmatrix}$$

$$= (P^T, I_4) = G_{(\mathrm{cyc})} \mod 2$$

これにより，行列 P が求まって，それを用いて $H_{(\mathrm{cyc})}$ も以下のように求めることができる．

$$P = \begin{pmatrix} 1 & 0 & 1 & 1 \\ 1 & 1 & 1 & 0 \\ 0 & 1 & 1 & 1 \end{pmatrix},$$

$$H_{(\mathrm{cyc})} = (I_3, P) = \begin{pmatrix} 1 & 0 & 0 & 1 & 0 & 1 & 1 \\ 0 & 1 & 0 & 1 & 1 & 1 & 0 \\ 0 & 0 & 1 & 0 & 1 & 1 & 1 \end{pmatrix}.$$

(ii) $H(X) = \dfrac{X^7 - 1}{X^3 + X + 1} = X^4 + X^2 + X + 1 \mod 2$ なので，生成行列 $\widehat{G}_{(\mathrm{cyc})}$ と検査行列 $\widehat{H}_{(\mathrm{cyc})}$ はそれぞれ，以下のように求めることができる．

$$\widehat{G}_{(\mathrm{cyc})}=\begin{pmatrix}1&0&1&1&0&0&0\\0&1&0&1&1&0&0\\0&0&1&0&1&1&0\\0&0&0&1&0&1&1\end{pmatrix},$$

$$\widehat{H}_{(\mathrm{cyc})}=\begin{pmatrix}0&0&1&1&1&0&1\\0&1&1&1&0&1&0\\1&1&1&0&1&0&0\end{pmatrix}.$$

また，$\boldsymbol{u}=(1,0,1,0,1,0,0)$ のとき，$\boldsymbol{s}=\boldsymbol{u}H^T_{(\mathrm{cyc})}=(1,1,0)=H_{(\mathrm{cyc})}$ の 4 列目なので，誤った受信語は $\boldsymbol{u}_c=(1,0,1,1,1,0,0)$ と訂正される．また，多項式の割り算でも

$$\begin{aligned}S(X)&=U(X)\ \mathrm{mod}\ G(X)=(X^4+X^2+1)\ \mathrm{mod}\,(X^3+X+1)\\&=X+1\to(1,1,0)=\boldsymbol{s}\end{aligned}$$

となっている．

問題 34　一般に $|x|\le a\Longleftrightarrow -a\le x\le a$ であるので，

$$\left|\frac{1}{N}\log p(\boldsymbol{a})+H(A)\right|\le\varepsilon\Leftrightarrow-\varepsilon\le\frac{1}{N}\log p(\boldsymbol{a})+H(A)\le\varepsilon.$$

よって，

$$-N(H(A)+\varepsilon)\le\log p(\boldsymbol{a})\le-N(H(A)-\varepsilon)$$

から (8.5) が言える．

問題 35　2 つのベクトル $|x\rangle:=(x_1,\cdots,x_n)^T$, $|y\rangle:=(y_1,\cdots,y_n)^T\in\mathbb{C}^n$ に対してエルミート内積を

$$\langle x|y\rangle:=x_1\overline{y_1}+\cdots+x_n\overline{y_n}\qquad(\star)$$

で定義する [1]．つまり，$c\in\mathbb{C}$ に対して，$\langle cx|y\rangle=c\langle x|y\rangle$, $\langle x|cy\rangle=\overline{c}\langle x|y\rangle$ である．ここで，$A\in M_n^h(\mathbb{C})$ に対して $A|x\rangle=\lambda|x\rangle$, $0\ne|x\rangle\in\mathbb{C}^n$ とする．このとき，$A=A^*$ より

$$\lambda\langle x|x\rangle=\langle\lambda x|x\rangle=\langle Ax|x\rangle=\langle x|A^*x\rangle=\langle x|Ax\rangle=\langle x|\lambda x\rangle=\overline{\lambda}\langle x|x\rangle.$$

---

[1] この定義は多くの数学分野で採用されているものである．

よって，$\langle x|x\rangle \neq 0$ なので，$\lambda = \overline{\lambda}$．したがって，$\lambda \in \mathbb{R}$．

問題 36 $A \in M_n(\mathbb{C})$ が正則とは，$XA = AX = I_n$ となる行列 X が存在することを言う．このとき，X を A の逆行列と言い，A^{-1} と表す．

$X \in M_n(\mathbb{C})$ が正則なので，

$$XX^{-1} = X^{-1}X = I_n \tag{‡}$$

であり，X が X^{-1} の逆行列となっており，X^{-1} に対して，式 (‡) を満たす行列 X がたしかに存在するので，X^{-1} は正則である．また，$X, Y \in M_n(\mathbb{C})$ が正則のとき，

$$\begin{aligned}(XY)(Y^{-1}X^{-1}) &= XX^{-1} = I_n = Y^{-1}Y \\ &= Y^{-1}(X^{-1}X)Y = (Y^{-1}X^{-1})(XY)\end{aligned}$$

なので，XY も正則である．式 (‡) の両辺の転置を取ると，

$$(X^{-1})^T X^T = X^T (X^{-1})^T = I_n$$

となるので，X^T に取って，上式を満たす $(X^{-1})^T$ が存在しているので，X^T は正則である．

問題 37 $X \in M_h(\mathbb{C})$ はあるユニタリ行列 U で $U^*XU = \mathbf{diag}(\lambda_1, \cdots, \lambda_n)$ と対角化できる．ここで，$|x\rangle = U|y\rangle$, $|y\rangle = (y_1, \cdots, y_n)^T$ とおくと，

$$\begin{aligned}\langle x|X|x\rangle &= \langle yU^*|X|Uy\rangle = \langle y|U^*XU|y\rangle \\ &= \langle y|\mathbf{diag}(\lambda_1, \cdots, \lambda_n)|y\rangle = \lambda_1 y_1^2 + \cdots + \lambda_n y_n^2\end{aligned}$$

と表せる．(2 次形式の標準形)

したがって，$\lambda_1, \cdots, \lambda_n$ が X の固有値 (X はエルミート行列なので固有値は実数である) なので，$\langle x|X|x\rangle > 0$ ならば，上で，$|y\rangle = |e_i\rangle$ ($|e_i\rangle$ は i 番目の成分のみ 1 で，他の成分はすべて 0 である基本ベクトル) とすると，$\langle x|X|x\rangle = \lambda_i > 0$ となる．

逆に，すべての固有値が正，つまり $\lambda_1, \cdots, \lambda_n > 0$ のとき，任意の $|y\rangle \neq 0$ に対して，

$$\langle x|X|x\rangle = \lambda_1 y_1^2 + \cdots + \lambda_n y_n^2 > 0$$

である．

問題 38 $X = (x_{ij}), Y = (y_{ij}) \in M_n(\mathbb{C})$ とすると，$\alpha, \beta \in \mathbb{C}$ に対して

$$
\begin{aligned}
\mathrm{Tr}[\alpha X+\beta Y] &= \mathrm{Tr}[(\alpha x_{ij})+(\beta y_{ij})] \\
&= \alpha x_{11}+\beta y_{11}+\cdots+\alpha x_{nn}+\beta y_{nn} \\
&= \alpha \mathrm{Tr}[X]+\beta \mathrm{Tr}[Y].
\end{aligned}
$$

また，2 つの行列 $X=(x_{ij})$ と $Y=(y_{ij})$ の積 XY の (i,j) 成分は $(XY)_{(i,j)}=\sum_{k=1}^{n} x_{ik}y_{kj}$ であるので，

$$
\begin{aligned}
\mathrm{Tr}[XY] &= \sum_{i=1}^{n}(XY)_{(i,i)}=\sum_{i=1}^{n}\left(\sum_{k=1}^{n} x_{ik}y_{ki}\right)=\sum_{k=1}^{n}\left(\sum_{i=1}^{n} y_{ki}x_{ik}\right) \\
&= \sum_{k=1}^{n}(YX)_{(k,k)}=\mathrm{Tr}[YX].
\end{aligned}
$$

よって，

$$
\mathrm{Tr}[XYZ]=\mathrm{Tr}[(XY)Z]=\mathrm{Tr}[Z(XY)]=\mathrm{Tr}[ZXY]
$$

が成り立つ．ここで，一般に $\mathrm{Tr}[XYZ]\neq\mathrm{Tr}[YXZ]$ であることに注意しよう．

最後に，トレースは対角成分の和なので，$\mathrm{Tr}[X]=\mathrm{Tr}[X^T]$ であり，

$$
\overline{\mathrm{Tr}[X]}=\overline{x_{11}}+\cdots+\overline{x_{nn}}=\mathrm{Tr}[X^*]
$$

が成り立つ．

問題 39　$\rho=\sum_{k=1}^{n} p_k|\varphi_k\rangle\langle\varphi_k|$ は半正定値行列なので，固有値は非負であるから，$p_k\geq 0$ である．また，$1=\mathrm{Tr}[\rho]=\mathrm{Tr}[UU^*\rho]=\mathrm{Tr}[U^*\rho U]=\mathrm{Tr}[\mathbf{diag}(p_1,\cdots,p_n)]=p_1+\cdots+p_n$ も成立する．

問題 40　量子状態 ρ が純粋状態であるとは，$\rho=|\varphi\rangle\langle\varphi|$ の形で書けるときである．このとき，$\mathrm{rank}\,\rho=1$ である．したがって，ρ の固有値は $0,1$ のみである．ゆえに，$S(\rho)=0$ である．

問題 41　2 つの確率遷移行列を $P=(p_{ij})$, $Q=(q_{ij})$ とし，それぞれ，(m,n) 型行列，(n,l) 型行列とする．すると，確率遷移行列の定義より，すべての $i=1,\cdots,m$ に対して $\sum_{j=1}^{n} p_{ij}=1$ であり，すべての $i=1,\cdots,n$ に対して $\sum_{j=1}^{l} q_{ij}=1$ である．2 つの行列の積 PQ の (i,j) 成分 $(PQ)_{i,j}$ は $(PQ)_{i,j}=\sum_{k=1}^{n} p_{ik}q_{kj}$ なので，

$$\sum_{j=1}^{l}\sum_{k=1}^{n} p_{ik}q_{kj} = \sum_{k=1}^{n} p_{ik}\sum_{j=1}^{l} q_{kj} = \sum_{k=1}^{n} p_{ik} = 1.$$

したがって，PQ は (m,l) 型の確率遷移行列である．

問題 42　Q の固有値を計算すると，1 と $1-\alpha-\beta$ である．($0<\alpha,\beta<1$ なので，これらは，もちろん命題 4 (228 ページ) を満たしている．)　さらに，これらに対する固有ベクトルはそれぞれ，$\begin{pmatrix}1\\1\end{pmatrix}, \begin{pmatrix}\alpha\\-\beta\end{pmatrix}$ なので，正則行列 $P=\begin{pmatrix}1 & \alpha\\1 & -\beta\end{pmatrix}$ を用いて，$P^{-1}QP=\mathbf{diag}(1,1-\alpha-\beta)$ と対角化される．これにより

$$Q^{\tau}=\frac{1}{\alpha+\beta}\begin{pmatrix}\beta+\alpha(1-\alpha-\beta)^{\tau} & \alpha-\alpha(1-\alpha-\beta)^{\tau}\\ \beta-\beta(1-\alpha-\beta)^{\tau} & \alpha+\beta(1-\alpha-\beta)^{\tau}\end{pmatrix}$$

である．ここで，条件 $0<\alpha,\beta<1$ より $|1-\alpha-\beta|<1$．$\lim_{\tau\to\infty}(1-\alpha-\beta)^{\tau}=0$ なので，

$$\begin{aligned}\boldsymbol{q}^{*}=\lim_{\tau\to\infty}\boldsymbol{q}^{(\tau)}=\lim_{\tau\to\infty}\boldsymbol{q}^{(0)}Q^{\tau}=\boldsymbol{q}^{(0)}\begin{pmatrix}\dfrac{\beta}{\alpha+\beta} & \dfrac{\alpha}{\alpha+\beta}\\ \dfrac{\beta}{\alpha+\beta} & \dfrac{\alpha}{\alpha+\beta}\end{pmatrix}\\ =\left(\frac{\beta}{\alpha+\beta},\frac{\alpha}{\alpha+\beta}\right).\end{aligned}$$

もちろん，本文中でも述べたように，定常分布のみを求める場合は $\boldsymbol{q}^{*}=(q_1^{*},q_2^{*})$ などとおいて，$q_1^{*}+q_2^{*}=1$ に注意して連立方程式 $\boldsymbol{q}^{*}=\boldsymbol{q}^{*}Q$ を解いても同じ結果が得られる．

問題 43　n 個の $1+\dfrac{1}{n}$ と 1 つの 1 の合計 $n+1$ 個の正の数に対して算術・幾何平均不等式を用いると

$$\sqrt[n+1]{\left(1+\frac{1}{n}\right)^{n}} \leq \frac{\left(1+\dfrac{1}{n}\right)\times n+1}{n+1}=1+\frac{1}{n+1}.$$

両辺を $n+1$ 乗して，$a_n \leq a_{n+1}$ が得られる．ところで，$1+\dfrac{1}{n}\neq 1$ なので，算術・幾何平均不等式における等号条件は満たされず，上記の不等式で等号になることはない．よって，$a_n<a_{n+1}$ である．

ついでなので，二項展開 $(a+b)^n=\sum_{k=0}^{n} {}_n\mathrm{C}_k a^{n-k}b^k$ より

$$
\begin{aligned}
a_n &= 1 + n\cdot\frac{1}{n} + \frac{n(n-1)}{2!}\cdot\left(\frac{1}{n}\right)^2 + \frac{n(n-1)(n-2)}{3!}\cdot\left(\frac{1}{n}\right)^3 \\
&\quad + \cdots + \frac{n(n-1)(n-2)\cdots 2\cdot 1}{n!}\cdot\left(\frac{1}{n}\right)^n \\
&= 1 + 1 + \left(1-\frac{1}{n}\right)\cdot\frac{1}{2!} + \left(1-\frac{1}{n}\right)\left(1-\frac{2}{n}\right)\cdot\frac{1}{3!} \\
&\quad + \cdots + \left(1-\frac{1}{n}\right)\left(1-\frac{2}{n}\right)\cdots\left(1-\frac{n-1}{n}\right)\cdot\frac{1}{n!} \\
&< 1 + 1 + \frac{1}{2!} + \frac{1}{3!} + \cdots + \frac{1}{n!} < 1 + 1 + \frac{1}{2} + \frac{1}{2^2} + \cdots + \frac{1}{2^{n-1}} \\
&= 1 + \frac{1\cdot\left\{1-\left(\frac{1}{2}\right)^n\right\}}{1-\frac{1}{2}} = 1 + 2\left\{1-\left(\frac{1}{2}\right)^n\right\} < 3
\end{aligned}
$$

であることが分かる．途中 $n! \geq 2^{n-1}$ を用いた．(代わりに $n! \geq 2\cdot 3^{n-2}$ $(n \geq 2)$ を用いれば上界の定数 3 を $\dfrac{11}{4}$ に改良できる．)　以上より a_n は単調増加数列で上に有界であるので，極限値 $\displaystyle\lim_{n\to\infty}\left(1+\frac{1}{n}\right)^n$ が存在する．この極限値がネイピア数 e である．

問題 44　不等式 $f(x) \geq \lambda\left(x - \dfrac{a+b}{2}\right) + f\left(\dfrac{a+b}{2}\right)$ の両辺を x で a から b まで積分すると，

$$
\begin{aligned}
\int_a^b f(x)\,dx &\geq \lambda\left[\frac{1}{2}x^2 - \frac{a+b}{2}x\right]_a^b + (b-a)f\left(\frac{a+b}{2}\right) \\
&= (b-a)f\left(\frac{a+b}{2}\right)
\end{aligned}
$$

(定積分の項が 0 となり λ に依存しない，つまり接線の傾きに依存せず) となり，式 (15) が得られる．また，不等式 $\dfrac{(f(b)-f(a))}{b-a}(x-a) + f(a) \geq f(x)$ を x で a から b まで積分すると

$$
\frac{(f(b)-f(a))}{b-a}\left[\frac{1}{2}x^2 - ax\right]_a^b + (b-a)f(a) \geq \int_a^b f(x)\,dx
$$

となり，この左辺を整理すると結局，式 (15) が得られる．

問題 45　$f(x) := \ln x$, $a := n$, $b := n+1$ で式 (19) 用いると，$m \leq f''(x) \leq M$, $f''(x) = -\dfrac{1}{x^2}$, $n \leq x \leq n+1$ において，$m = -\dfrac{1}{n^2}$, $M = -\dfrac{1}{(n+1)^2}$ が得られ，

$$-\frac{1}{12n^2} \le \frac{1}{2}\ln n(n+1) - \int_n^{n+1} \ln x\,dx \le -\frac{1}{12(n+1)^2}$$

から，式 (20) が得られる．

参考文献

[1] J. Aczél and Z. Daróczy, *On measures of information and their characterizations*, Academic Press, 1975.

[2] J. M. Aldaz, *Self–improvement of the inequality between arithmetic and geometric means*, J. Math. Inequal., **3**(2)(2009), 213–216.

[3] S. Arimoto, *On the converse to the coding theorem for discrete memoryless channels*, IEEE Trans. Inf. Theory, **19**(3)(1973), 357–359.

[4] 電子情報通信学会編，有本 卓,『現代情報理論』，コロナ社，1978.

[5] 有本 卓,『確率・情報・エントロピー』，森北出版，1980.

[6] K. M. R. Audenaert, *A sharp Fannes–type inequality for the von Neumann entropy*, J. Phys. A, **40**(2007), 8127–8136.

[7] E. P. Borges and I. Roditi, *A family of nonextensive entropies*, Physics Letters A, **246**(5)(1998), 399–402.

[8] P. S. Bullen, *Handbook of means and their inequalties*, Kluwer Academic, 2003.

[9] H.-C. Cheng and M.-H. Hsieh, *Concavity of the auxiliary function for classical–quantum channels*, IEEE Trans. Inf. Theory, **62**(10)(2016), 5960–5965.

[10] R. Clausius, *Ueber verschiedene für die Anwendung bequeme Formen der Hauptgleichungen der mechanischen Wärmetheorie*, Ann. Phys., **201**(7)(1865), 353–400.
English Translation, *On Several Convinient Forms of Fundamental Equations of Machanical Theory of Heat*, Ninth Memorie, on *The Mechanical Theory of Heat*, 327–365, John Van Voorst, 1867.

[11] M. J. Cloud and B. C. Drachman, *Inequalities : With applications to engineering*, Springer–Verlag, 1998.
邦訳：梅津 聰訳,『不等式の工学への応用』，森北出版，1999.

[12] T. M. Cover and J. A. Thomas, *Elements of information theory*, 2nd ed., Wiley–Interscience, 2006.

[13] I. Csiszár and J. Körner, *Information theory : Coding theorems for discrete memoryless systems*, Academic Press, 1981.

[14] Z. Daróczy, *Generalized information functions*, Information and Control, **16**(1)(1970), 36–51.

[15] B. Ebanks, P. Sahoo and W. Sander, *Characterizations of information measures*, World Scientific, 1998.

[16] A. D. Faddeev, *On the notion of entropy of a finite probability space*, Uspekhi Mat. Nauk, **11**(1956), 227–231 (in Russian).

[17] A. Feinstein, *Foundations of information theory*, McGraw–Hill, 1958.

[18] C. Ferreri, *Hypoentropy and related heterogeneity, divergence and information measures*, Statistica, **40**(2) (1980), 155–168.

[19] J. Fujii, *A trace inequality arising from quantum information theory*, Linear Algebra Appl., **400**(1)(2005),141–146.

[20] 福本昌弘，大石邦夫，久保田 一，『C 言語による情報理論入門』，コロナ社，2007.

[21] S. Furuichi, K. Yanagi and K. Kuriyama, *A sufficient condition on concavity of the auxiliary function appearing in quantum reliability function*, Information, **6**(1)(2003), 71–76.

[22] S. Furuichi, K. Yanagi and K. Kuriyama, *Fundamental properties of Tsallis relative entropy*, J. Math. Phys., **45**(12)(2004), 4868–4877.

[23] S. Furuichi, *On uniqueness theorems for Tsallis entropy and Tsallis relative entropy*, IEEE Trans. Inf. Theory, **51**(10)(2005), 3638–3645.

[24] S. Furuichi, *Information theoretical properties of Tsallis entropies*, J. Math. Phys., **47**(2006), 023302.

[25] S. Furuichi, *On the maximum entropy principle and the minimization of the Fisher information in Tsallis statistics*, J. Math. Phys., **50**(2009), 013303.

[26] S. Furuichi, *An axiomatic characterization of a two–parameter extended relative entropy*, J. Math. Phys., **51**(2010), 123302.

[27] S. Furuichi, *On refined Young inequalities and reverse inequalities*, J. Math. Inequal., **5**(1)(2011), 21–31.

[28] S. Furuichi, *Characterizations of generalized entropy functions by functional equations*, Adv. Math. Phys., **2011**(2)(2011), 126108.

[29] S. Furuichi and F.-C. Mitroi, *Mathematical inequalities for some divergences*, Physica A, **391**(1–2)(2012), 388–400.

[30] S. Furuichi, F.-C. Mitroi-Symeonidis and E. Symeonidis, *On some properties of Tsallis hypoentropies and hypodivergences*, Entropy, **16**(10)(2014), 5377–5399.

[31] S. Furuichi and N. Minculete, *Inequalities related to some types of entropies and divergences*, Physica A, **532**(2019), 121907.

[32] S. Furuichi and N. Minculete, *Refined inequalities on weighted logarithmic mean*, J. Math. Inequal., **14**(4)(2020), 1347–1357.

[33] S. Furuichi, H. R. Moradi and A. Zardadi, *Some new Karamata type inequalities and their applications to some entropies*, Reports on Math. Phys., **84**(2)(2019), 201–214.

[34] S. Furuichi and H. R. Moradi, *Advances in mathematical inequalities*, De Gruyter, 2020.

[35] S. Furuichi and K. Yanagi, *Bounds of the logarithmic mean*, Journal of Inequalities and Applications, **2013**(2013), Art. no. 535.

[36] S. Furuichi, K. Yanagi, and K. Kuriyama, *On bounds for symmetric divergence measures*, AIP Conference Proceedings, **1853**(2017), 080002.

[37] R. G. Gallager, *A simple derivation of the coding theorem and some applications*, IEEE Trans. Inf. Theoy, **11**(1)(1965), 3–18.

[38] R. G. Gallager, *Information theory and reliable communication*, John Wiley & Sons, 1968.

[39] 韓 太舜，小林欣吾，『情報と符号の数理』，培風館，1999.

[40] R. V. L. Hartley, *Transmission of information*, The Bell System Technical Journal, **7**(3)(1928), 535–563.

[41] P. Hausladen, R. Jozsa, B. Schumacher, M. Westmoreland and W. K. Wootters, *Classical information capacity of a quantum channel*, Phys. Rev. A, **54**(3)(1996), 1869–1876.

[42] J. Havrda and F. Charvát, *Quantification method of classification processes : Concept of structural a–entropy*, Kybernetika, **3**(1)(1967), 30–35.

[43] 平澤茂一，『情報理論入門』，培風館，2000.

[44] A. Hobson, *A new theorem of information theory*, J. Stat. Phys., **1**(3)(1969), 383–391.

[45] A. S. Holevo, *Some estimates of the information transmitted by quantum communication channel*, Probl. Peredachi. Inf., **9**(3)(1973), 3–11.
English version: Problem of Information Transmission., **9**(3), 177–183.

[46] A. S. Holevo, *Probabilistic and statistical aspects of quantum theory*, North–Holland, 1982.

[47] A. S. Holevo, *The capacity of quantum channel with general signal states*, IEEE Trans. Inf. Theoy, **44**(1)(1998), 269–273.

[48] A. S. Holevo, *Reliability function of general classical–quantum channel*, IEEE Trans. Inf. Theory, **46**(6)(2000), 2256–2261.

[49] 堀部安一,『情報エントロピー論 (第 2 版)』, 森北出版, 1997.

[50] 稲井 寛,『はじめての情報理論』, 森北出版, 2011.

[51] 石坂 智, 小川朋宏, 河内亮周, 木村 元, 林 正人,『量子情報科学入門』, 共立出版, 2012.

[52] 伊東由文,『解析学 (上巻)』, サイエンスハウス, 1991.

[53] O. Johmson, *Information theory and the central limit theorem*, Imperial College Press, 2004.

[54] Y. Kakihara, *Abstract methods in information theory*, World Scientific, 1999.

[55] P. Kannappan, *Functional equations and inequalities with applications*, Springer, 2009.

[56] G. Kaniadakis, M. Lissia, and A. M. Scarfone, *Deformed logarithms and entropies*, Physica A, **340**(1)(2004), 41–49.

[57] G. Kaniadakis, M. Lissia, and A. M. Scarfone, *Two–parameter deformations of logarithm, exponential, and entropy : a consistent framework for generalized statistical mechanics*, Phys. Rev. E, **71**(4 Pt2)(2005), 046128.

[58] 笠原勇二,『明解確率論入門』, 数学書房, 2010.

[59] 風巻紀彦,『凸関数論』, 横浜図書, 2005.

[60] 経済産業省 web サイト,「数理資本主義の時代——数学パワーが世界を変える」.
`https://www.meti.go.jp/shingikai/economy/risukei_jinzai/`

20190326_report.html

[61] D. F. Kerridge, *Inaccuracy and inference*, J. Roy. Statist. Soc. Ser. B, **23**(1)(1961), 184–194.

[62] A. Ya. Khinchin, *The concept of entropy in the theory of probability*, Uspekhi Mat. Nauk, **8**(3)(1953), 3–20 (in Russian).

[63] A. Ya. Khinchin, *Mathematical foundations of information theory*, Dover, 1957.

[64] M. S. Klamkin and L. A. Shepp, *Probrems and Solutions*, Math. Mag., **38**(4)(1965), 249–250, 39(2)(1966), 126-134.

[65] 小林欣吾，森田啓義,『情報理論講義』，培風館，2008.

[66] S. Kullback and R. A. Leibler, *On information and sufficiency*, Ann. Math. Statist., **22**(1)(1951), 79–86.

[67] 栗山 憲,『確率とその応用』, 共立出版, 2013.

[68] C. D. Manning and H. Schütze, *Foundations of statistical natural language processing*, MIT Press, 1999.

[69] A.W. Marshall and I. Olkin, *Inequalities : Theory of majorization and its applications*, Academic Press, 1979.

[70] F.-C. Mitroi, *Estimating the normalized Jensen functional*, J. Math. Inequal., **5**(4)(2011), 507–521.

[71] F.-C. Mitroi-Symeonidis, I. Anghel and S. Furuichi, *Encoding for the calculation of the permutation hypoentropy and their applications on full–scale compartment fire data*, Acta Technica Napocensis, **62**(4)(2019), 607–616.

[72] D. P. Mittal, *On some functional equations concerning entropy, directed divergence and inaccuracy*, Metrika, **22**(1)(1975), 35–45.

[73] N. Muraki and T. Kawaguchi, *On a generalization of Havrda–Charvát's α–entropy to relative α–entropy and its properties in a continuous system*, Tensor, **46**(1987), 154–167.

[74] J. von Neumann, *Thermodynamik quantenmechanischer Gesamtheiten*, Nachr. Ges Wiss. Göttinger, (1927), 273–291.

[75] C. P. Niculescu and L.-E. Persson, *Convex functions and their applications*, 2nd Edition, Springer, 2018.

[76] M. A. Nielsen and I. L. Chuang, *Quantum computation and quantum information*, Cambridge Univ. Press, 2000.

[77] 西尾真喜子,『確率論』, 実教出版, 1978.

[78] 野本久夫,『やさしい確率論』, 現代数学社, 1995.

[79] ノーマン・マクレイ (渡辺 正・芦田みどり訳),『フォン・ノイマンの生涯』, 朝日新聞社, 1998.

[80] T. Ogawa and H. Nagaoka, *Strong converse to the quantum channel coding theorem*, IEEE Trans. Inf. Theory, **45**(7)(1999), 2486–2489.

[81] 尾立貴志他,「マクロ不可逆的な熱移動時にあらわれるきれいな不等式について」, 日本フィボナッチ協会第 15 回研究集会報告書, (2017), 114–152. http://jfa.mathsalon.com/15thJFAWorkshop.pdf

[82] D. Petz and M. Mosonyi, *Stationary quantum source coding*, J. Math. Phys., **42**(10)(2001), 4857–4864.

[83] M. S. Pinsker, *Information and information stability of random variables and processes*, Holden–Day, 1964.

[84] 佐藤 坦,『はじめての確率論——測度から確率へ』, 共立出版, 1994.

[85] A. Rényi, *On measures of entropy and information*, Proc. Fourth Berkeley Symp. on Math. Statist. and Prob., **1**(1960), 547–561.

[86] M. Sasaki, K. Kato, M. Izutsu and O. Hirota, *Quantum channels showing superadditivity in classical capacity*, Phys. Rev. A, **58**(1)(1998), 146–158.

[87] B. Schumacher, *Quantum coding*, Phys. Rev. A, **51**(4)(1995), 2738–2747.

[88] B. Schumacher and M. D. Westmoreland, *Sending classical information via noisy quantum channel*, Phys.Rev. A., **56**(1)(1997), 131–138.

[89] 清水 明,『新版 量子論の基礎——その本質とやさしい理解のために』, サイエンス社, 2004.

[90] 清水 明,『熱力学の基礎』, 東京大学出版会, 2007.

[91] C. E. Shannon, *A mathematical theory of communication*, The Bell System Technical Journal, **27**(3)(1948), 379–423, 623–656.

[92] B. D. Sharma and I. J. Taneja, *Entropy of type* (α, β) *and other generalized measures in information theory*, Metrika, **22**(1)(1975), 205–215.

[93] 昌達 K'z,『圧縮アルゴリズム——符号化の原理と C 言語による実装』, ソフト

バンクパブリッシング，2003.

[94] 昌達慶仁,『詳解 圧縮処理プログラミング——C 言語で実装する圧縮処理アルゴリズム』，SB クリエイティブ，2010.

[95] H. Suyari, *Generalization of Shannon–Khinchin axioms to nonextensive systems and the uniqueness theorem for the nonextensive entropy*, IEEE Trans. Inf. Theory, **50**(8)(2004), 1783–1787 .

[96] 須鎗弘樹,『複雑系のための基礎数理——べき乗則とツァリスエントロピーの数理』，牧野書店，2010.

[97] 高木貞治,『定本 解析概論』，岩波書店，2010.

[98] 戸田盛和,『熱・統計力学』，岩波書店，1983.

[99] C. Tsallis, *Possible generalization of Boltzmann–Gibbs statistics*, J. Stat. Phys., **52**(1)(1988), 479–487.

[100] 対馬龍司,『線形代数学講義 改訂版』，共立出版，2014.

[101] H. Tveberg, *A new derivation of the information function*, Math. Scand., **6**(1958), 297–298.

[102] 植松友彦,『文書データ圧縮アルゴリズム入門——ハフマン符号・算術符号・LZ 符号などを C で実現』，CQ 出版，1994.

[103] 植松友彦,『現代シャノン理論——タイプによる情報理論』，培風館，1998.

[104] H. Umegaki, *Conditional expectation in an operator algebra*, IV (*Entropy and information*), Kodai Math. Sem. Rep., **14**(2)(1962), 59–85.

[105] 梅垣壽春,『情報数理の基礎——関数解析的展開』，サイエンス社，1993.

[106] 梅垣壽春，大矢雅則,『確率論的エントロピー——情報数理の関数解析的基礎 1』，共立出版，1983.

[107] J. Watrous, *The theory of quantum information*, Cambridge Univ. Press, 2018.

[108] M. M. Wilde, *Quanrum information theory*, Cambridge Univ. Press, 2013.

[109] K. Yanagi, S. Furuichi, K. Kuriyama, *Remarks on concavity of the auxiliary function appearing in quantum reliability function*, IEEE ISIT, 2003. Proceedings, 456.

[110] K. Yanagi, S. Furuichi, K. Kuriyama, *On trace inequalities and their applications to noncommutative communication theory*, Linear Algebra Appl.,

395(1)(2005), 351–359.

[111] F. Zhang, *Matrix theory*, Springer–Verlag, 2011.

[112] J. Ziv and A. Lempel, *A universal algorithm for sequential data compression*, IEEE Trans. Inf. Theoy, **23**(3)(1977), 337–343.

[113] J. Ziv and A. Lempel, *Compression of individual sequences by variable–rate coding*, IEEE Trans. Inf. Theoy, **24**(5)(1978), 530–536.

索引

数字・アルファベット

あ 行

か 行

さ 行

た 行

な 行

は 行

ま 行

や 行

ら 行

古市 茂 (ふるいち・しげる)

1995 年　東京理科大学理学部数学科卒業.

1997 年　東京理科大学大学院理工学研究科情報科学専攻修了.

現　在　日本大学文理学部情報科学科教授 (博士(理学)).

専門は情報理論, 行列解析, 不等式.

著書に *Advance in mathematical inequalities*, De Gruyter, 2020 (共著) がある.

情報理論(じょうほうりろん)——エントロピーと符号化定理(ふごうかていり)

2021 年 2 月 25 日　第 1 版第 1 刷発行

著　者	古　市　茂
発行所	株式会社 日　本　評　論　社
	〒170-8474 東京都豊島区南大塚 3-12-4
	電話　(03) 3987-8621 [販売]
	(03) 3987-8599 [編集]
印　刷	藤原印刷株式会社
製　本	井上製本所
装　釘	山田信也 (ヤマダデザイン室)

ISBN 978-4-535-78934-0